全国中等职业教育机械大类实训教材系列

AutoCAD 2008 中文版机械制图

方意琦　主编

科学出版社
北京

内 容 简 介

本书以计算机辅助设计软件 AutoCAD 的最新版本 AutoCAD 2008(中文版)为蓝本,系统介绍了 AutoCAD 在机械设计方面的基本应用,包括绘制一般的机械平面图形及标注尺寸的方法;绘制完整零件图的方法与技巧;绘制装配图、轴测图、机械实体模型和图形输出等内容。

本书可作为中等职业学校机械专业的教材,也可供机械工程技术人员自学和参考。

图书在版编目(CIP)数据

AutoCAD 2008 中文版机械制图 /方意琦主编 .—北京:科学出版社,2009

(全国中等职业教育机械大类实训教材系列)

ISBN 978-7-03-025018-6

Ⅰ.A… Ⅱ.方… Ⅲ.机械制图:计算机制图-应用软件,AutoCAD 2008-专业学校-教材 Ⅳ.TH126

中国版本图书馆 CIP 数据核字(2009)第 120141 号

责任编辑:张振华 / 责任校对:王万红

责任印制:吕春珉 / 封面设计:耕者设计工作室

科学出版社 出版

北京东黄城根北街 16 号

邮政编码:100717

http://www.sciencep.com

铭浩彩色印装有限公司印刷

科学出版社发行 各地新华书店经销

*

2009 年 8 月第 一 版 开本:787×1092 1/16
2017 年 12 月第十次印刷 印张:15 1/4
字数:362 000

定价:38.00 元(含光盘)

(如有印装质量问题,我社负责调换〈铭浩〉)(ST03)

销售部电话 010-62136131 编辑部电话 010-62148322

前　言

AutoCAD 是目前国内外使用最为广泛的计算机辅助设计软件之一。自从美国 Autodesk 公司 1982 年开发第一个版本 AutoCAD 1.0 以来，至今已发展到 AutoCAD 2008 版。其丰富的绘图功能和良好的用户界面受到了广大工程技术人员的普遍欢迎，在建筑、机械、汽车等行业都有着非常广泛的应用。

根据中等职业教育的特点，为适应当前中等职业教育"以能力为本位、以就业为导向"培养目标的需要，我们组织编写了本书。全书分绘图基础、二维绘图、三维绘图及出图三个部分，共分为 10 章。

本书在内容上力求做到图文并茂、形象直观，文字叙述条理清晰、简明扼要、通俗易懂。所有绘图知识点都有具体的应用实例，每个实例都有具体的步骤和解释，同时融汇了大量的经验和技巧，读者只需按照书中描述的步骤逐步操作，即可掌握所讲述的知识点。本书附录附有大量的练习题，供读者巩固练习使用，提高绘图水平。

本书由浙江省镇海职教中心方意琦任主编，其中，方意琦编写第 2、5、6、7 章和附录，伊水涌编写第 1、10 章，陈海女编写第 3、4 章，王桂芬编写第 8、9 章。全书由方意琦统稿、定稿，由浙江省镇海职业教育中心校罗春祥担任主审。

由于编者水平有限，编写时间仓促，书中难免有疏漏、不妥之处，恳请广大读者批评指正。

编　者

2009 年 2 月

目　　录

第二篇　二维绘图

第一篇 绘图基础

第一篇 总图基础

第 1 章

AutoCAD 概述及基础操作

内容导航

AutoCAD 是一款优秀的计算机辅助设计绘图软件,也是国内外最受欢迎的 CAD 软件之一。它以强大的平面绘图功能、直观的界面、简捷的操作,赢得了众多工程人员的青睐,尤其在机械设计领域的应用更为广泛。

通过本章学习,将使读者对 AutoCAD 的发展史、AutoCAD 2008 的启动、AutoCAD 2008 工作界面及文件操作等方面有一个整体的认识。

教学目标

了解 AutoCAD 发展史。

掌握安装 AutoCAD 所需要的系统配置。

了解 AutoCAD 2008 的新功能。

掌握 AutoCAD 2008 工作界面。

掌握 AutoCAD 文件操作。

1.1 概　　述

通过本次学习,了解 AutoCAD 的发展史及安装 AutoCAD 所需要的系统配置。

1.1.1 AutoCAD 发展史

AutoCAD 2008 是美国 Autodesk 公司 2007 年 3 月推出的一个新版本。从 1982 年推出的第一个版本 AutoCAD 1.0 至今已有二十多年的历史,AutoCAD 的功能不断强化,在机械、建筑、电子、汽车等工程设计领域得到了广泛的应用。

AutoCAD 的发展过程可分为初级阶段、发展阶段、高级发展阶段、完善阶段和进一步完善阶段五个阶段,如表 1-1-1 所示。

表 1-1-1　AutoCAD 发展阶段

发展阶段	时间	版本号
初级阶段	1982 年 11 月	AutoCAD 1.0
	1983 年 4 月	AutoCAD 1.2
	1983 年 8 月	AutoCAD 1.3
	1983 年 10 月	AutoCAD 1.4
	1984 年 10 月	AutoCAD 2.0
发展阶段	1985 年 5 月	AutoCAD 2.17
	1986 年 6 月	AutoCAD 2.5
	1987 年 9 月	AutoCAD 9.0
高级发展阶段	1988 年 8 月	AutoCAD 10.0
	1990 年 8 月	AutoCAD 11.0
	1992 年 8 月	AutoCAD 12.0
完善阶段	1996 年 6 月	AutoCAD R13
	1998 年 1 月	AutoCAD R14
	1999 年 1 月	AutoCAD 2000
进一步完善阶段	2001 年 9 月	AutoCAD 2002
	2003 年 5 月	AutoCAD 2004
	2004 年 8 月	AutoCAD 2005
	2005 年 6 月	AutoCAD 2006
	2006 年 3 月	AutoCAD 2007
	2007 年 3 月	AutoCAD 2008

1.1.2　安装 AutoCAD 所需的系统配置

AutoCAD 所进行的大部分工作是图形处理，其中涉及大量的数值计算，因此对计算机系统的软硬件环境有一定的要求，以下列出的是最低要求：

操作系统：Windows XP、Windows 2000；

浏览器：Microsoft Internrt Explorer 6.0；

处理器：Pentium 4 或更高主频的 CPU；

内存：512MB，建议 2GB 或者更大；

视屏：1024×768VGA 真彩色；

硬盘：750M 或更多；

输入设备：鼠标或其他定位设备；

CD-ROM：4 倍数以上（仅用于软件安装）；

其他可选设备：打印机、绘图仪、Open GL 兼容三维视频卡、访问 Internet 的连接设备等。

1.2　启动 AutoCAD 2008

AutoCAD 2008 新增了一些功能,通过本次学习,掌握 AutoCAD 2008 的启动方法, 了解 AutoCAD 2008 的新增功能。

1.2.1　启动与退出 AutoCAD 2008

1. 启动 AutoCAD 2008

与其他应用软件一样,启动 AutoCAD 2008 可以通过以下 4 种方法。

1) 双击桌面图标 。

2) 单击"开始"→"程序"→"Autodesk"→"AutoCAD 2008"命令。

3) 打开已有的 AutoCAD 2008 文件。

4) 在 AutoCAD 2008 的安装文件夹中双击 acad.exe。

初次启动后,屏幕显示"新功能专题研习"对话框,如图 1-2-1 所示。

图 1-2-1　"新功能专题研习"对话框

图中有 3 个选项:

"○是"——选此选项,立即查看新功能;

"○以后再说"——选此选项,进入 AutoCAD 二维图形工作空间,当重新打开 Auto-CAD 2008 时再次出现"新功能专题研习"对话框;

"○不,不再显示此消息"——选此选项,下次启动不再显示该对话框。如果用户想再次打开该对话框,可以单击菜单"帮助"→"新功能专题研习"来打开"新功能专题研习"对话框。

2. 退出 AutoCAD 2008

退出 AutoCAD 2008 可以用以下 4 种方法。

1）单击屏幕右上角的关闭按钮☒。

2）单击"文件"→"退出"命令。

3）按下"ALT + F4"组合键。

4）在命令行中输入"Quit"或"Exit"命令后按下 Enter 键即可退出。

退出时，若用户没有保存改动过的图形文件，系统会弹出 AutoCAD 对话框，提示用户是否进行保存。如图 1-2-2 所示。

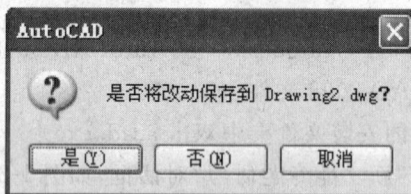

图 1-2-2　AutoCAD 提示对话框

1.2.2　AutoCAD 2008 新功能简介

在"新功能专题研习"对话框中选择"是"选项，单击"确定"按钮，进入"新功能专题研习"对话框，如图 1-2-3 所示，进行新功能知识点的学习。

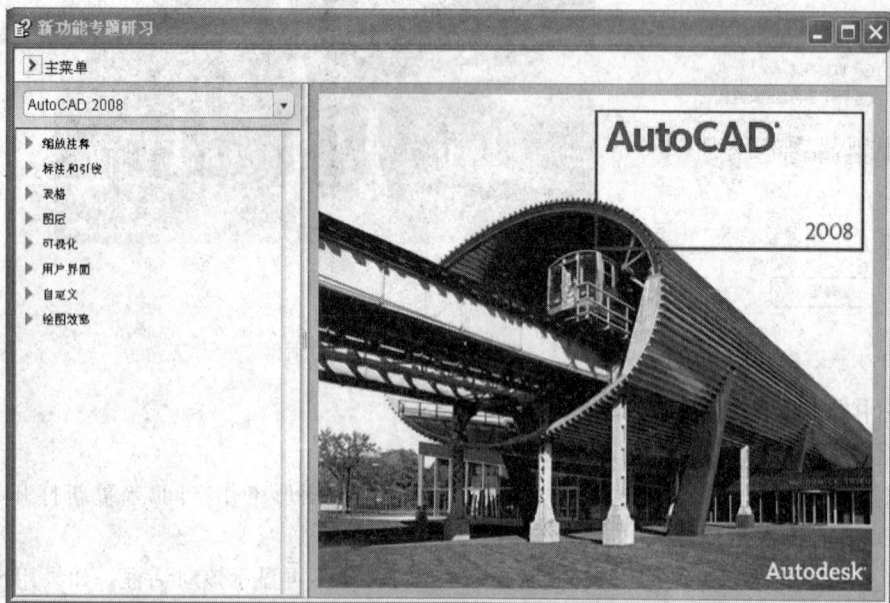

图 1-2-3　"新功能专题研习"对话框

AutoCAD 2008 主要新增了二维草图和注释工具空间模式，增强了面板控制台功能，改进了图形文件管理功能。

1. 缩放注释

在 AutoCAD 2008 中，可将模型空间和布局视口中的注释进行自动缩放，从而使注释以合适的大小在屏幕上显示或在图纸上打印。

相关图标：注释比例: 1:100 ▾ 。

2. 标注和引线

添加了标注功能，如标注公差对齐时，可以使用运算符或小数分隔符对齐叠堆公差；角度标注时，可以控制位于被测角外部的角度标注文字的位置；半径标注时，可以使用圆弧延伸线指定半径、直径和折弯半径标注的文字位置。当尺寸线或尺寸界线与几何对象或其他标注相交的时候，可以在相交处将标注打断。可以自动调整平行的线性标注和角度标注之间的间距，或根据指定的间距值进行调整等。

相关图标：⊐ ⅋ ⋏ ⊣ 。

3. 表格

表格样式得到增强，添加了用于表格和表格单元中边界及边距的其他格式选项和显示选项，可以从图形中的现有表格快速创建表格样式。可以将表格数据链接至 Microsoft Excel 中的数据。利用"自动填充"夹点可以在表格中拖动以自动增加数据或自动填写日期单元等。

相关图标：▦ 。

4. 图层

在"图层特性管理器"对话框中，添加了"视口颜色"、"视口线型"、"视口线宽"等内容，图形对象可以在图纸空间的各个视口中以不同方式显示，同时保留其在模型空间中的原始图层特性。

5. 用户界面

新增加了"二维草图与注释"工作空间，工作界面仅包含与二维草图和注释相关的工具栏、菜单和选项板。

1.3　AutoCAD 2008 工作界面

工作界面是 AutoCAD 软件和用户互动交流的平台，通过本次学习，熟悉 AutoCAD 2008 的工作界面，对 AutoCAD 2008 有一个更进一步的了解。

AutoCAD 2008 的工作界面由标题栏、菜单栏、工具栏、绘图窗口、命令提示窗口、状态栏等组成，如图 1-3-1 所示。

事实上，AutoCAD 2008 为用户提供了 3 种工作空间模式，它们分别是"二维草图与注释"、"三维建模"、"AutoCAD 经典"。较为常用的就是图 1-3-1 所示的"AutoCAD 经典"。

切换空间模式如图 1-3-2 所示。

1）单击"工具"。

2）选择"工作空间"。

3）选择相应的空间模式。

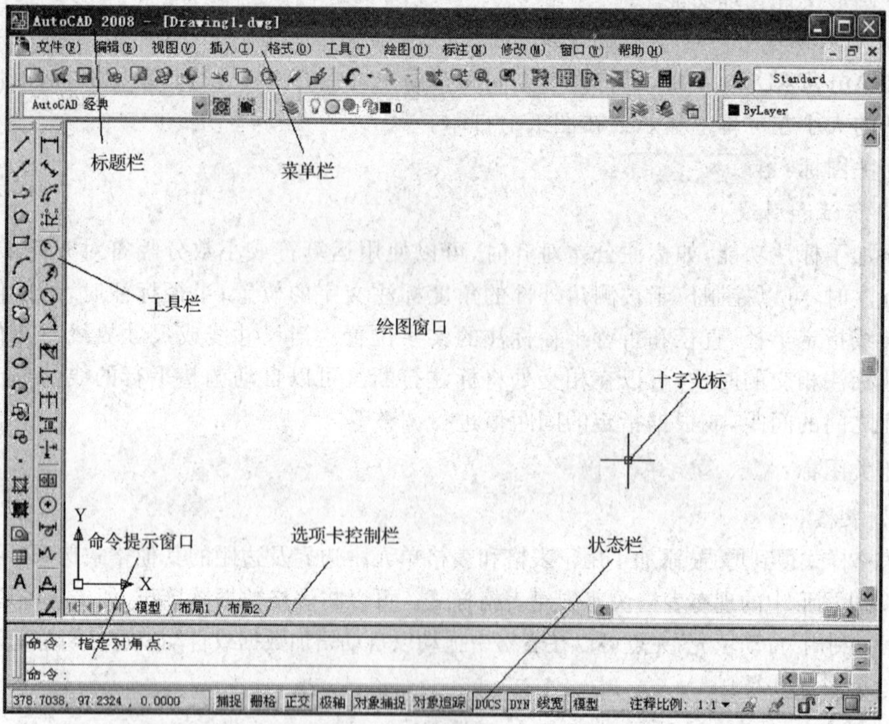

图 1-3-1　AutoCAD 2008 工作界面

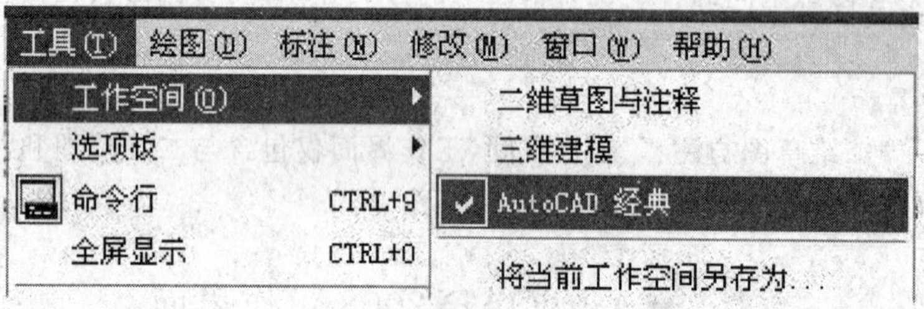

图 1-3-2　切换空间模式

1.3.1　标题栏

标题栏位于窗口最上端,左边显示 AutoCAD 2008 的图标——![icon]、软件名称——AutoCAD、版本——2008 版、当前所操作图形文件名称及路径,右侧为窗口最小化、还原/最大化、关闭按钮,可以实现对程序窗口状态的调节,如图 1-3-3 所示。

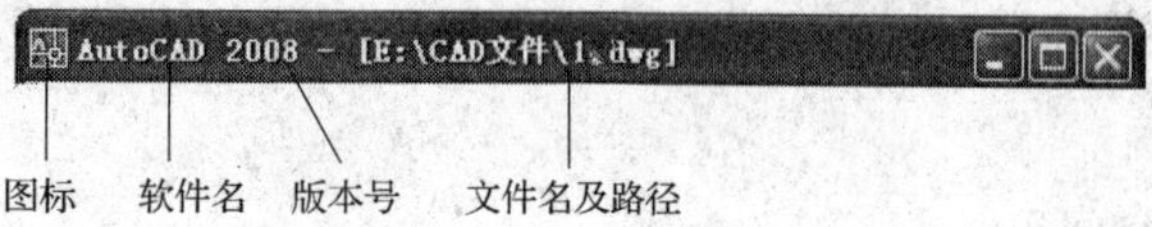

图 1-3-3　标题栏

1.3.2　菜单栏

菜单栏位于标题栏下方,共有"文件"、"编辑"、"视图"等 11 项菜单组成,各菜单内包含了 AutoCAD 几乎全部的功能。单击菜单栏中的任一菜单即弹出相应的下拉菜单。如图 1-3-4 所示。

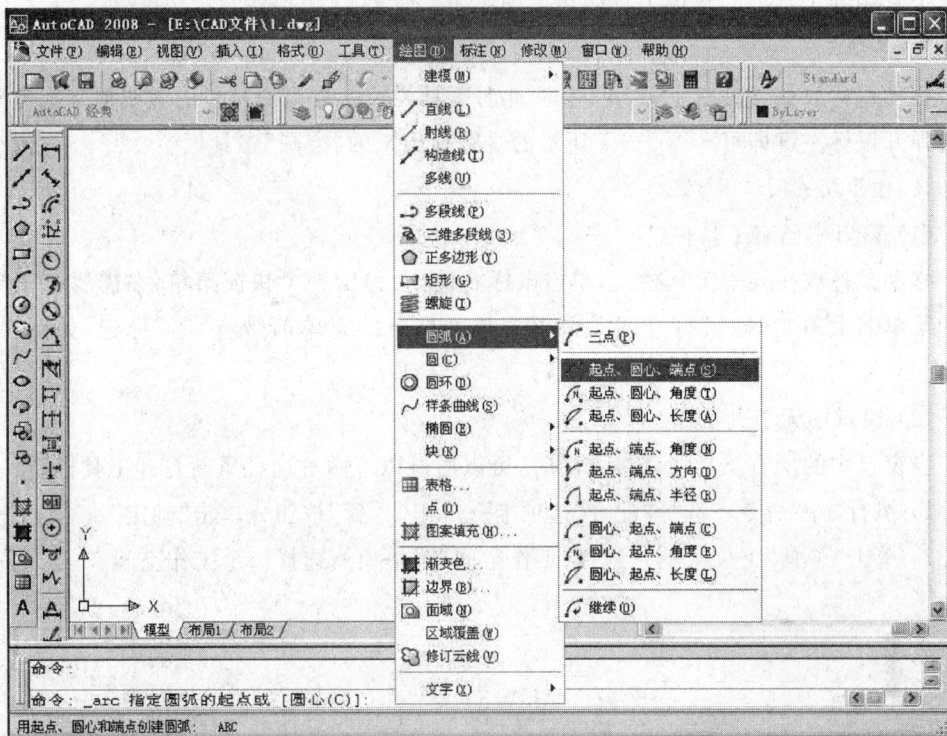

图 1-3-4　下拉菜单

下拉菜单中的菜单项说明如下所述。

(1) 普通菜单

如图 1-3-4 中的"直线"、"矩形"等,菜单项后无任何标记,单击该菜单项即可执行相应的命令。

(2) 级联菜单

如图 1-3-4 中的"圆弧"、"块"等,在菜单项的右端有一个黑色的小三角▲,表示该菜单项中还包含下一级子菜单,可进一步选取菜单项。

(3) 对话框菜单

如图 1-3-4 中的"表格"、"边界"等,在菜单项的后面带有"…",表示单击该菜单项将弹出一个对话框,可通过对话框进行相应的操作。

1.3.3　工具栏

工具栏是一些执行类似命令的图标工具的集合,它提供了一种快捷的调用命令的方式,只需单击工具栏上的某个工具图标即可执行对应的命令。

在 AutoCAD 2008 中,共有 37 个工具栏,默认状态下,只显示"标准"、"绘图"、"修改"等几个常用的工具栏。常用工具栏相关操作如下所述。

1. 移动工具栏

移动鼠标放在工具栏上,按下左键(此时工具栏边缘将出现灰色的虚线框),拖曳到新位置弹开鼠标左键即可。图 1-3-5 所示的是被拖出来的"绘图"工具栏。

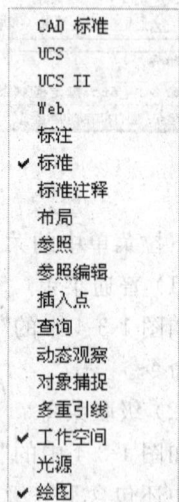

2. 打开或关闭工具栏

(1) 窗口中已有工具栏

移动鼠标放在任一工具栏上,单击鼠标右键,会弹出一个快捷菜单,在需要打开或关闭的菜单名上单击,即可打开或关闭该菜单。打开的菜单前带有"√"标记,如图 1-3-6 所示。

(2) 窗口中无工具栏

当窗口中的所有工具栏都被关闭时,可以通过以下两种途径重新打开工具栏。

1) 执行"op"命令→选择"配置"选项卡→单击"重置"按钮→单击"确定"。

2) 单击"工具"下拉菜单→选择"工作空间"菜单项→选择一个工作空间。

图 1-3-5　拖出"绘图"工具栏　　　　图 1-3-6　工具栏快捷菜单

1.3.4　绘图窗口

绘图窗口是显示、绘制和编辑图形的工作区域,它相当于机械制图里的图纸,在它的左下角有一个坐标系,在它底部有一个"模型/布局"选项卡。

1.3.5　命令提示窗口

命令提示窗口也叫命令行,它是用户输入命令和 AutoCAD 给出提示信息的区域,默认显示 3 行,可以用改变一般窗口大小的方法来改变它的大小。如果想看更多、更详细的命令,可以用 F2 键切换到文本窗口,如图 1-3-7 所示。

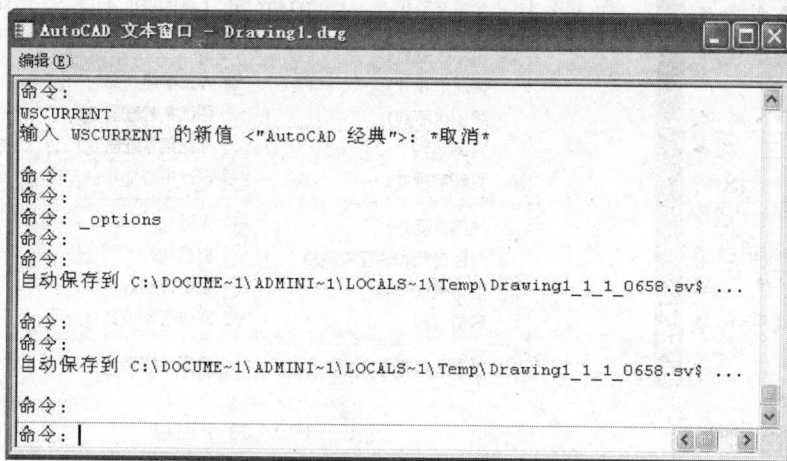

图 1-3-7　命令提示文本窗口

1.3.6　状态栏

状态栏位于 AutoCAD 窗口底部,反映当前的一些绘图情况,如图 1-3-8 所示。

图 1-3-8　状态栏

状态栏左侧的数值是当前绘图区内十字光标的坐标位置。中间 10 个按钮是绘图辅助工具。下凹的为"打开"状态,上凸的为"关闭"状态。右边是注释工具、状态栏菜单及全屏显示按钮□等。

1.3.7　"面板"选项板

在 AutoCAD 2008 中增加了多个控制面板,用于显示与基于任务的工作空间关联的按钮和控件。面板集合了多个工具栏,使用户能更方便的作图,如图 1-3-9 所示。

图 1-3-10 显示了打开面板的路径和 AutoCAD 2008 所拥有的 13 个面板。

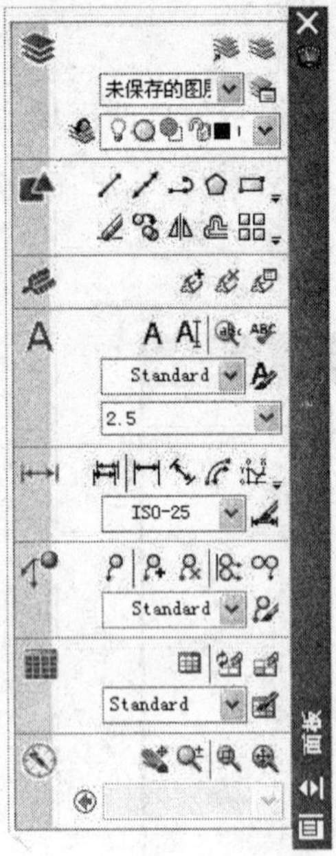

图 1-3-9　面板

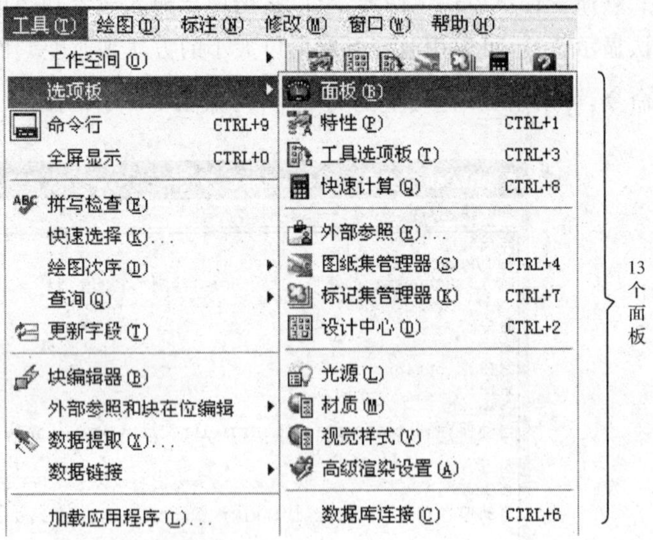

图 1-3-10　13 个面板

1.4　图形文件基本操作

AutoCAD 提供了一系列的图形文件管理命令。本节主要是学习文件的基本操作，为正确的管理和使用文件打下基础。

1.4.1　创建新的图形文件

1. 命令的调用

命令行：NEW。

菜单：文件→新建。

图标："标准"工具栏 ▢。

2. 说明

1) 当系统变量 STARTUP 的值为 0 时，执行新建命令后将打开图 1-4-1 所示的"选择样板"对话框，可以选择系统提供的样板文件新建，也可以按图 1-4-2 的路径打开无样板（公制）文件。

2) 当系统变量 STARTUP 的值为 1 时，执行新建命令后将打开图 1-4-3 所示的"创建新图形"对话框，可以选择"从草图开始"、"使用样板"或"使用向导"进入新建文件。

系统变量 STARTUP 值的设定：

命令：STARTUP

输入 STARTUP 的新值〈1〉：　　　　　　　　　　　　　//输入"0"或"1"

图 1-4-1　"选择样板"对话框

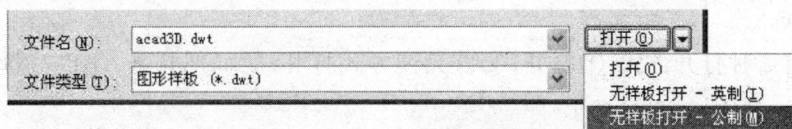

图 1-4-2　选择"无样板"打开

图 1-4-3　"创建新图形"对话框

1.4.2　打开已有的图形文件

1. 命令的调用

命令行：OPEN。

菜单：文件→打开。

图标："标准"工具栏。

执行命令后,打开"选择文件"对话框,如图 1-4-4 所示。

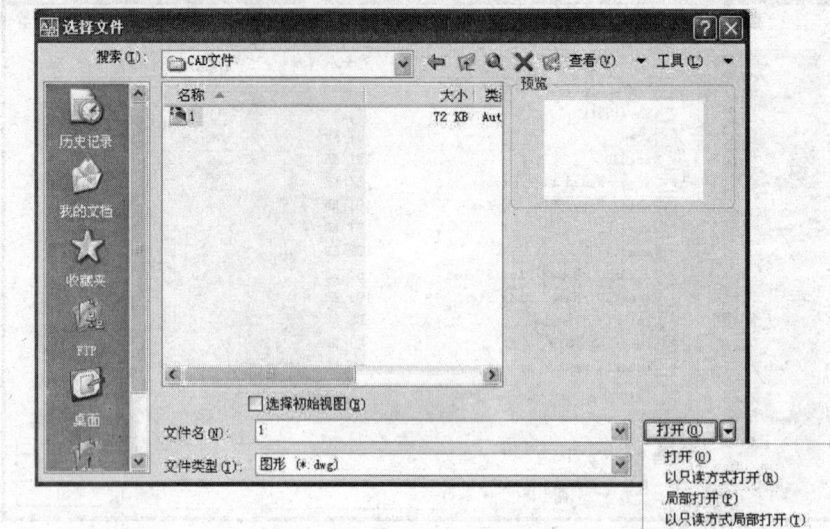

图 1-4-4 "选择文件"对话框

2. 说明

文件有 4 种打开方式:①打开;②以只读方式打开;③局部打开;④以只读方式局部打开。

"打开"和"局部打开"可以对图形进行编辑,"以只读方式打开"、"以只读方式局部打开"无法对图形进行编辑。

可以同时打开多个文件:在"选择文件"对话框中,按下 Ctrl 键的同时选中几个要打开的文件,单击"打开"按钮即可。

文件间的切换可以按 Ctrl + F6 或 Ctrl + Tab 。

1.4.3 保存图形文件

1. 命令的调用

命令行:SAVE。

菜单:文件→保存。

图标:"标准"工具栏 。

2. 说明

第一次执行保存命令时,将打开"图形另存为"对话框,选择文件要保存的路径,并在"文件名"对话框中输入文件名,单击"保存"按钮。

快速保存快捷键:Ctrl + S 。

需要 AutoCAD 自动保存的,可进行如下设置(见图1-4-5)。

1)命令:op;

2)在打开的"选项"对话框中,选择"打开和保存"选项卡;

14

3）选择自动保存；

4）设置间隔时间；

5）应用，确定。

1.4.4　关闭图形文件

1. 命令的调用

命令行：CLOSE。

菜单：文件→关闭。

图标：菜单栏 ✕ 。

2. 说明

当图形文件经过修改后没有保存时，在关闭前将同样出现与图 1-2-2 所示一样的提示框。

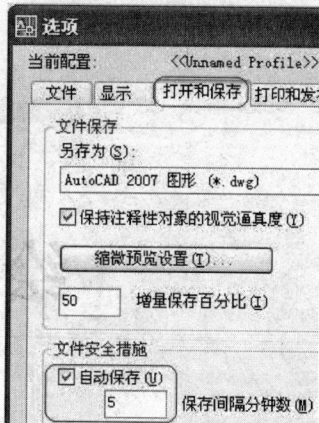

图 1-4-5　自动保存设置

习　题

1-1　AutoCAD 2008 为用户提供了哪几种工作空间模式？

1-2　AutoCAD 2008 共有几个工具栏？怎样打开未显示的工具栏？

1-3　上机启动 AutoCAD 2008，熟悉用户界面：菜单栏、工具栏、下拉菜单、绘图窗口、命令提示行及状态栏的位置和功能，练习对它们的基本操作。

1-4　在 AutoCAD 2008 中新创建一个图形文件，并以"练习 1-4"为文件名，将它保存在 E 盘下。

1-5　对于各工具栏中不熟悉的图标，了解其命令和功能最简便的方法是（　　）。

（A）查看用户手册　（B）使用在线帮助　（C）把光标移动到图标上稍停片刻

1-6　调用 AutoCAD 命令的方法有（　　）。

（A）在命令行输入命令名　（B）在命令行输入命令缩写名　（C）单击下拉菜单中的菜单选项　（D）单击工具栏中的对应图标　（E）以上均可

第 2 章

绘图环境设置

── 内容导航 ───────

在使用 AutoCAD 2008 绘制图形时,如果对系统默认的绘图环境或者是当前的绘图环境不满意,可以将其设置成自己所需要的环境。

── 教学目标 ───────

了解图形单位的意义。
了解图形界限的设置。
掌握坐标输入方法。
了解图层的作用。
掌握图层的创建、应用。
掌握辅助绘图工具的使用。

2.1 图形单位、图形界限的设置

通过本次学习,了解图形单位的意义,会设置所需的图形单位;了解图形界限的作用,会根据实际需要来设置图形界限。

2.1.1 图形单位的设置

1. 功能

设置长度、角度的显示精度,计算方式及一个单位所表示的距离。

2. 命令的调用

命令行:UNITS(缩写:UN)。

菜单:格式→单位。

3. 说明

1) 执行命令后,打开如图 2-1-1 所示的"图形单位"对话框,可根据自己的需要进行设置。

2) 方向(D)... 按钮:单击它将打开"方向控制"对话框,可设置基准角度0度的方

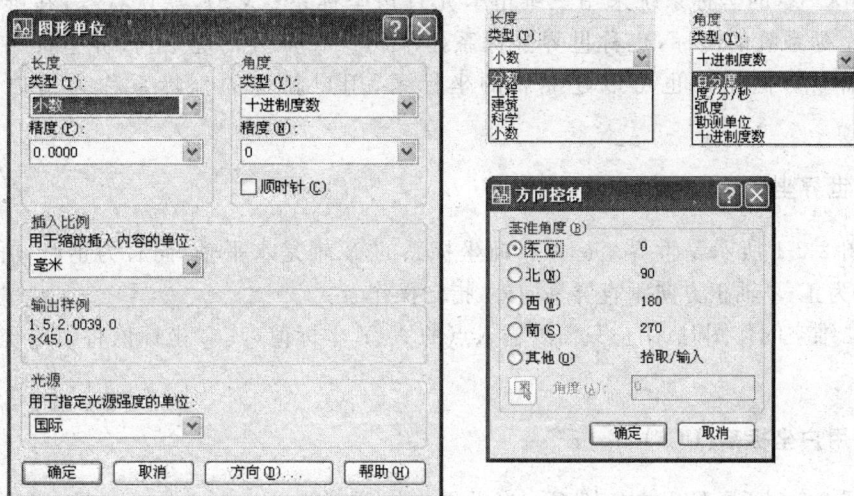

图 2-1-1　设置"图形单位"

向［系统默认东(X 轴正向)为 0 度方向］。

3）一般情况下，在应用 AutoCAD 进行机械绘图时，用系统默认的设置就可以，不需要进行重新设置。

2.1.2　图形界限的设置

1. 功能

AutoCAD 的绘图区是无限大的，为了规划绘图区域，可设置图形界限。

2. 命令的调用

命令行：LIMITS。

菜单：格式→图形界限。

3. 格式

命令：_limits

指定左下角点或［开(ON)/关(OFF)］〈0.0000,0.0000〉　　　　　//设置左下角

指定右上角点或〈420.0000,297.0000〉　　　　　　　　　//设置右上角

4. 说明

1）图形界限设置好后，在绘图区看不到变化，按下 栅格 按钮后，栅格的显示区就是图形界限区。

2）提示中的"［开(ON)/关(OFF)］"指是否打开图形界限检查功能，只有在检查功能打开的情况下，当图形画出界限时 AutoCAD 才会给出提示。

2.2　坐　标　系

坐标系是绘图的一个参照基准。绘图时，点的精确定位是通过坐标系来实现的。通过本次学习，读者将了解 AutoCAD 的两个坐标系及坐标点的输入方法。

AutoCAD 的坐标系统采用三维笛卡儿直角坐标系（CCS），默认状态，在屏幕左下角显示坐标系统的图标，也称世界坐标系（WCS）。在多数情况下，世界坐标系就能满足作图需要。但用户也可以建立新的坐标系，用户新建的坐标系称为用户坐标系（UCS）。

2.2.1 世界坐标系（WCS）

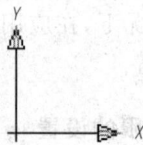

如图 2-2-1 所示是世界坐标系。此坐标系的 X 轴是水平轴，向右为正；Y 轴是垂直轴，向上为正；Z 轴正方向垂直屏幕向外，指向操作者。

在二维空间作图时，用户只需要输入点的 X、Y 坐标值，其 Z 坐标值将由系统自动分配为 0。

2.2.2 用户坐标系（UCS）

如图 2-2-2 所示是用户坐标系。当世界坐标系不能满足用户的需要时，用户可以根据实际需要，在任意位置建立坐标系。在一定情况下，用户坐标系可以给绘图带来方便。设置用户坐标系时，打开图 2-2-3 所示的"UCS"工具栏可进行设置。

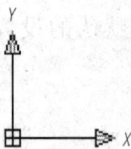

图 2-2-1 世界坐标系   图 2-2-2 用户坐标系

注：世界坐标系的原点有符号"□"，而用户坐标系没有。

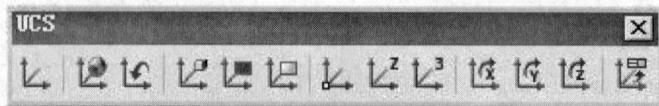

图 2-2-3 UCS工具栏

2.2.3 坐标的输入

绘制图形时，通常采用以下 4 种点坐标的方法：绝对坐标、相对坐标、相对极坐标、绝对极坐标。

1. 绝对坐标

绝对坐标是相对于坐标原点的坐标，从原点开始，X 坐标向右为正，向左为负；Y 坐标向上为正，向下为负。如图 2-2-4 所示，A 点的绝对坐标为 $(10,10)$，B 点的绝对坐标为 $(20,15)$。

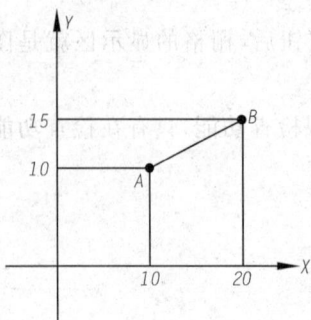

输入格式：X,Y。用绝对坐标画直线 AB：
命令：_line

图 2-2-4 绝对坐标

指定第一点:10,10✓　　　　　　　　　　　//输入 A 点绝对坐标

指定下一点或［放弃(U)］:20,15✓　　　　　//输入 B 点绝对坐标

指定下一点或［放弃(U)］:✓　　　　　　　//按空格键结束命令

2. 相对坐标

相对坐标是相对于前一点的坐标,相对于前一点,X 坐标向右为正,向左为负;Y 坐标向上为正,向下为负。如图 2-2-4 所示,B 点相对于 A 点的坐标增量为 10,5。

输入格式:@△X,△Y。用相对坐标画直线 AB:

命令:_line

指定第一点:10,10✓　　　　　　　　　　　//输入 A 点绝对坐标

指定下一点或［放弃(U)］:@10,5✓　　　　//输入 B 点相对坐标

指定下一点或［放弃(U)］:✓　　　　　　　//按空格键结束命令

3. 相对极坐标

相对极坐标也是相对于前一点的坐标,指当前点到前一点的距离和当前点与前一点的连线与基准角度 0 度方向的夹角(系统默认 x 轴正方向为 0 度方向,逆时针形成的夹角为正,顺时针形成的夹角为负)。

输入格式:@长度<角度。

利用相对极坐标可以方便的绘制已知长度和角度的斜线。

用相对极坐标画图 2-2-5 所示直线 CD:

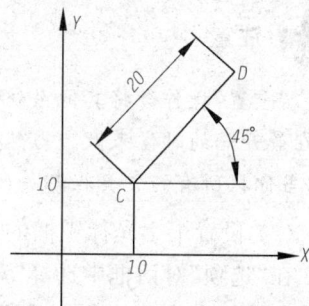

图 2-2-5　相对极坐标

命令:_line

指定第一点:10,10✓　　　　　　　　　　　//输入 C 点绝对坐标

指定下一点或［放弃(U)］:@20<45✓　　　//输入 D 点相对极坐标

指定下一点或［放弃(U)］:✓　　　　　　　//按空格键结束命令

4. 绝对极坐标

绝对极坐标是相对于坐标原点的坐标,指当前点到原点的距离和当前点与原点的连线与基准角度 0 度方向的夹角(逆正顺负)。

输入格式:长度<角度。

绝对极坐标在 AutoCAD 制图中极少使用。

2.3　"选项"对话框参数设置

通过本次学习,初步了解"选项"对话框中的内容,会进行一般的设置。

1. 功能

设置常用系统配置。

2. 命令的调用

命令行:OPTIONS(缩写:OP)。

菜单:工具→选项。

3．应用

（1）设置"平移"快捷方式

当我们观察所绘制的图形时，会用到"平移"命令，更快捷的方法是按下鼠标中键（滚轮）进行拖动来平移绘图窗口。正确的状态是按下鼠标滚轮后会出现"✍"，此时才可进行平移，如果按下滚轮后出现的不是"✍"而是一个菜单，那么需要进行如下设置（见图2-3-1）。

命令：op

① 选择"配置"选项卡。

② 单击"重置"按钮。

③ 在出现的对话框中单击"是"。

④ "应用"→"确定"。

✠ **注意**

"重置"操作会将其他系统配置恢复到 AutoCAD 的默认起始状态，所以，这一步操作最好在最开始的时候来做。当然，你也可以利用这个命令来恢复 AutoCAD 的系统配置。例如，当你把所有的工具栏都关闭了时，可以用"重置"命令恢复到最开始的默认状态。

（2）设置十字光标靶框的大小

在"选项"对话框中选择"草图"选项卡，在"靶框大小"处用鼠标直接拖拉控制按钮即可改变靶框大小。单击"应用"→"确定"即可，如图 2-3-2 所示。

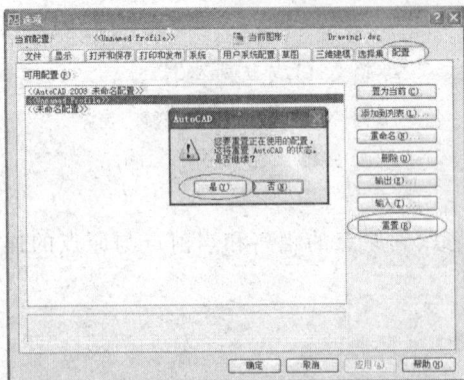

图 2-3-1 "配置"选项卡　　　　　　　图 2-3-2 "草图"选项卡

（3）设置自动捕捉标记的大小和颜色

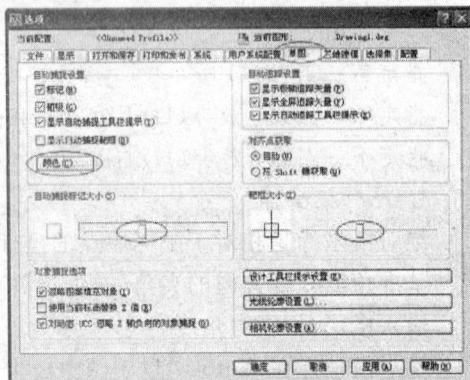

在图 2-3-2 所示的"草图"选项卡中，在"自动捕捉标记大小"处用鼠标直接拖拉控制按钮即可改变自动捕捉标记的大小。

单击颜色按钮 颜色(C)... 后，打开图 2-3-3，进行颜色的设置。

一般情况下，系统默认的十字坐标靶框的大小和自动捕捉标记的大小及颜色不影响画图，可不改变系统的设置。其他选项卡将在后续相关内容中介绍。

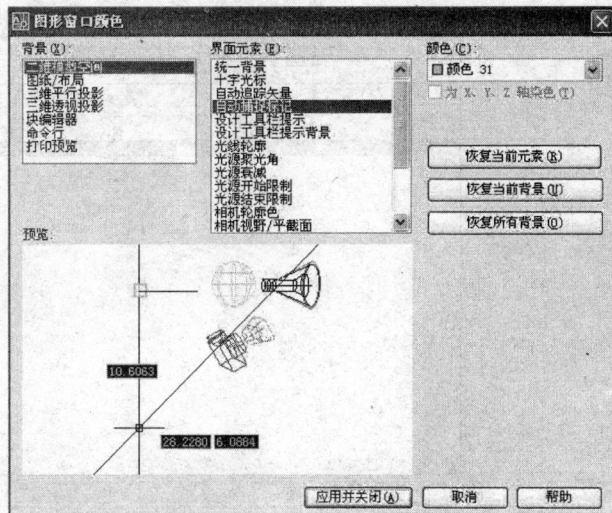

图 2-3-3 设置窗口颜色

2.4 图层的设置

图层类似透明的图纸,用来分类组织不同的图形信息。绘图前,按照绘图对象设定好图层,在绘制过程中,将各对象绘到相对应的图层中,为修改对象及管理图形提供便利。

通过本次学习,读者将对图层的特点及应用有一定的了解,会创建图层。

2.4.1 图层的特点

1) 可以在 AutoCAD 中创建多个图层,数量不限。

2) 每一个图层都包含相同的特性,如"图层名"、"线型"、"线宽"等。

3) 当前正在使用的图层为当前层,当前层只有一个,但可以切换。

4) 可以在图层上控制对象是否可见、是否可编辑、是否可打印等。

2.4.2 新建图层

1. 功能

新建图层。

2. 命令的调用

命令行:LAYER。

菜单:格式→图层。

图标:"图层"工具栏 ≋。

3. 应用

(1) 创建新图层

执行命令后打开图 2-4-1 所示对话框。

图 2-4-1　图层特性管理器

单击 按钮后，系统创建一个名为"图层 1"的新图层，此时"图层 1"处于可编辑状态，输入图层的名称（如粗实线）后，在空白处点击鼠标左键即创建了一个新图层（粗实线层）。

（2）设置图层颜色

单击所在图层的颜色按钮 █ 白 █ ，打开图 2-4-2 所示的"选择颜色"对话框，选择需要的颜色即可。

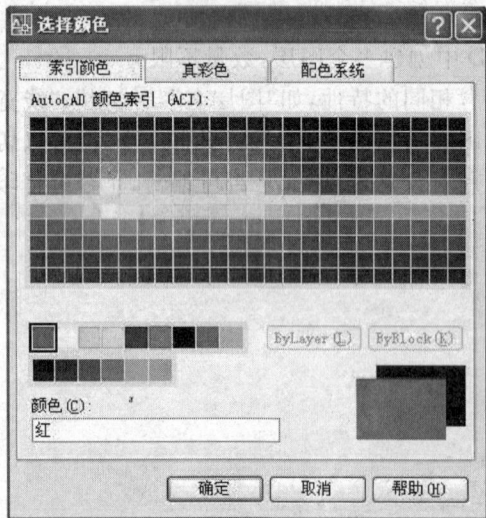

图 2-4-2　"选择颜色"对话框

（3）设置图层线型

单击所在图层的线型按钮 Contin... ，打开图 2-4-3 所示的"选择线型"对话框，选择一种线型，如果在已加载的线型中没有需要的线型，则单击 加载(L)... 按钮，打开图2-4-4所示的"加载或重载线型"对话框，选择好需要的线型，再单击确定按钮即可。

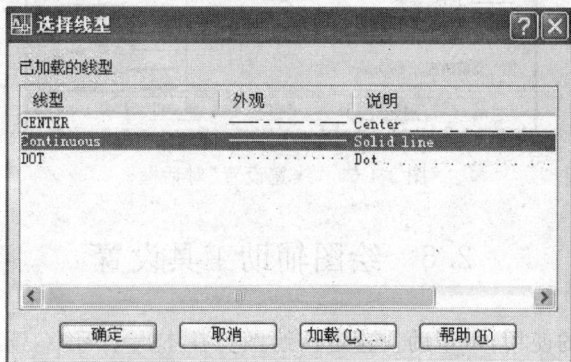

图 2-4-3　"选择线型"对话框

（4）设置图层线宽

单击所在图层的线宽按钮 —— 默认 ，打开图 2-4-5 所示的"线宽"对话框，选择一种线宽，单击"确定"即可。机械图样的图线分粗、细两种，粗线的宽度可在 $0.5 \sim 2mm$ 之间选择，细线的宽度为 $d/2$。用 AutoCAD 绘图时，打印出来的图线比实际设定值要粗一些。因此，在用 AutoCAD 绘图时，可将粗线设为 $0.35mm$，细线采用默认值（默认值设为 $0.18mm$ 或采用系统的默认值 $0.25mm$）

"默认"线宽的更改：单击"格式"→"线宽"，打开"线宽设置"对话框。如图 2-4-6 所示，设置默认线宽。

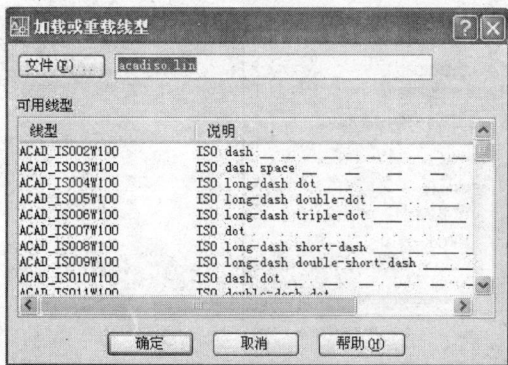

图 2-4-4　"加载线型"对话框

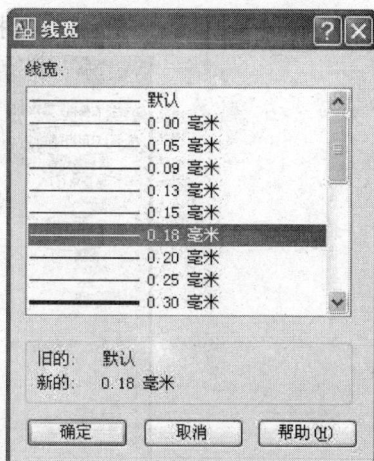

图 2-4-5　"线宽"对话框

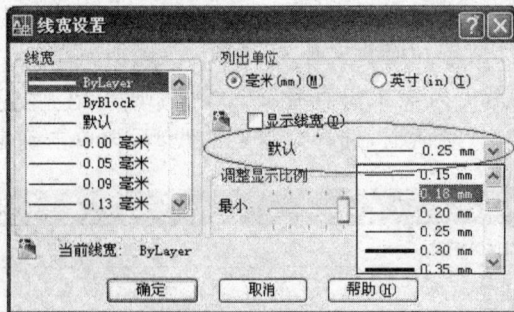

图 2-4-6 "线宽设置"对话框

2.5 绘图辅助工具设置

辅助绘图工具的使用,可帮助快速定位绘图。在本次学习中,读者将先接触"极轴"、"对象捕捉"、"对象追踪"三个功能,其他的辅助工具在后续章节中介绍。

2.5.1 极轴

1. 功能

利用极轴定位。

图 2-5-1 极轴设置快捷方式

2. 命令的调用

命令行:DSETTINGS(缩写:DS)。

菜单:工具→草图设置。

快捷方式:在状态栏"极轴"按钮处右键单击,在弹出的快捷菜单中单击"设置",如图 2-5-1 所示。

3. 应用

执行命令后打开图 2-5-2 所示的"极轴追踪"选项卡。

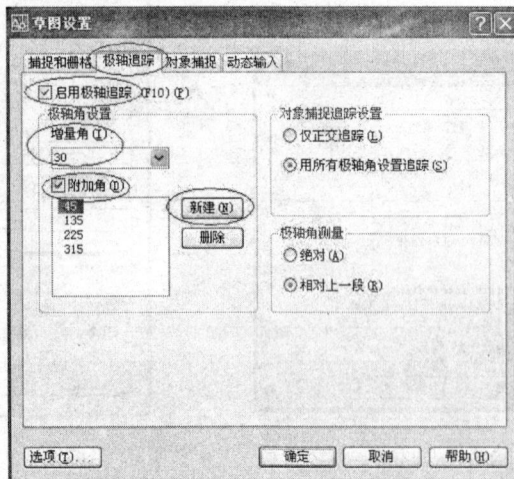

图 2-5-2 "极轴追踪"选项卡

在"极轴追踪"选项卡中作如下设置：

1）选中"启用极轴追踪"复选项；

2）设置"增量角"为 30°；

3）设置四个附加角：45°，−45°，135°，−135°。

2.5.2　对象捕捉、对象追踪

1. 功能

利用已有的图形对象上的特殊点定位。

2. 命令的调用

命令行：DSETTINGS（缩写：DS）。

菜单：工具→草图设置。

快捷方式：在状态栏"对象捕捉"按钮处右键单击，在弹出的快捷菜单中单击"设置"，如图 2-5-3 所示。

图 2-5-3　设置"对象捕捉"快捷方式

3. 应用

执行命令后打开图 2-5-4 所示的"草图设置"选项卡。

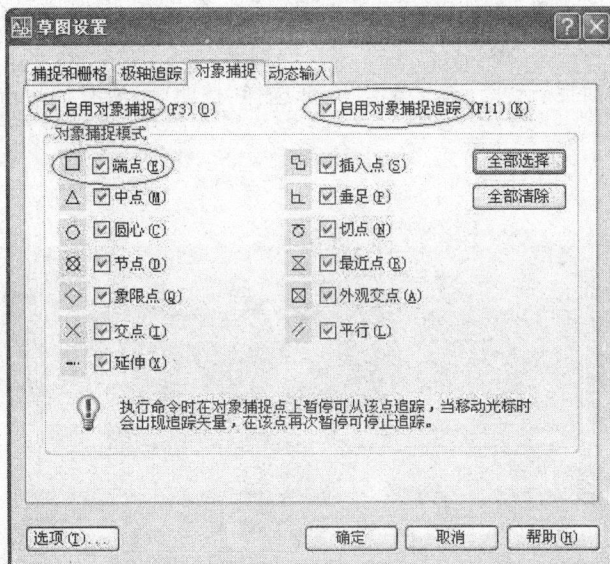

图 2-5-4　"草图设置"选项卡

在"草图设置"选项卡中作如下设置：

① 选中"启用对象捕捉"复选项；

② 选中"启用对象捕捉追踪"复选项；

③ 在"对象捕捉模式"下选择需要的捕捉点。

习　题

2-1　设置绘图范围,用 LIMITS 命令将绘图范围设为(0,0)→(300,300)。

2-2　在 AutoCAD 中,有哪两种坐标系?

2-3　创建下表所列图层,并关闭粗实线层,锁定细实线层,冻结中心线层。

名称	颜色	线型	线宽
粗实线层	白	Continuous	0.35mm
细实线层	红	Continuous	默认
中心线层	青	Center	默认
虚线层	黄	Dashed	默认
尺寸线层	紫	Continuous	默认
剖面线层	绿	Continuous	默认
文字与其他层	蓝	Continuous	默认

2-4　打开"草图设置"对话框,在"极轴追踪"选项卡中,设置增量角为 $30°$,设置附加角为:$45°,-45°,135°,-135°$。

2-5　在"对象捕捉"选项卡中,单击"全部选择"按钮,将所有捕捉点都选上。

第二篇　二维绘图

■■■ 第 3 章 ■■■

绘制与编辑简单平面图形

── **内容导航** ──

读者在使用 AutoCAD 2008 绘制简单平面图形时,可以首先掌握 AutoCAD 中的基本作图命令,如直线、矩形、多边形、圆和删除、修剪、偏移等,并能够使用它们绘制简单的图形及常见的几何关系,加强作图技能,提高绘图效率。

── **教学目标** ──

了解一个简单图形的绘制过程。

掌握绘制直线段、点、矩形、多边形的方法。

掌握绘制圆、圆弧、圆环、椭圆和椭圆弧的方法。

掌握选择、删除、恢复、修剪、延伸、打断、拉长和偏移等编辑操作。

3.1　一个简单图形的绘制过程

本节内容以绘制如图 3-1-1 所示"餐厅"示意图为例,介绍用 AutoCAD 绘图的基本方法和步骤,以使读者对使用 AutoCAD 绘图的全过程有一个概略的直观了解。这一过程中涉及的部分内容读者可能一时还不大清楚,不过不要紧,在后续章节中将陆续对其分别作详细的介绍。

在图 3-1-1 中,大矩形表示餐厅房间,中间小矩形表示餐桌,四周的 6 个小圆表示圆凳。

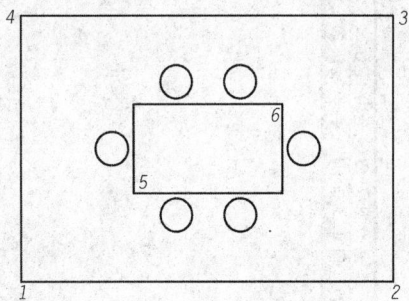

图 3-1-1 "餐厅"示意图

3.1.1　启动 AutoCAD 2008 中文版

在桌面上双击 AutoCAD 2008 中文版快捷方式，或开始→程序→AutoCAD 2008,启动 AutoCAD 2008 中文版软件。

3.1.2 新建文件

在下拉菜单中单击"文件"→"新建"命令，打开"选择样板"对话框如图 3-1-2 所示。该对话框中列出了许多用于创建新图形的样板文件，缺省的样板文件是"Acadiso. dwt"。单击"打开"按钮，系统将显示图 3-1-3 所示绘图界面，开始进行具体的绘图。

图 3-1-2 "选择样板"对话框

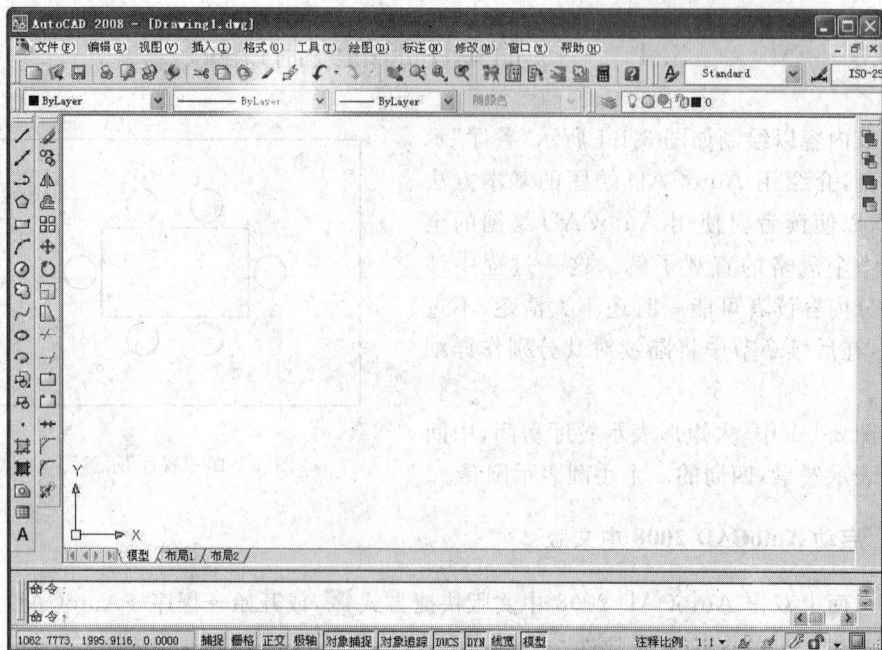

图 3-1-3 绘图界面

3.1.3　设置绘图环境

在绘图界面 ![图标栏] 处;单击 ![图标],弹出"图层管理器"对话框,如图 3-1-4 所示。

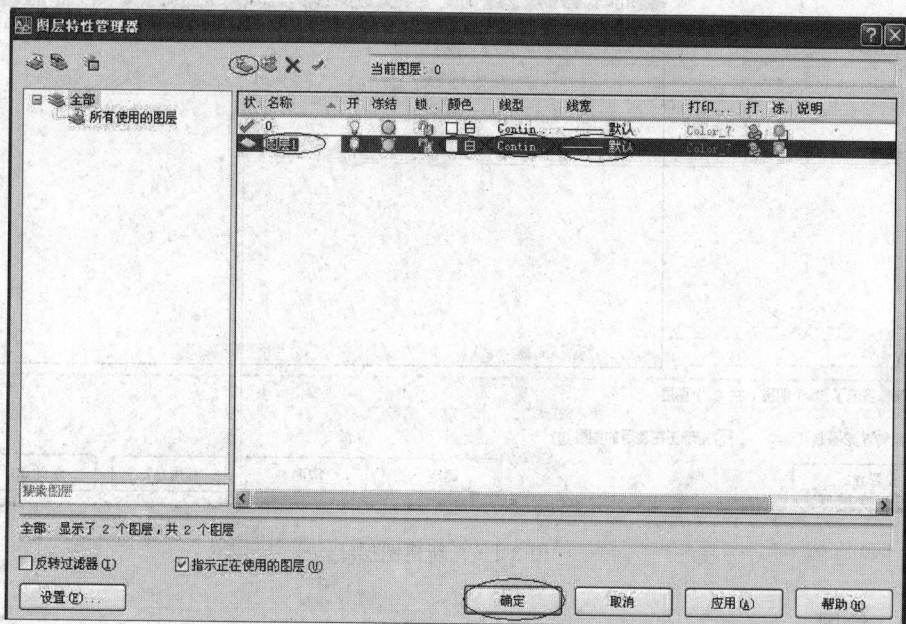

图 3-1-4　图层特性管理器

在"图层管理器"对话框中,单击"新建图层"按钮 ![图标],修改其"名称"和"线宽"两项。在"图层 1"处双击并输入"粗实线线层",在"——默认"处单击,弹出"线宽"对话框,如图 3-1-5,选择"0.35 毫米",结果如图 3-1-6 所示。

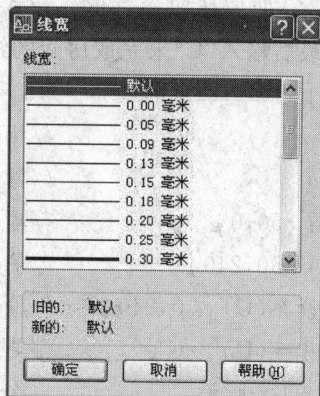

图 3-1-5　线宽

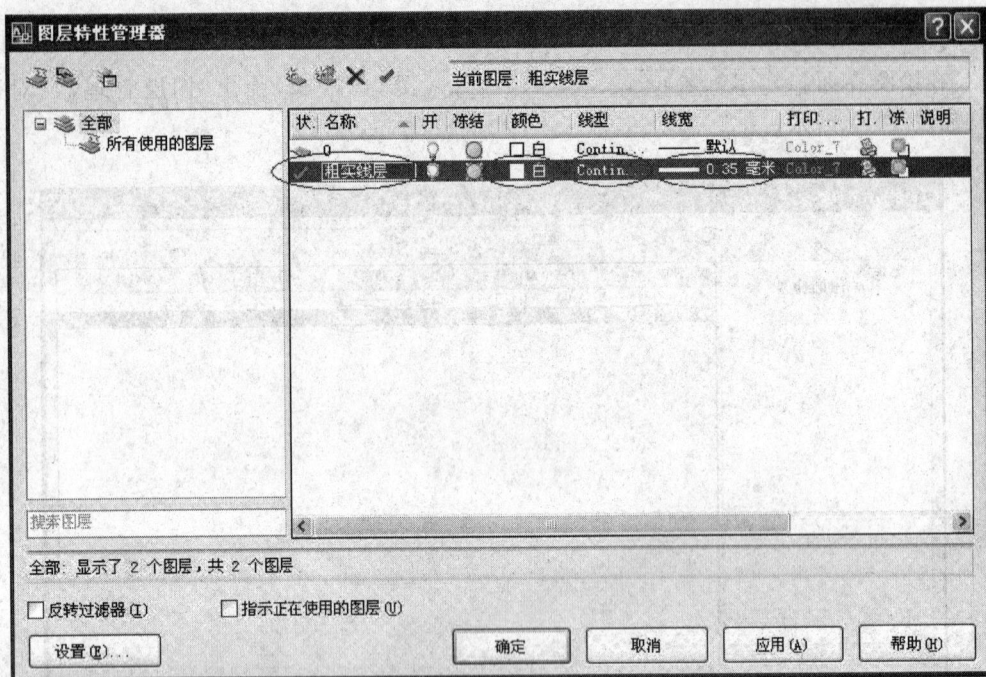

图 3-1-6　新建图层

3.1.4　绘图

绘图时,可直接在绘图界面上单击绘图快捷图标,也可在下拉菜单中选择,或在屏幕下方的命令行处输入 AutoCAD 命令,即可执行相应的命令功能。

1) 用直线命令画大矩形,大矩形由四个顶点 1、2、3、4 决定,所以我们只需要画出这四个点即可。

在左边绘图工具栏处单击 ，而后在命令行依次输入点 1、2、3、4 点的坐标:(0,0)、(350,0)、(350,240)、(0,240),最后输入"C"来完成房间的绘制并退出 LINE 命令。

具体的输入和操作归结如下:

命令：_line　　　　　　　　　　　　　　//执行绘制直线命令

指定第一点：0,0↙　　　　　　　　　　//输入点 1 的坐标

指定下一点或 [放弃(U)]：350,0↙　　　//输入点 2 的坐标

指定下一点或 [放弃(U)]：350,240↙　　//输入点 3 的坐标

指定下一点或 [闭合(C)/放弃(U)]：0,240↙　//输入点 4 的坐标

指定下一点或 [闭合(C)/放弃(U)]：C↙　　//使四边形封闭并结束 LINE 命令

在屏幕上出现的图形如图 3-1-7 所示。

2) 用矩形命令来绘制里面的小矩形,通过绘制两对角点 5、6 来完成对矩形的绘制。

在左边绘图工具栏处单击 ，两对角点 5、6 的坐标分别是(105,80)、(245,160),具体操作如下:

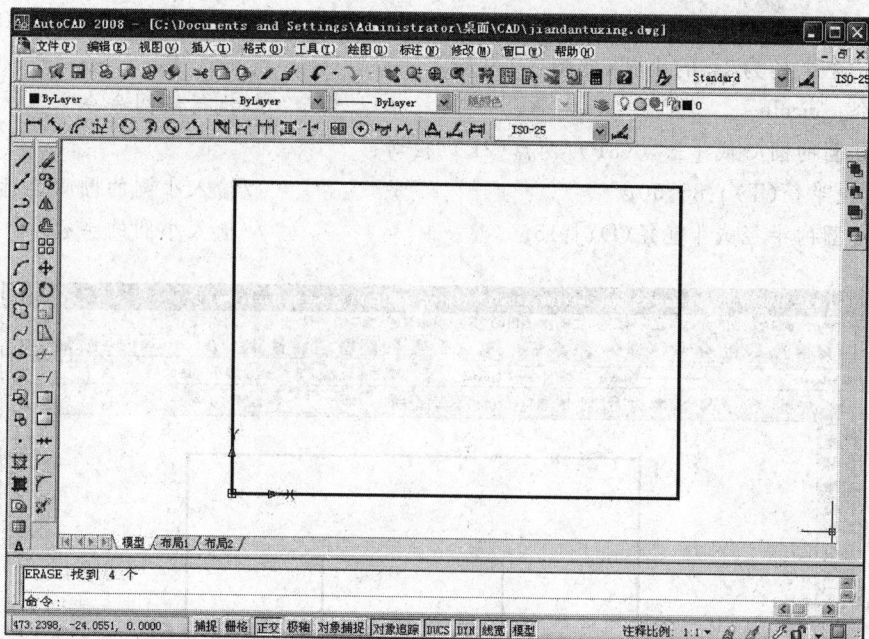

图 3-1-7　绘制完成餐厅房间

命令：_rectang　　　　　　　　　　　　　　　　　　//执行绘制矩形命令

指定第一个角点或［倒角（C）/标高（E）/圆

角（F）/厚度（T）/宽度（W）］：105,80↙　　　　　　//输入点 5 的坐标

指定另一个角点或［面积（A）/尺寸（D）/旋转（R）］：245,160↙//输入点 6 的坐标

结果如图 3-1-8 所示。

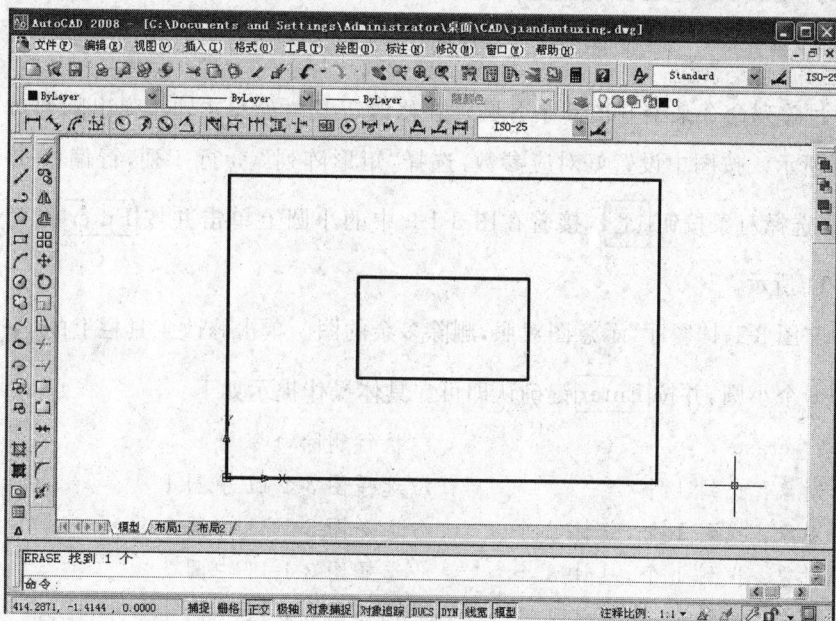

图 3-1-8　绘制完餐桌后的图形

3）用圆命令来绘制小圆,通过确定圆的圆心和半径来绘制。我们先在小矩形的左下角绘制一个半径为 15 的小圆,如图 3-1-9 所示。

命令:_circle   //执行绘圆命令
指定圆的圆心或 [三点(3P)/两点(2P)/相切、
相切、半径(T)]:85,60↙   //输入小圆的圆心坐标
指定圆的半径或 [直径(D)]:15↙   //输入小圆的半径

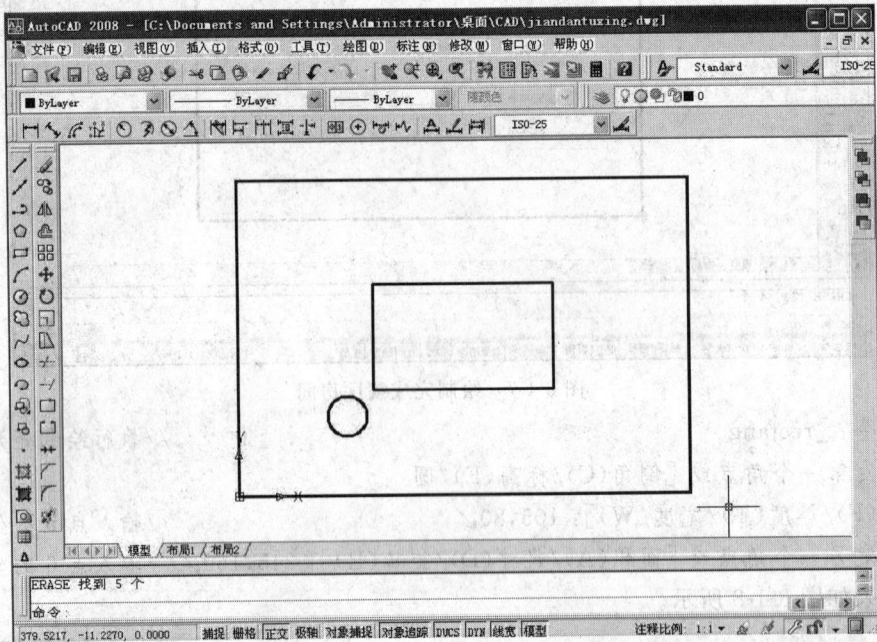

图 3-1-9　绘制了一个圆凳后的图形

再通过阵列命令来绘制出其余各圆。在修改工具栏处单击 ⊞,弹出陈列对话框,如图 3-1-10 所示。按图中设置好对应参数:选择"矩形阵列",3 行 4 列,行偏移 60,列偏移 60,再单击选择对象按钮 [🔲],接着在图 3-1-9 中的小圆上单击并按 Enter 键确认,结果如图 3-1-11 所示。

最后与图 3-1-1"餐厅"示意图对照,删除多余的图。单击修改工具栏上的 🖉 按钮,选择多余的 6 个小圆,并按 Enter 键确认即可。具体操作提示如下:

命令:_erase   //执行删除命令
选择对象:找到 1 个   //选择图 3-1-11 中圆 1
选择对象:找到 1 个,总计 2 个   //选择图 3-1-11 中圆 2
选择对象:找到 1 个,总计 3 个   //选择图 3-1-11 中圆 3
选择对象:找到 1 个,总计 4 个   //选择图 3-1-11 中圆 4
选择对象:找到 1 个,总计 5 个   //选择图 3-1-11 中圆 5

选择对象：找到 1 个，总计 6 个　　//选择图 3-1-11 中圆 6

选择对象：　　　　　　　　　　　//按 Enter 键确认并结束 ERASE 命令

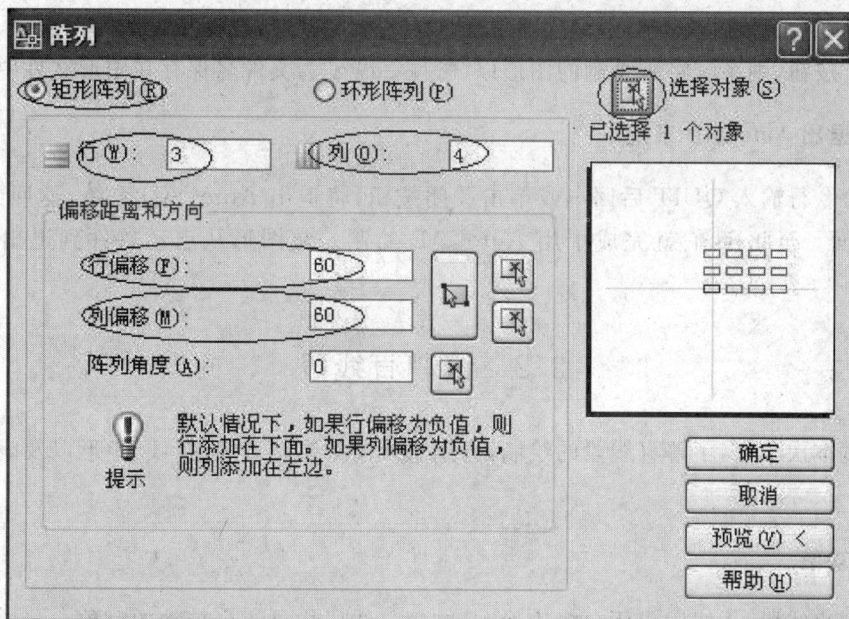

图 3-1-10　"阵列"对话框

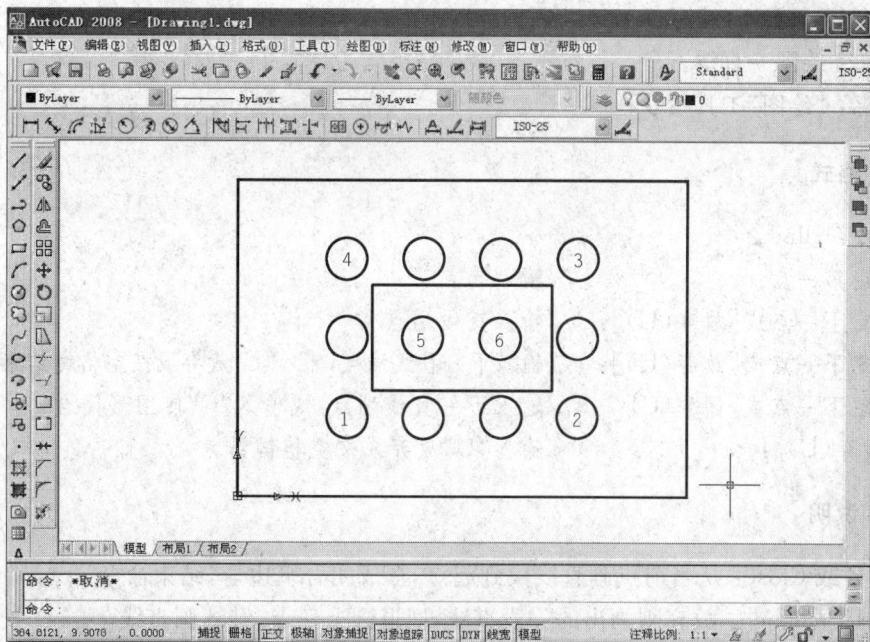

图 3-1-11　阵列圆凳后的图形

3.1.5　将图形存盘保存

在下拉菜单中单击"文件"→"图形保存"或"图形另存为"命令,将弹出"图形另存为"对话框。在"文件名"文本框中输入图形文件的名称"餐厅",选择所需的保存路径,然后单击"保存"按钮,则系统将所绘制的图形以"餐厅.dwg"为文件名保存在图形文件中。

3.1.6　退出 AutoCAD 系统

在命令行输入 QUIT 后回车或单击关闭按钮,将退出 AutoCAD 系统,返回到 Windows 桌面。至此,我们就完成了用 AutoCAD 绘制一幅图形从启动软件到退出的整个过程。

3.2　绘制直线段

通过本次学习,了解直线段的绘制,会用直线段来绘制直线、折线、矩形以及闭合多边形等。

3.2.1　功能

绘制直线段、折线段或闭合多边形,其中每一线段均是一个单独的对象。

3.2.2　调用方法

命令行:LINE(缩写:L)。
菜单:绘图→直线。
图标:"绘图"工具栏 ✏。

3.2.3　格式

命令:_line↙
指定第一点:　　　　　　　//输入起点
指定下一点或[放弃(U)]:　//输入直线端点
指定下一点或[放弃(U)]:　//输入下一直线端点,输入"U"放弃或按空格键结束
指定下一点或[闭合(C)　　//输入下一直线端点,或输入"C"使图形闭合,
/放弃(U)]:　　　　　　　　输入"U"放弃或按空格键结束

3.2.4　说明

1) C 或 Close:从当前点画直线段到起点,形成闭合多边形,结束命令。

2) U 或 Undo:放弃刚画出的一段直线,回退到上一点,继续画直线。

3) Continue:在命令提示"指定第一点:"时,输入 Continue 或用 Enter 键,指从刚画完的线段开始画直线段,如刚画完的是圆弧段,则新直线段与圆弧段相切。

3.2.5　应用

【例 3-1】　绘制图 3-2-1 所示五角星。

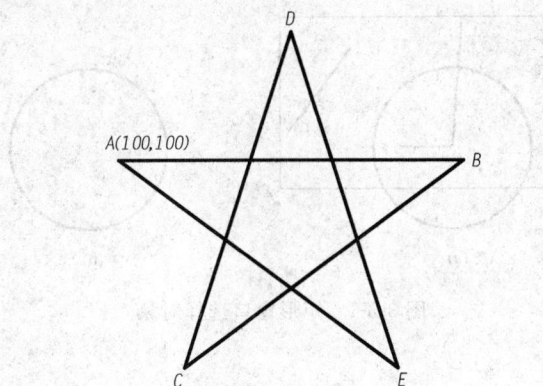

图 3-2-1　五角星

解：

命令：_line

指定第一点：100,100 ↙	//用绝对直角坐标指定 A 点
指定下一点或［放弃(U)］：150,100 ↙	//用绝对直角坐标指定 B 点
指定下一点或［放弃(U)］：@ 50⟨−144 ↙	//用与 B 点的相对极坐标指定 C 点
指定下一点或［关闭(C)/放弃(U)］：@ 50⟨72 ↙	//用与 C 点的相对极坐标指定 D 点
指定下一点或［关闭(C)/放弃(U)］：@ 50⟨−36 ↙	//输入了一个错误的 E 点坐标
指定下一点或［关闭(C)/放弃(U)］：U ↙	//取消对 E 点的输入
指定下一点或［关闭(C)/放弃(U)］：@ 50⟨−72 ↙	//重新输入 E 点
指定下一点或［关闭(C)/放弃(U)］：(光标拾取点 A) ↙	//封闭五角星并结束画直线命令

3.3　选择、删除和恢复

通过本次学习，了解各种选择对象的方法，会根据需要构造一定的选择集；了解删除和恢复的作用，能根据实际需要来运用删除和恢复命令。

3.3.1　选择对象

AutoCAD 提供了多种构造选择集的方法。缺省情况下，可以用鼠标逐个地拾取对象，或是利用矩形、交叉窗口一次选取多个对象。

1. 矩形窗口选择对象

当 AutoCAD 提示选择要编辑的对象时，在图形元素左上角或左下角单击一点，然后向右拖动鼠标，AutoCAD 显示一个实线矩形窗口，让此窗口完全包含要编辑的图形实体，再单击一点，矩形窗口内所有对象(不包括与矩形相交的对象)被选中，被选中的对象将以虚线形式表示出来。

【例 3-2】 打开附盘 3-2.dwg,用矩形窗口选择对象,如图 3-3-1 所示。下面通过 ERASE(删除)命令演示这种选择方法。

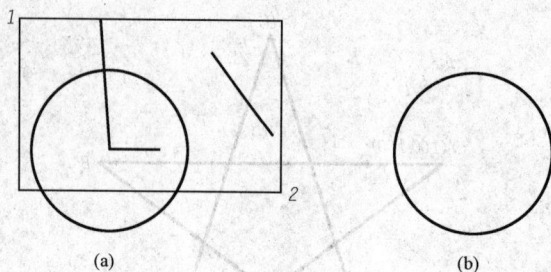

图 3-3-1 矩形窗口选择对象

解:

命令:_erase

选择对象: //在点 1 处单击一点,如图 3-3-1 (a)所示

指定对角点:找到 3 个 //在点 2 处单击一点

选择对象:✓ //按 Enter 键或空格键结束,结果如图 3-3-1 (b)所示

> **注意**
>
> 当 HIGHLIGHT 系统变量处于打开状态时(等于 1),AutoCAD 才以高度亮度形式显示被选择的对象。

2. 用交叉窗口选择对象

当 AutoCAD 提示"选择对象"时,在要编辑的图形元素右上角或右下角单击一点,然后向左拖动游标,此时出现后一个虚线矩形框,使该矩形框包含被编辑对象的一部分,而让其余部分与矩形框相交,再单击一点,则框内的对象及与框边相交的对象全部被选中。

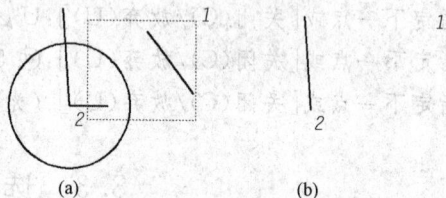

图 3-3-2 交叉窗口选择对象

【例 3-3】 打开附盘 3-3.dwg,用交叉窗口选择对象,如图 3-3-2(a)所示。用 ERASE 命令将左图修改为右图。

解:

命令:_erase

选择对象: //在点 1 处单击一点,如图 3-3-2 (a)所示

指定对角点:找到 3 个 //在点 2 处单击一点

选择对象:✓ //按 Enter 键或空格键结束,结果如图 3-3-2 (b)所示

3. 给选择集添加或去除对象

编辑过程中,用户构造选择集常常不能一次完成,需向选择集中加入或去除对象。在

添加对象时,可直接选择或利用矩形窗口、交叉窗口选择要加入的图形元素;若要去除对象,可先按住 Shift 键,再从选择之中选择要清除的图形元素。

【例 3-4】 打开附盘 3-4.dwg 修改选择集,如图 3-3-3(a)所示,用 ERASE 命令将左图修改为右图。

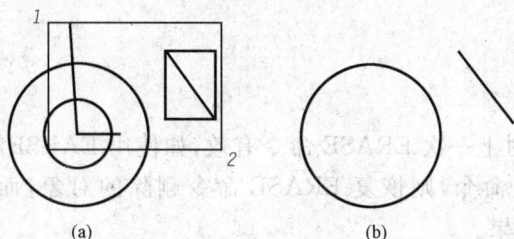

(a)   (b)

图 3-3-3 修改选择集

解:

命令:_erase

选择对象: //在点 1 处单击一点,如图 3-3-3(a)所示

指定对角点:找到 4 个 //在点 2 处单击一点

选择对象:找到 1 个,删除 1 个,

总计 3 个 //按住 Shift 键,从选择集中选择斜线(去除斜线)

选择对象:找到 1 个,总计 4 个 //选择图中小圆(添加小圆)

选择对象: //按 Enter 键或空格键结束,结果如图 3-3-3(b)所示

3.3.2 删除

1. 功能

用于删除选中的单个或多个对象。在所有的修改命令中,此命令可能是最频繁的命令之一。

2. 调用方法

命令行:ERASE(缩写:E)。

菜单:修改→删除。

图标:"修改"工具栏 。

3. 格式

命令:_erase

选择对象: //依次选择单个或多个对象

选择对象: //按 Enter 键或空格键确认

4. 说明

操作时,可以先输入"删除"命令,再选择要删除的对象,或者先在未激活任何命令的状态下选择对象使之亮显,然后再执行删除命令,可按下面任一方法完成。

1) 单击修改工具栏的"删除"按钮。

2) 按键盘上的 Delete 键。

3) 单击鼠标右键，在弹出的快捷菜单中选择"删除"选项。

3.3.3 恢复

1. 功能

恢复上一次用 ERASE 命令所删除的对象。

2. 调用方法

命令行：OOPS。

3. 说明

1) OOPS 命令只对上一次 ERASE 命令有效，如使用 EARSE〉LINE〉ARC〉LAYER 操作顺序后，用 OOPS 命令，则恢复 ERASE 命令删除的对象，而不影响 LINE、ARC、LAYER 命令操作的结果。

2) 本命令也常用于 BLOCK(块)命令之后，用于恢复建块后所消失的图形。

3.4 绘 制 点

通过本次学习，了解各种绘制点的方法。在绘制点时，可以在屏幕上直接点击绘制出点，也可以用对象捕捉定位一个点。

3.4.1 功能

按要求设置不同的点样式，可以直接绘制，也可以使用定数等分(DIVIDE)和定距等分(MEASURE)命令按距离或等分数沿直线、圆弧和多段线绘制多个点。

3.4.2 调用方法

命令行：POINT(缩写名：PO)。

菜单：绘图→点→单点或多点。

图标："绘图"工具栏 ▪。

3.4.3 格式

命令：_point

当前点模式：PDMODE＝0   PDSIZE＝0.0000

指定点：   //给出点所在位置

3.4.4 说明

1. 直接点击绘制点

1) 单点只输入一个点，多点可输入多个点。

2) 点在图形中的表示样式，共有 20 种。可通过命令 DDPTYPE 或从菜单：格式→点样式，从弹出点"点样式"对话框来设置，如图 3-4-1 所示。

2. 定数等分点

定数等分是在指定线(直线、圆弧、多线段和样条曲线)上，按给出的等分段数，设置等分点,在每一个等分点上放置一个点对象或图块。等分数范围 2～32767,如图 3-4-2 所示为将三角形的斜边平均分为 5 份。定数等分命令调用方法如下:

菜单:绘图→点→定数等分。

命令行:DIVIDE。

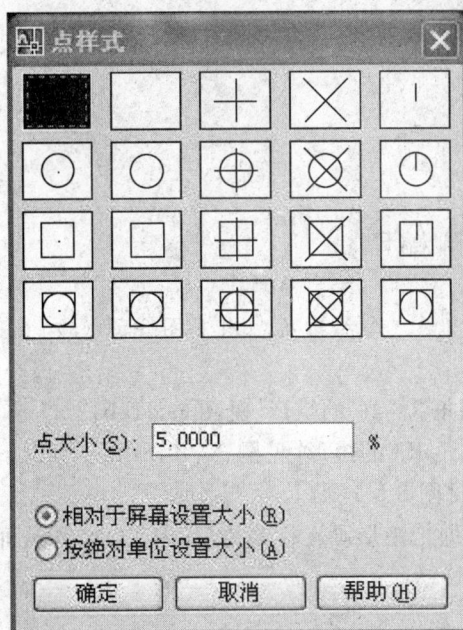

图 3-4-1　"点样式"对话框

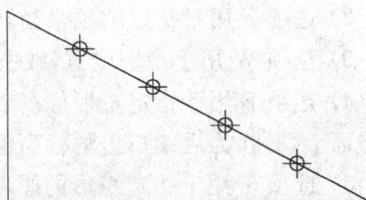

图 3-4-2　定数等分点

3. 定距等分点

定距等分是按指定的长度将指定直线、圆弧、多线段或样条曲线进行测量,并在每个定距等分点上放置点或图块。与顶数等分不同的是,定距等分不一定将对象等分,即最后一段通常不为指定的距离。如图 3-4-3 所示为将一条长为 100 的线段按距离 15 进行等距等分。定距等分命令调用方法如下:

菜单:绘图→点→定距等分。

命令行:MEASURE(缩写名:ME)。

图 3-4-3　定距等分点

3.5　绘制矩形、多边形、分解

通过本次学习,了解各类矩形和各种多边形的画法,并能熟练应用。掌握编辑命令中分解命令的运用。

3.5.1 矩形

1. 功能

画矩形,底边与 X 轴平行,可带倒角、圆角等。

2. 调用方法

命令行:RECTANG(缩写名:REC)。

菜单:绘图→矩形。

图标:"绘图"工具栏 ▭。

3. 格式与示例

命令:_rectang

指定第一个角点或[倒角(C)/标高(E)/圆角(F)

/厚度(T)/宽度(W)]:   //给出角点1

指定另一个角点或[尺寸(D)]:@20,30   //给出角点2[见图 3-5-1(a)]

4. 说明

1) 选项 C 用于指定倒角距离,绘制带倒角 3×45°的矩形[见图 3-5-1(b)]。

2) 选项 F 用于指定圆角半径,绘制带圆角 R3 的矩形[见图 3-5-1(c)]。

3) 选项 W 用于指定线宽,线宽为 0.5[见图 3-5-1(d)]。

4) 选项 E 用于指定矩形标高(Z 坐标),即把矩形画在标高为 Z,和 XOY 坐标面平行的平面上,并作为后续矩形的标高值。

5) 选项 T 用于指定矩形的厚度。

6) 选项 D 用于指定矩形的长度和宽度数值。

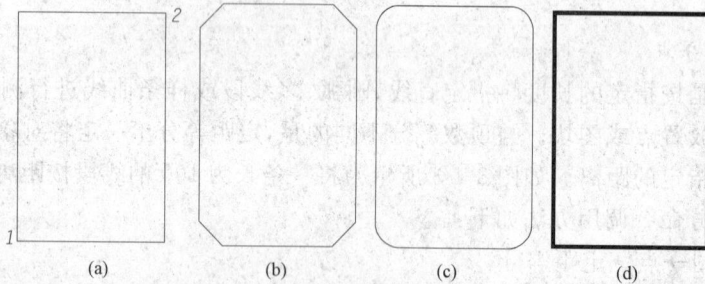

图 3-5-1　绘制矩形

3.5.2 多边形

1. 功能

用于绘制边数为 3~1024 的二维正多边形。

2. 调用方法

命令行:POLYGON(缩写名:POL)。

菜单:绘制→正多边形。

图标:"绘制"工具栏 ⬠。

3. 格式与示例

命令:_polygon

输入边的数目⟨4⟩:5↙　　　　　　　　　//给出边数 5

指定多边形的中心点或[边(E)]:　　　　//拾取中心点 A

输入选项[内接于圆(I)/外切于圆(C)]⟨I⟩:　　//选内接于圆见图 3-5-2(a),若选外切于圆见图 3-5-2(b)

指定圆的半径:20↙　　　　　　　//给出半径为 20,并按 Enter 确认

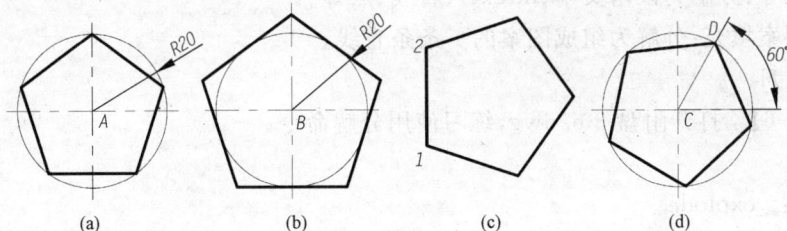

图 3-5-2　绘制正多边形

4. 说明

选项 E 指提供一边的起点 1、端点 2,AutoCAD 按逆时针方向创建的正多边形[见图 3-5-2(c)]。

5. 应用

【例 3-5】　打开附盘 3-5.dwg,绘制如图 3-5-2(d)所示的正多边形。

解:

命令:_polygon

输入边的数目⟨4⟩:5↙　　　　　　　　//给出边数 5

指定多边形的中心点或[边(E)]:　　　　//拾取中心点 C

输入选项[内接于圆(I)/外切于圆(C)]⟨I⟩:↙　//按 Enter 键或空格键,选内接于圆

指定圆的半径:@20<60↙　　　　　　//输入 D 点的相对坐标,并按 Enter 确认,结果如图 3-5-2(d)所示

3.5.3　分解

1. 功能

用于将组合对象如矩形、多边形、多段线、块以及图案填充等拆开为各个单一个体。

2. 调用方法

命令行:EXPLODE(缩写名:X)。

菜单:修改→分解。

图标:"修改"工具栏。

3. 格式

命令:_explode

选择对象：//选择要分解的对象，按 Enter 键确认即可分解原对象

4. 说明

对不同的对象，具有不同的分解后效果。

1) 多边形：分解为组成图形的一条条直线。

2) 块：对具有相同 X、Y、Z 比例插入的块，分解为其组成成员，对带属性的块分解后将丢失属性值，显示其相应的属性标记。

3) 二维多段线：带有宽度特性的多段线被分解后，将转换为宽度为 0 的直线和圆弧。

4) 尺寸：分解为段落文本（mtext）、直线、点等。

5) 图案填充：分解为组成图案的一条条直线。

5. 应用

【例 3-6】 打开附盘 3-6. dwg，练习使用分解命令。

解：

命令：_explode

选择对象：找到 1 个　　　　　　　//在图 3-5-3(a)单击矩形

选择对象：↙　　　　　　　　　//按 Enter 键或空格键确认并退出分解命令，结果

如图 3-5-3(b)所示

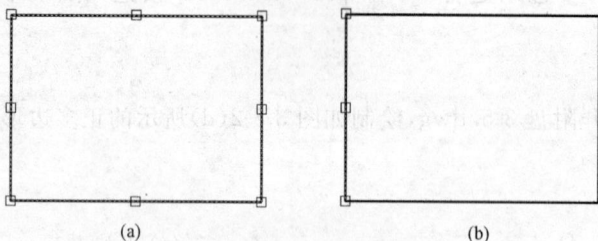

(a)　　　　　　　　　　　　　　(b)

图 3-5-3　分解

3.6　修剪、延伸、打断、拉长

通过本次操作，学习和掌握编辑命令中应用较多的修剪、延伸、打断和拉长，在以后的图形编辑中熟练运用其中的绘图技巧。

3.6.1　修剪

1. 功能

可以沿指定边界修剪选定的对象。

2. 调用方法

命令行：TRIM（缩写名：TR）。

菜单：修改→修剪。

图标："修改"工具栏 ┼ 。

3. 格式与示例

命令：_trim

当前设置：投影＝UCS 边＝无

选择剪切边…

选择对象： //拾取直线 1，选定剪切边，按右键或 Enter 键确认，如图 3-6-1(a)所示

选择对象： //拾取直线 2 左部，选定要修剪去的对象部分，并按 Enter 键确认，结果

     如图 3-6-1(b)所示

4. 说明

1) 在进行修剪时，首先选择修剪边界，选择完修剪边界后按右键或 Enter 键，否则 AutoCAD 将不执行下一步，仍然等待输入修剪边界直到按 Enter 键为止。

2) 同一对象既可以是剪切边，又可以是被剪切边。

3) 可用窗交方式选择修剪对象。

【例 3-7】 打开附盘 3-7.dwg，如图 3-6-1 和图 3-6-2 所示，练习使用修剪命令。

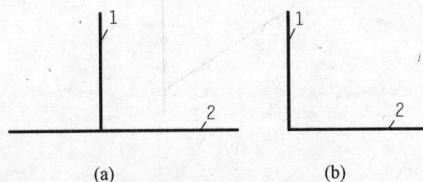

图 3-6-1 选择"剪切边"修剪   图 3-6-2 互为"剪切边"修剪

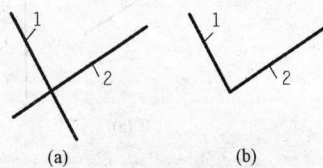

图 3-6-2(a)以窗交方式选择直线 1、2，即可修剪成图 3-6-2(b)图的形式。

解：

命令：_trim

当前设置：投影＝UCS，边＝无

选择剪切边…

选择对象或〈全部选择〉：指定对角点：找到 2 个   //窗交方式选择直线 1、2

选择对象：↙   //选好剪切边

选择要修剪的对象，或按住 Shift 键选择要延伸的对象//窗交方式选择直线 1、2

或［栏选(F)/窗交(C)/投影(P)/边(E)/删除(R)/   需要剪掉部分，按 Enter

放弃(U)］：   键或空格键确认并退出命令

3.6.2 延伸

1. 功能

用于将对象的一个端点或两个端点延伸到另一个对象上。

2. 调用方法

命令行:EXTEND(缩写名:EX)。

菜单:修改→延伸。

图标:"修改"工具栏 -/。

3. 格式

命令:_extend

当前设置:投影＝UCS,边＝无

选择边界的边…

选择对象或〈全部选择〉: //选定边界边,按 Enter 键确认

选择要延伸的对象,或按住 Shift 键选择要修剪的对象,

或[栏选(F)/窗交(C)/投影(P)/边(E)/放弃(U)]: //选择要延伸的对象

4. 应用

【例 3-8】 打开附盘 3-8.dwg,如图 3-6-3 所示,练习使用延伸命令。

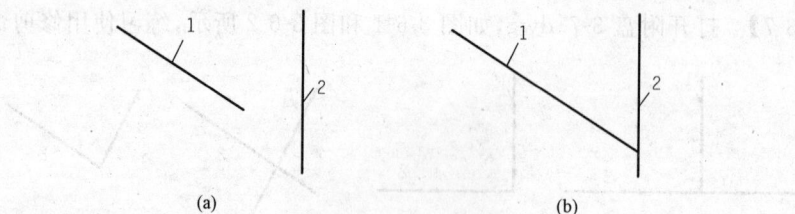

图 3-6-3 延伸

解:

命令:_extend

当前设置:投影＝UCS,边＝无

选择边界的边…

选择对象或〈全部选择〉: //选定边界边,按 Enter 键确认,如图 3-6-3(a)
所示,拾取直线 2 为边界边

选择要延伸的对象,或按住 Shift 键 //选择延伸边直线 1,如图 3-6-3(b)所示为延
选择要修剪的对象,或[栏选(F)/窗 伸后的结果
交(C)/投影(P)/边(E)/放弃(U)]:

❧ **注意**

点取直线 1 时应点击靠近延伸边 2 的线段。

3.6.3 打断

1. 功能

用于删除对象的一部分或将一个对象分成两部分。

2. 调用方法

命令行：BREAK(缩写名：BR)。

菜单：修改→打断。

图标："修改"工具栏 。

3. 格式

命令：_break

选择对象： //在1点处拾取对象,并把1点看作第一断开点,
如图3-6-4(a)所示

指定第二个打断点或第一点(F)：//指定2点为第二断开点,结果如图3-6-4(b)所示

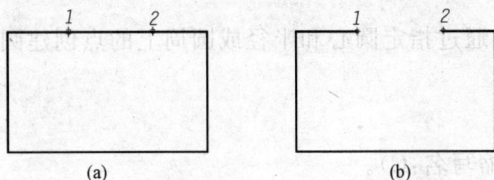

图 3-6-4 打断

4. 说明

1) 如果需要在一点上将对象打断,并使第一断开点和第二断开点重合,此时仅输入
"@"即可。

2) 在封闭的对象上进行打断时,打断部分按逆时针方向从第一点到第二点断开。

3) 在拾取打断点时,可以将对象捕捉关闭,以免影响非捕捉点的拾取。

5. 应用

【例3-9】 打开附盘3-9.dwg,如图3-6-4所示,练习使用打断命令。

解：

打开附盘文件3-9.dwg,使用BREAK命令,结果如图3-6-4(b)所示,具体解法从略。

3.6.4 拉长

1. 功能

用于增加或减少直线长度或圆弧的包含角。

2. 调用方法

命令行：LENGTHEN(缩写名：LEN)。

菜单：修改→拉长。

图标："修改"工具栏 。

3. 格式

命令：_lengthen

选择对象[增量(DE)/百分数(P)/全部(T)/动态(DY)]： //输入选项

4. 说明

1) 增量(DE)：用指定的增量值改变线段或圆弧的长度。正值为拉长量,负值为缩短量。对于圆弧,还可以通过设定角度增量改变其长度。

2）百分数（P）：以对象总长度的百分比形式改变对象长度。

3）全部（T）：通过指定线段或圆弧的新长度来改变对象的总长。

4）动态（DY）：拖动鼠标就可以动态地改变对象长度。

3.7 绘制圆、圆弧、圆环

通过本次学习，了解各种绘制圆、圆弧和圆环的方法，能熟练绘制连接圆弧。

3.7.1 圆

1．功能

用于绘制圆，既可以通过指定圆心和半径或圆周上的点创建圆，也可以创建与对象相切的圆。

2．调用方法

命令行：CIRCLE（缩写名：C）。

菜单：绘图→圆。

图标："绘图"工具栏◎。

3．格式

命令：_circle

指定圆的圆心或［三点（3P）/两点（2P）/相切、相切、半径（T）］： //给出圆心或选项

指定圆的半径或［直径（D）］： //给定半径

4．说明

在下拉菜单画圆的命令中列出了 6 种画圆的方法。

1）圆心、半径——按指定圆心和半径画圆。

2）圆心、直径——按指定圆心和直径画圆。

3）两点（2P）——按指定直径的两端点画圆，如图 3-7-1（a）所示选择直线的两端点 A、B 即可。

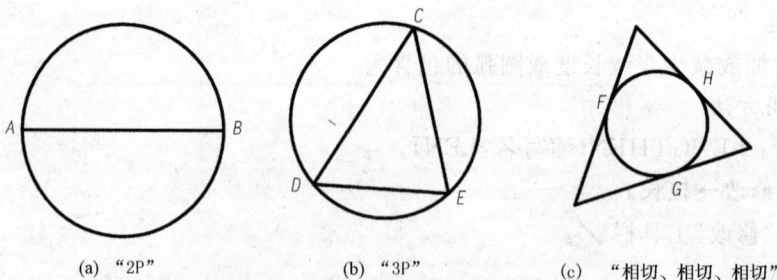

| (a)"2P" | (b)"3P" | (c) "相切、相切、相切" |

图 3-7-1 不同方式画圆

4）三点（3P）——指定圆上三点画圆，如图 3-7-1（b）所示，选择点 C、D、E 即可。

5）相切、相切、半径（T）——指定两个相切对象和半径画圆。

6）相切、相切、相切——指定三个相切对象，如图 3-7-1（c）所示，选择三条直线即可。

5. 应用

【例 3-10】　打开附盘 3-10.dwg,如图 3-7-1 所示,练习使用画圆命令。

解:

命令:_circle

指定圆的圆心或 [三点(3P)/两点(2P)

/相切、相切、半径(T)]:2p↙　　　　//输入两点画圆选项 2P

指定圆直径的第一个端点:〈对象捕捉开〉//打开对象捕捉,选择直线 AB 的点 A

指定圆直径的第二个端点:　　　　　//捕捉直线 AB 的点 B,即得图 3-7-1(a)

命令:_circle　　　　　　　　　　//按 Enter 键或空格键重复圆命令

指定圆的圆心或 [三点(3P)/两点(2P)

/相切、相切、半径(T)]:3p↙　　　　//输入三点画圆选项 3P

指定圆上的第一个点:　　　　　　　//捕捉点 C

指定圆上的第二个点:　　　　　　　//捕捉点 D

指定圆上的第三个点:　　　　　　　//捕捉点 E,即得图 3-7-1(b)

命令:_circle　　　　　　　　　　//重复圆命令

指定圆的圆心或 [三点(3P)/两点(2P)　//下拉菜单选择"绘图→圆→相切、相切、

/相切、相切、半径(T)]:_3p　　　　　　相切"选项

指定圆上的第一个点:_tan 到　　　　//在切点 F 处大致位置单击

指定圆上的第二个点:_tan 到　　　　//在切点 G 处大致位置单击

指定圆上的第三个点:_tan 到　　　　//在切点 H 处大致位置单击,即得图 3-7-1(c)

3.7.2　圆弧

1. 功能

画圆弧。

2. 调用方法

命令行:ARC(缩写名:A)。

菜单:绘图→圆弧。

图标:"绘图"工具栏 。

3. 格式

命令:_arc

指定圆弧的起点或[圆心(C)]:　　　　　//给出起点

指定圆弧的第二点或[圆心(C)/点(E)]:　//给出第二点

指定圆弧的端点:　　　　　　　　　　//给出端点

4. 说明

在下拉菜单圆弧项中,按给出圆弧的条件与顺序的不同,列出 11 种画圆弧的方法。

1) 三点:给出三点画圆弧。

2) 起点(S)、圆心(C)、端点(E)。

3) 起点(S)、圆心(C)、角度(A)。

4) 起点(S)、圆心(C)、长度(L)。

5) 起点(S)、端点(E)、角度(A)。

6) 起点(S)、端点(E)、方向(D)。

7) 起点(S)、端点(E)、半径(R)。

8) 圆心(C)、起点(S)、端点(E)。

9) 圆心(C)、起点(S)、角度(A)。

10) 圆心角(C)、起点(S)、长度(L)。

11) 继续：与上一线段相切，继续画圆弧段，仅提供端点即可。

我们在绘制圆弧时，一般还是先画圆，再修剪得所需圆弧应用较多。

3.7.3 圆环

1. 功能

画圆环。

2. 调用方法

命令行：DONUT(缩写名:DO)。

菜单：绘图→圆环。

3. 格式

命令:_donut

指定圆环的内径⟨0.5000⟩：　　//输入圆环内径或按 Enter 键确认

指定圆环的外径⟨1.0000⟩：　　//输入圆环外径或按 Enter 键确认

指定圆环的中心点或⟨退出⟩：　//可连续选取,用按 Enter 键结束,见图 3-7-2(a)

4. 说明

若内径为零,则画出实心填充圆[见图 3-7-2(b)]。

(a)　　　　　　　　(b)

图 3-7-2　画圆环

5. 应用

【例 3-11】　如图 3-7-2 所示,练习使用圆环命令。

解：

命令:_donut

指定圆环的内径⟨0.5000⟩:5↙　　//输入圆环的内径 5

指定圆环的外径⟨1.0000⟩:10↙　//输入圆环的外径 10

指定圆环的中心点或⟨退出⟩：　//在适当位置处单击

指定圆环的中心点或〈退出〉：　　　//在已画圆环右上角处单击

指定圆环的中心点或〈退出〉：↙　　//按 Enter 键或空格键结束该命令，即得图 3-7-3(a)

命令：DONUT　　　　　　　　　　//按 Enter 键或空格键重复该命令

指定圆环的内径〈5.0000〉:0↙　　//输入圆环的内径 0

指定圆环的外径〈10.0000〉:↙　　//确定圆环的外径 10

指定圆环的中心点或〈退出〉：　　　//在适当位置处单击

指定圆环的中心点或〈退出〉：↙　　//按 Enter 键或空格键结束该命令，即得图 3-7-3(b)

3.8　绘制椭圆、椭圆弧

通过本次学习，了解绘制椭圆和椭圆弧的方法和操作。

3.8.1　椭圆

1. 功能

绘制椭圆和椭圆弧。

2. 调用方法

命令行：ELLIPSE(缩写名:EL)。

菜单：绘图→椭圆。

图标："绘图"工具栏 ◯ 。

3. 格式

命令：_ellipse

指定椭圆的轴端点或圆弧(A)/中心点(C)：　　//给出轴端点 A

指定轴的另一个端点：　　　　　　　　　　　//给出轴端点 B

指定另一条半轴长度或旋转(R)：　　　　　　//给出另一半轴的长度，画出椭圆，结
　　　　　　　　　　　　　　　　　　　　　　果如图 3-8-1(a)所示

4. 说明

1) 中心点(C)：操作时，先指定中心点 O，再指定轴的端点和另一条半轴长度，如图 3-8-1(b)所示。

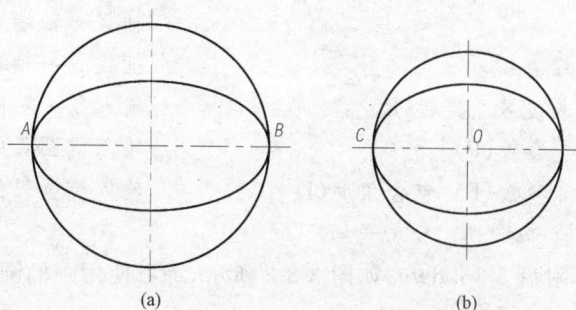

(a)　　　　　　　　　　(b)

图 3-8-1　画椭圆

2) 圆弧(A)：选择此选项后,操作与绘制椭圆弧相同。

5. 应用

【例 3-12】 打开附盘 3-12. dwg,如图 3-8-1 所示,练习使用画椭圆命令。

解:

命令：_ellipse

指定椭圆的轴端点或［圆弧(A)/中心

点(C)］：〈对象捕捉 开〉　　　　　　//打开对象捕捉功能,并捕捉长轴的 A 点

指定轴的另一个端点：　　　　　　//捕捉长轴的 B 点

指定另一条半轴长度或［旋转(R)］：8↙　//输入短轴的一半长度 8,结果如

　　　　　　　　　　　　　　　　　图 3-8-1(a)所示

命令：ELLIPSE　　　　　　　//按 Enter 键或空格键重复该命令

指定椭圆的轴端点或［圆弧(A)/

中心点(C)］：c↙　　　　　　//输入中心点选项 C

指定椭圆的中心点：　　　　//捕捉椭圆的中心 O 点

指定轴的端点：　　　　//捕捉其中一条轴的端点 C 点

指定另一条半轴长度或［旋转(R)］：8↙　//输入另一条轴的一半长度 8,结果如

　　　　　　　　　　　　　　　　　图 3-8-1(b) 所示

3.8.2 椭圆弧

1. 功能

绘制椭圆弧。

2. 调用方法

命令行：ELLIPSE(缩写名：EL)。

菜单：绘图→椭圆→圆弧。

图标："绘图"工具栏 ⟳。

3. 格式

命令：_ellipse

指定椭圆的轴端点或［圆弧(A)/中心点(C)］：a↙　//选择椭圆弧方式

指定椭圆弧的轴端点或［中心点(C)］：

〈对象捕捉 开〉　　　　　　　　　　　//捕捉一轴端点

指定轴的另一个端点：　　　　　　　　//捕捉另一轴端点

指定另一条半轴长度或［旋转(R)］：　　//输入另一条半轴长度或捕捉端点

指定起始角度或［参数(P)］：　　　　//输入椭圆弧的起始角度

指定终止角度或［参数(P)/包含角度(I)］：　　//输入椭圆弧的起始角度

4. 应用

【例 3-13】 打开附盘 3-13. dwg,如图 3-8-2 所示,练习使用画椭圆弧命令。

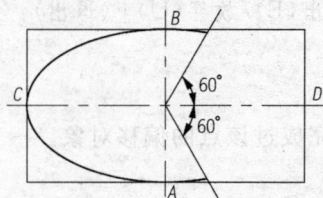

图 3-8-2　画椭圆弧

解：

命令：_ellipse

指定椭圆的轴端点或 [圆弧(A)/中心点(C)]：a↙　　　//选择椭圆弧方式

指定椭圆弧的轴端点或 [中心点(C)]：　　　　　//对象捕捉 A 点

指定轴的另一个端点：　　　　　　　　　　　//对象捕捉 B 点

指定另一条半轴长度或 [旋转(R)]：13　　　　//输入另一条轴 CD 的半轴长
　　　　　　　　　　　　　　　　　　　　　度 13 或捕捉 C 点

指定起始角度或 [参数(P)]：60　　　　　　　//输入椭圆弧的起始角度 60

指定终止角度或 [参数(P)/包含角度(I)]：300　　//输入椭圆弧的终止角度 300，
　　　　　　　　　　　　　　　　　　　　　结果如图 3-8-2 所示

3.9　偏　　移

通过本次学习，了解编辑命令中偏移命令的使用和操作。在图形编辑操作中，偏移命令的使用率也比较高。

3.9.1　偏移

1. 功能

画出指定对象的偏移，即等距线。直线的等距线为平行等长线段，圆弧的等距线为同心圆，保持圆心角相同。

2. 调用方法

命令行：OFFSET(缩写名：O)。

菜单：修改→偏移。

图标："修改"工具栏 ⬀。

3. 格式

命令：_offset

当前设置：删除源＝否　图层＝源　OFFSETGAPTYPE＝0

指定偏移距离或 [通过(T)/删除(E)/图层(L)]〈10.0000〉：//输入偏移的距离

选取要偏移的对象，或 [退出(E)/放弃(U)]〈退出〉：　　//选取要偏移的对象

指定要偏移的那一侧上的点，或 [退出(E)/多个(M)/

放弃(U)]〈退出〉：　　　　　　　　　　　　　　//指定偏移的方向

选择要偏移的对象,或［退出(E)/放弃(U)］〈退出〉:   //继续选取要偏移的对象
                                                     或按空格键退出命令。

4. 说明

通过(T): 通过指定一点,完成过该点的偏移对象。

5. 应用

【例 3-14】 打开附盘 3-14.dwg,如图 3-9-1 所示,熟练使用偏移命令。

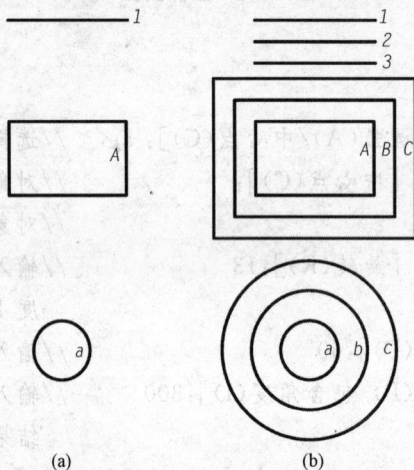

图 3-9-1 偏移直线、矩形和圆

解:

命令: _offset

当前设置: 删除源＝否   图层＝源   OFFSETGAPTYPE＝0

指定偏移距离或［通过(T)/删除(E)/图层(L)］

〈1.0000〉:5↙   //输入偏移的距离 5

选择要偏移的对象,或［退出(E)/放弃(U)］〈退出〉://单击直线 1

指定要偏移的那一侧上的点,或［退出(E)/多个(M)/

放弃(U)］〈退出〉:   //在直线 1 下侧单击,得直线 2

选择要偏移的对象,或［退出(E)/放弃(U)］〈退出〉://单击直线 2

指定要偏移的那一侧上的点,或［退出(E)/多个(M)/

放弃(U)］〈退出〉:   //在直线 2 下侧单击,得直线 3

选择要偏移的对象,或［退出(E)/放弃(U)］〈退出〉://单击矩形 A

指定要偏移的那一侧上的点,或［退出(E)/多个(M)/

放弃(U)］〈退出〉:   //在矩形 A 外侧单击,得矩形 B

选择要偏移的对象,或［退出(E)/放弃(U)］〈退出〉://单击矩形 B

指定要偏移的那一侧上的点,或［退出(E)/   //在矩形 B 外侧单击,得矩形

多个(M)/放弃(U)］〈退出〉:   C,按空格键退出命令

命令: OFFSET   //再次按空格键重复该命令

当前设置: 删除源＝否   图层＝源   OFFSETGAPTYPE＝0

指定偏移距离或［通过(T)/删除(E)/图层(L)］

〈5.0000〉:7↙   //输入偏移的距离7

选择要偏移的对象,或［退出(E)/放弃(U)〈退出〉://单击圆a

指定要偏移的那一侧上的点,或［退出(E)/多个(M)/

放弃(U)］〈退出〉:   //在圆a外侧单击,得圆b

选择要偏移的对象,或［退出(E)/放弃(U)］〈退出〉://单击圆b

指定要偏移的那一侧上的点,或［退出(E)/多个(M)/

放弃(U)］〈退出〉:   //在圆b外侧单击,得圆c

选择要偏移的对象,或［退出(E)/放弃(U)］〈退出〉://按 Enter 键或空格键退出该

命令

3.10 绘制轴承座实例

通过本次实例操作,了解绘制轴承座三视图的一般过程,并能应用直线、圆、矩形以及偏移、修剪等命令正确绘制图形。

绘制图 3-10-1 所示的轴承座的三视图,具体步骤如下所述。

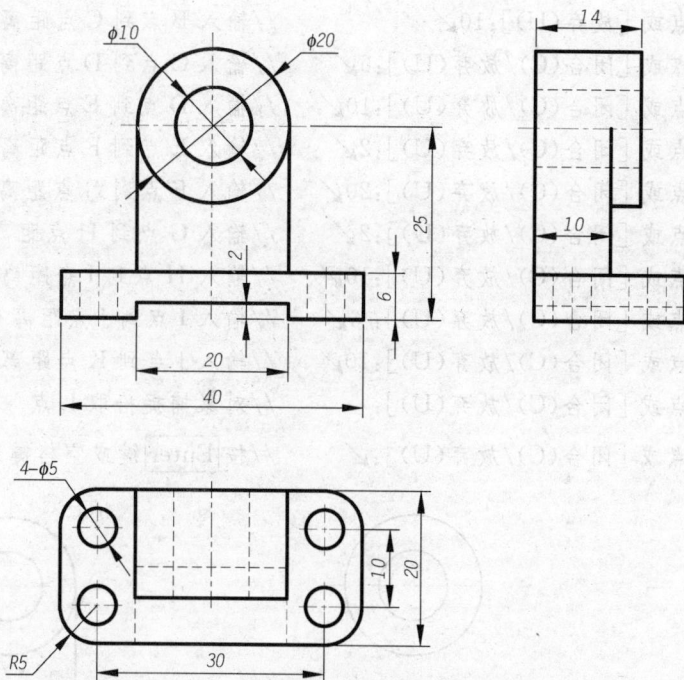

图 3-10-1 轴承座的三视图

解:

1) 新建文件,并创建 3 个新图层(见表 3-10-1)。

表 3-10-1　3 个新图层

名称	颜色	线型	线宽
半实线层	白色	continuous	0.35mm
中心线层	青色	center	默认
虚线层	黄色	dashed	默认

2) 通过"线型控制"下拉列表打开"线型管理器"对话框,在此对话框中设定"线型总体比例因子"为"0.15"。

3) 打开正交和对象捕捉功能。

4) 切换到"中心线层",绘制两条作图基准线 1、2,如图 3-10-2 所示。线段 1 的长度约为 30,线段 2 的长度约为 40。

5) 切换到"轮廓线层",利用画圆命令,绘制 $\phi10$、$\phi20$ 两圆,如图 3-10-3 所示。

6) 利用直线命令,从 A 点开始,绘制点 A、B、C、D 等各点,结果如图 3-10-4 所示。

命令:_line

LINE 指定第一点:　　　　　　　　　　　　//对象捕捉拾取 A 点

指定下一点或 [放弃(U)]:19↙　　　　　　//输入 A 点到 B 点距离 19

指定下一点或 [放弃(U)]:10↙　　　　　　//输入 B 点到 C 点距离 10

指定下一点或 [闭合(C)/放弃(U)]:6↙　　//输入 C 点到 D 点距离 6

指定下一点或 [闭合(C)/放弃(U)]:10↙　//输入 D 点到 E 点距离 10

指定下一点或 [闭合(C)/放弃(U)]:2↙　　//输入 E 点到 F 点距离 2

指定下一点或 [闭合(C)/放弃(U)]:20↙　//输入 F 点到 G 点距离 20

指定下一点或 [闭合(C)/放弃(U)]:2↙　　//输入 G 点到 H 点距离 2

指定下一点或 [闭合(C)/放弃(U)]:10↙　//输入 H 点到 I 点距离 10

指定下一点或 [闭合(C)/放弃(U)]:6↙　　//输入 I 点到 J 点距离 6

指定下一点或 [闭合(C)/放弃(U)]:10↙　//输入 J 点到 K 点距离 10

指定下一点或 [闭合(C)/放弃(U)]:　　　　//对象捕捉拾取 L 点

指定下一点或 [闭合(C)/放弃(U)]:↙　　　//按 Enter 键或空格键退出命令

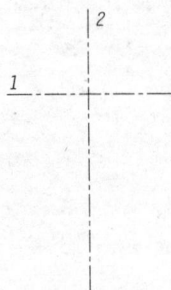

图 3-10-2

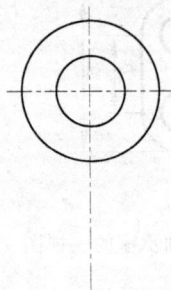

图 3-10-3

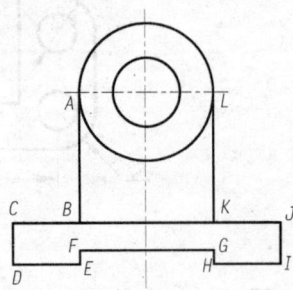

图 3-10-4

7) 利用偏移命令绘制平行线 3、4、5、6、7、8,如图 3-10-5 所示。

命令：_offset

当前设置：删除源＝否　图层＝源　OFFSETGAPTYPE＝0

指定偏移距离或［通过(T)/删除(E)/图层(L)]〈2.5000〉:15↙　//输入直线 2 到直线

3、4 距离

选择要偏移的对象,或［退出(E)/放弃(U)]〈退出〉：　　　//选择直线 2

指定要偏移的那一侧上的点,或［退出(E)/多个(M)/

放弃(U)]〈退出〉：　　　　　　　　　　　　　　//在直线 2 左侧单击

选择要偏移的对象,或［退出(E)/放弃(U)]〈退出〉：　　//选择直线 2

指定要偏移的那一侧上的点,或［退出(E)/多个(M)/

放弃(U)]〈退出〉：　　　　　　　　　　　　　　//在直线 2 右侧单击

选择要偏移的对象,或［退出(E)/放弃(U)]〈退出〉:↙　　//按 Enter 键或空格

键退出命令

继续绘制以下平行线：

向左平移线段 3 至 5,平移距离为 2.5;

向右平移线段 3 至 6,平移距离为 2.5;

向左平移线段 4 至 7,平移距离为 2.5;

向左平移线段 4 至 8,平移距离为 2.5。

修剪多余线段并修饰,结果如图 3-10-6 所示。

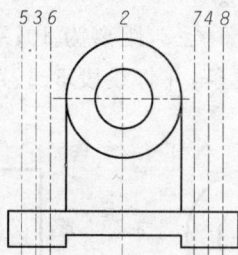

图 3-10-5

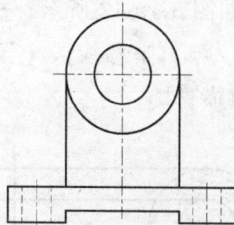

图 3-10-6

8) 画俯视图中的定位线 1、2、3、4,如图 3-10-7 所示。

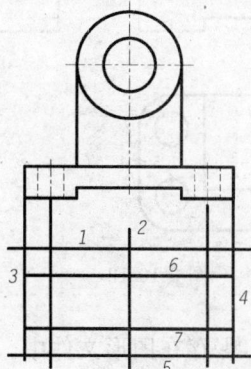

图 3-10-7

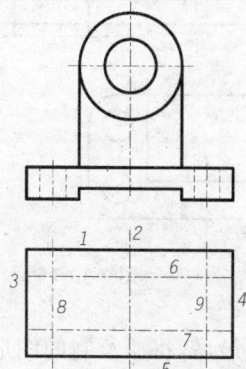

图 3-10-8

平移线段 2 至 5,距离为 20;平移线段 2 至 6,距离为 5;平移线段 5 至 7,距离为 5;平移线段 2 至 8,距离为 15;平移线段 2 至 9,距离为 15;修剪多余线条,并将线段 2、6、7、8、9 转换到中心线层,结果如图 3-10-8 所示。

9) 依次画 $\phi10$、$\phi5$ 的两同心圆,并修剪,结果如图 3-10-9 所示。

10) 如图 3-10-10 所示,分别做以下平行线:平移线段 1 至 2,距离为 14;平移线段 1 至 8,距离为 10;平移线段 3 至 4、5,距离为 10;平移线段 3 至 6、7,距离为 5;修剪并修饰,最后转换至合适的图层。

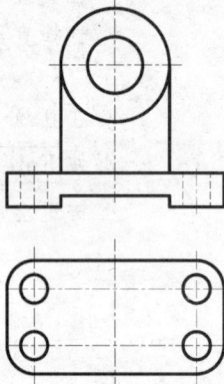

图 3-10-9

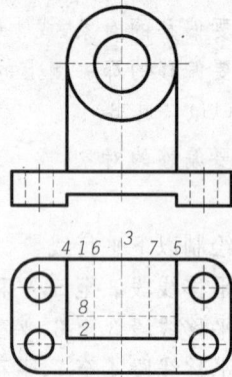

图 3-10-10

11) 画左视图的主要定位线,如图 3-10-11 所示。

12) 如图 3-10-12 所示,分别做以下平行线:平移线段 1 至 2,距离为 10;平移线段 1 至 3,距离为 14;平移线段 1 至 4,距离为 20。修剪多余线条,并将线段 5、6、7 换至虚线层,即得所需视图。

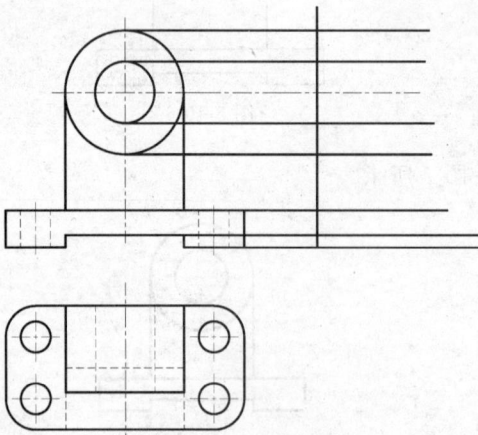

图 3-10-11

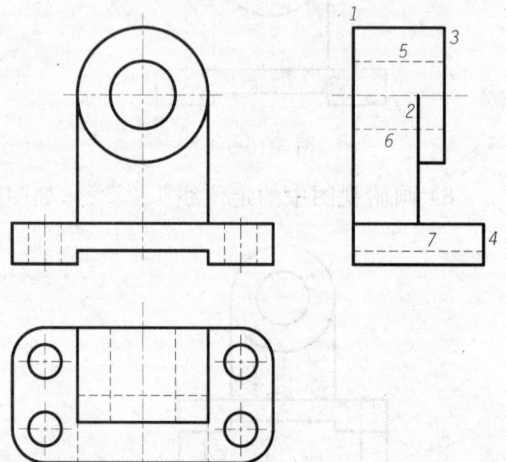

图 3-10-12

13) 最后,将所绘制的图形以"轴承座 . dwg"为文件名,保存在图形文件中。

习　题

抄画以下平面图形。

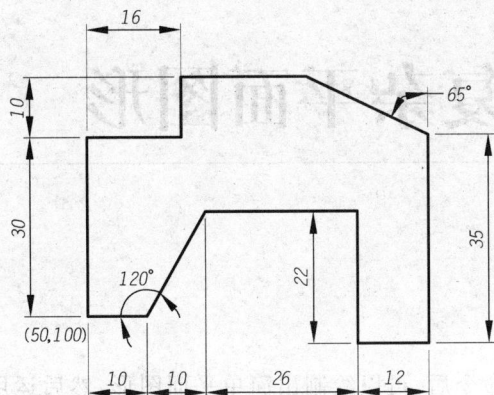

(1)

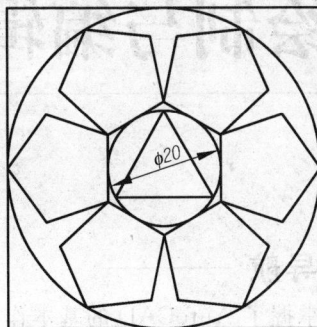

(2)

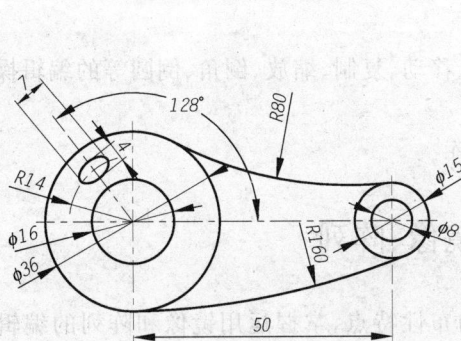

(3)

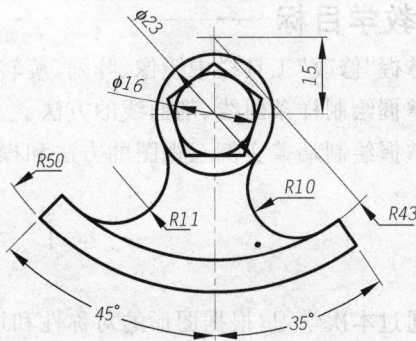

(4)

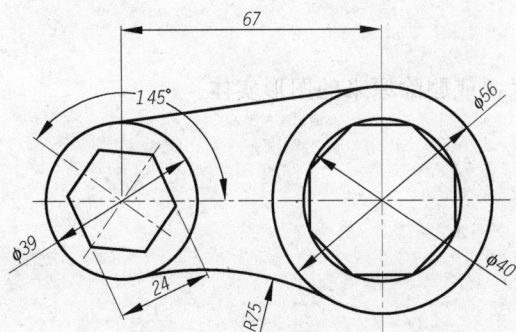

(5)

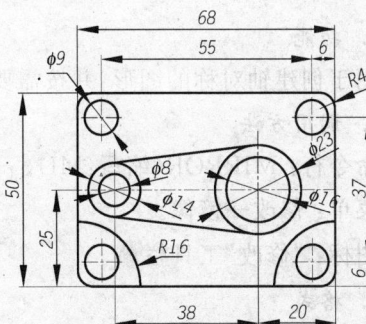

(6)

第 4 章

绘制与编辑复杂平面图形

── **内容导航** ──

　　读者在掌握了 AutoCAD 的基本作图命令后,可以绘制出简单平面图形,然后运用镜像、阵列、移动和缩放等命令编辑复杂的平面图形,同时加上各种画图技巧,熟练高效的绘制各类图形。

── **教学目标** ──

掌握"修改"工具栏中镜像、阵列、旋转、移动、复制、缩放、倒角、倒圆等的编辑操作。

掌握绘制样条曲线、剖面线的方法。

掌握绘制端盖实例三视图的方法和操作。

4.1　镜像、阵列

　　通过本次学习,根据图形的对称性和均布性特点,掌握运用镜像和阵列的编辑方法,提高绘图的效率。

4.1.1　镜像

1. 功能

用于创建轴对称的图形,并按需要保留或删除原来的图形实体。

2. 调用方法

命令行:MIRROR(缩写:MI)。

菜单:修改→镜像。

图标:"修改"工具栏 ⚒ 。

3. 格式

命令:_mirror

选择对象:　　　　　　　　　　　　　　　//构造选择集

选择对象:　　　　　　　　　　　　　　　//按 Enter 键或空格键结束选择

指定镜像线的第一点：　　　　　　　　//指定镜像线上的一点,如 A 点

指定镜像线的第二点：　　　　　　　　//指定镜像线上的另一点,如 B 点

是否删除源对象？［是(Y)/否(N)]〈N〉：✓　　//按 Enter 键或空格键,不删除原图形

4. 说明

在镜像时,镜像线是一条临时的参照线,镜像后并不保留。在图 4-1-1(a)中,文本做了完全镜像,镜像后文本变为反写和倒排,使文本不便阅读。但如果在调用镜像命令前,把系统变量 MIRRTEXT 的值置为 0(off),则镜像时对文本只做文本框的镜像,而文本仍然可读,如图 4-1-1(b)所示。

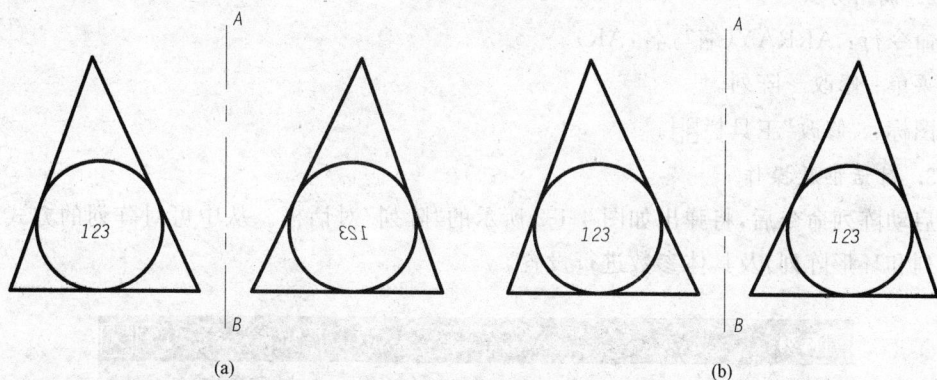

(a)　　　　　　　　　　　　　(b)

图 4-1-1　镜像

5. 应用

【例 4-1】　打开附盘 4-1.dwg,如图 4-1-1 所示练习使用镜像命令。

解：

命令：_mirror

选择对象：指定对角点：找到 5 个　　//矩形窗口选择直线 AB 左侧的图形及字
　　　　　　　　　　　　　　　　　　符 123

选择对象：✓　　　　　　　　　　//按 Enter 键或空格键结束选择

指定镜像线的第一点：　　　　　　//选择镜像线上 A 点

指定镜像线的第二点：　　　　　　//选择镜像线上 B 点

要删除源对象吗？［是(Y)/　　　　//按 Enter 键或空格键,不删除原图形,结
否(N)]〈N〉：✓　　　　　　　　　果如图 4-1-1(a)

命令：mirrtext　　　　　　　　　//输入系统变量 MIRRTEXT 命令

输入 MIRRTEXT 的新值〈1〉：0✓　　//将系统变量设置为 0

命令：_mirror　　　　　　　　　//执行镜像命令

选择对象：指定对角点：找到 5 个　　//矩形窗口选择直线 AB 左侧的图形及字
　　　　　　　　　　　　　　　　　　符 123

选择对象：✓　　　　　　　　　　//按 Enter 键或空格键结束选择

指定镜像线的第一点：	//选择镜像线上 A 点

指定镜像线的第一点：　　　　　//选择镜像线上 A 点

指定镜像线的第二点：　　　　　//选择镜像线上 B 点

要删除源对象吗？［是(Y)/　　　//按 Enter 键或空格键，不删除原图形，结

否(N)]⟨N⟩:↙　　　　　　　　　果如图 4-1-1(b)

4.1.2　阵列

1. 功能

对选定图形作矩形或环形阵列式复制。

2. 调用方式

命令行：ARRAY(缩写名:AR)。

菜单：修改→阵列。

图标："修改"工具栏品。

3. 对话框及操作

启动阵列命令后，将弹出如图 4-1-2 所示的"阵列"对话框。从中可对阵列的方式(矩形阵列和环形阵列)及具体参数进行设置。

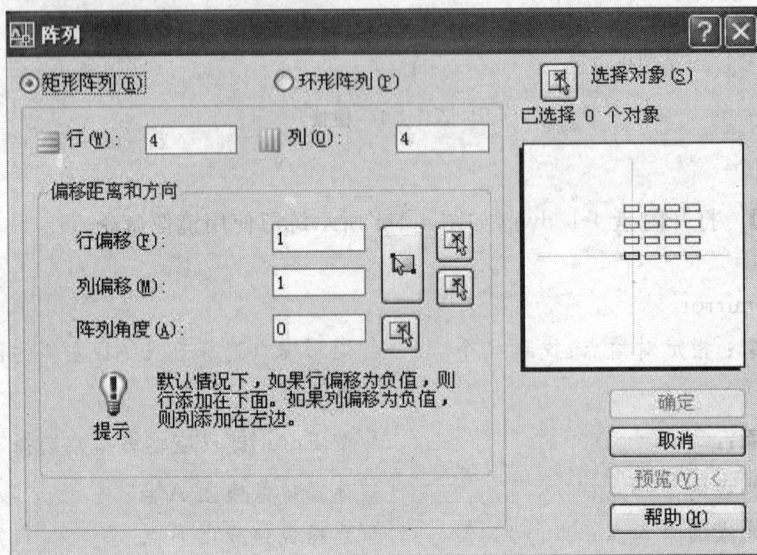

图 4-1-2　"阵列"对话框

(1) 矩形阵列

矩形阵列是将所选定的图形对象按指定的行数、列数复制为多个。

当使用矩形阵列时，需要指定行数、列数、行间距和列间距，如图 4-1-3 所示。

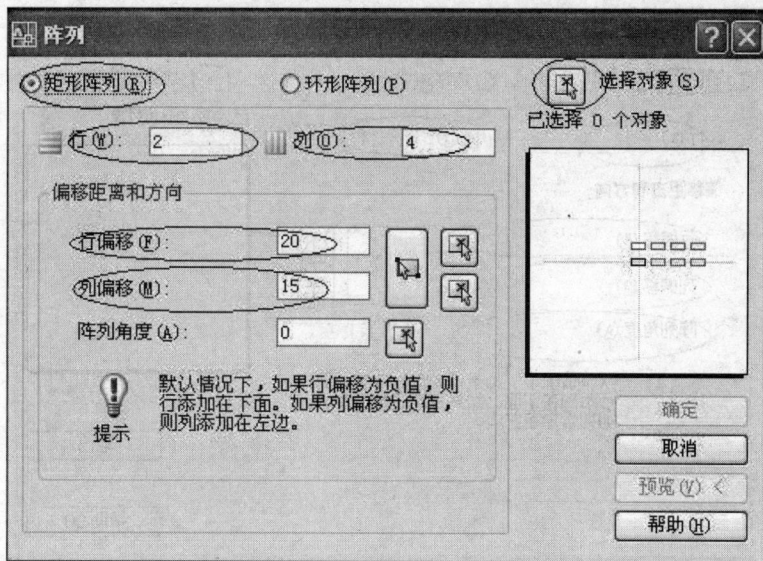

图 4-1-3　"矩形"阵列对话框

【例 4-2】　打开附盘 4-2.dwg,如图 4-1-4 所示练习使用矩形阵列。

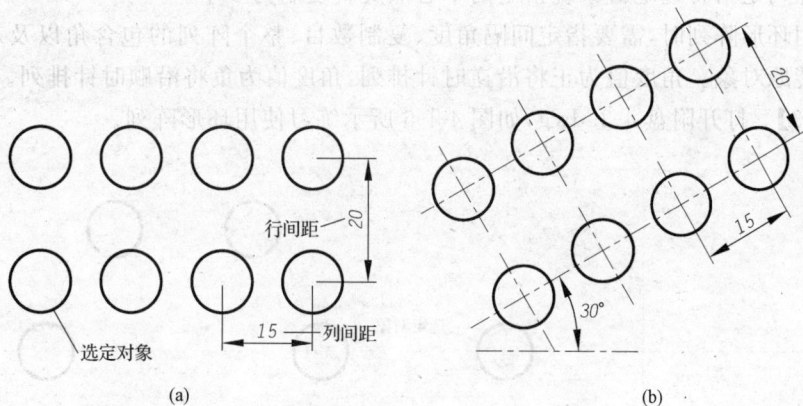

(a)　　　　　　　　　　　　　(b)

图 4-1-4　矩形阵列

解:

命令：_array　　　　　//选择阵列命令,弹出图 4-1-3 所示的对话框,按图所示
　　　　　　　　　　　　　设置好各参数后,单击"选择对象"图标

选择对象：找到 1 个　　//在绘图窗口单击圆

选择对象：↙　　　　　//按 Enter 键或空格键结束选择

　　　　　　　　　　　//再次弹出图 4-1-3 对话框,单击"确定"按钮,结果如
　　　　　　　　　　　　图 4-1-4(a)所示

整个矩形可以以某个角度旋转,按图 4-1-5 所示设置各参数,结果如图 4-1-4(b)
所示。

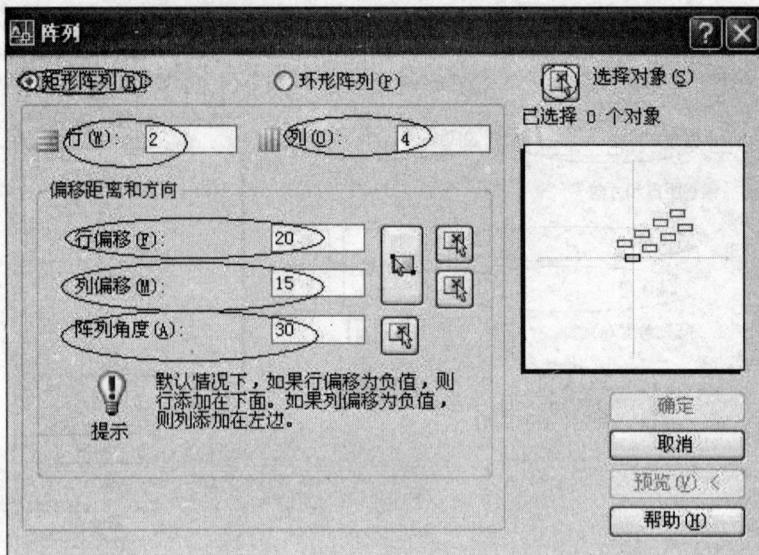

图 4-1-5 "矩形"阵列对话框

（2）环形阵列

环形阵列是指将选定对象绕指定的中心点旋转复制为多个。

当使用环形阵列时，需要指定间隔角度、复制数目、整个阵列的包含角以及对象阵列时是否旋转原对象。角度值为正将沿逆时针排列，角度值为负将沿顺时针排列。

【例 4-3】 打开附盘 4-3.dwg，如图 4-1-6 所示练习使用环形阵列。

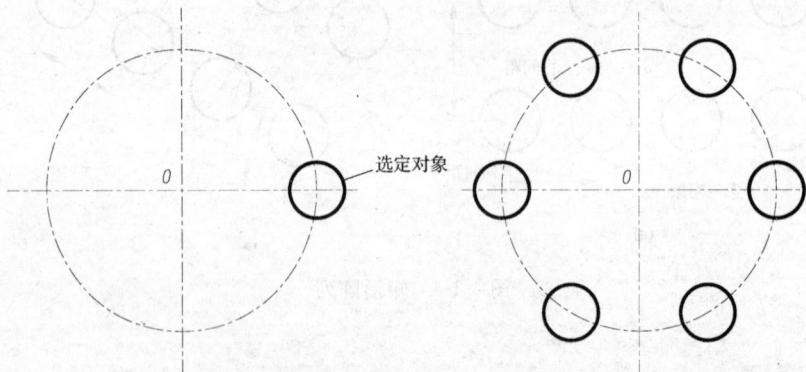

图 4-1-6 环形阵列

解：

命令：_array　　　　　　//选择阵列命令，弹出图 4-1-7 所示的对话框

　　　　　　　　　　　　//按图 4-1-7 所示设置好各参数后，单击"中心点"右侧图标

指定阵列中心点：　　　//捕捉 O 点，再次弹出图 4-1-7 对话框

　　　　　　　　　　　　//单击"选择对象"图标

选择对象：找到 1 个 //单击图中小圆

选择对象：✓　　　　//按 Enter 键或空格键结束选择

//再次弹出图 4-1-7 对话框，设置项目总数为 6，填充角度为
360°，单击"确定"按钮，结果如 4-1-6 右图所示

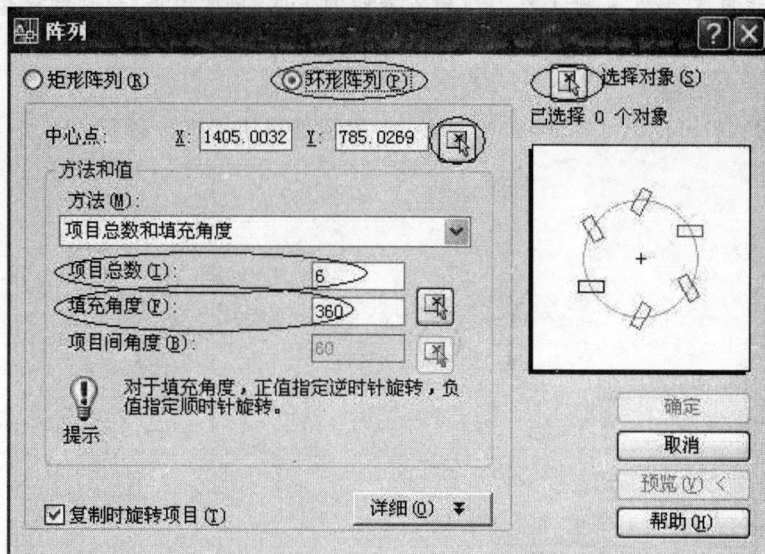

图 4-1-7 "环形"阵列对话框

4. 说明

不管是矩形阵列还是环形阵列，各参数均可按图形需要设置为正值或负值，项目的总数量包含原始的项目。

4.2 旋转、移动

通过本次学习，根据具体图形运用旋转和移动命令，结合画图技巧，提高绘图效率。

4.2.1 旋转

1. 功能

用于将对象绕指定点旋转，从而改变对象的方向。在默认状态下，旋转角度为正时，所选对象沿逆时针方向旋转；旋转为负时，将沿顺时针方向旋转。

2. 调用方法

命令行：ROTATE(缩写名：RO)。

菜单：修改→旋转。

图标："修改"工具栏 🔄。

3. 格式

命令：_rotate

UCS 当前的正角方向：ANGDIR＝逆时针　ANGBASE＝0

选择对象：	//选择对象,选择需要旋转的对象
选择对象：	//按 Enter 键或空格键结束选择
指定基点：	//选择基点,即旋转中心
指定旋转角度,或 [复制(C)	//输入旋转的角度,角度为正,逆时针旋转,
/参照(R)]〈0〉：	角度为负则顺时针旋转

4. 应用

【例 4-4】 打开附盘 4-4.dwg,如图 4-2-1 所示练习使用旋转命令。

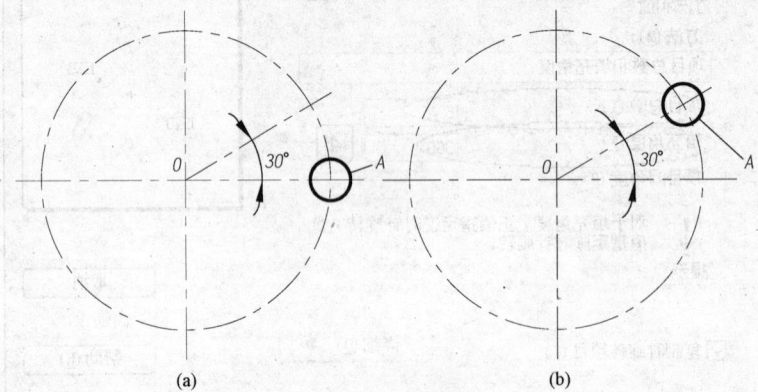

图 4-2-1 旋转

解：

命令：_rotate
UCS 当前的正角方向：ANGDIR＝逆时针　ANGBASE＝0

选择对象:找到 1 个	//选择图 4-2-1(a)中圆 A
选择对象:↙	//按 Enter 键或空格键结束选择
指定基点：	//选择中心点 O
指定旋转角度,或 [复制(C)	//输入旋转角度 30,则圆 A 绕中心点 O 逆时针
/参照(R)]〈0〉：30↙	旋转 30 度,结果如图 4-2-1(b)所示

4.2.2 移动

1. 功能

用于将一个或多个对象从原来位置移动到新的位置,其大小和方向保持不变。在绘图时,可以先绘制图形,然后再使用此命令调整图形在图纸中的位置。

2. 调用方法

命令行：MOVE(缩写名：M)。

菜单：修改→旋转。

图标："修改"工具栏 ✛。

3. 格式

命令：_move

| 选择对象： | //选择需要移动的对象 |

选择对象：　　　　　　　　　　　　//选择需要移动的对象

选择对象：　　　　　　　　　　　　//按 Enter 键或空格键结束选择

指定基点或[位移(D)]〈位移〉：　　//指定移动的基点

指定第二个点或〈使用第一个点作为位移〉：　//指定移动对象的新位置

4. 说明

使用 MOVE 命令时,用户可以通过以下方式确定选择对象的移动距离和方向。

1) 在屏幕上指定两点,这两点的距离和方向代表了实体移动的距离和方向。

2) 输入 X,Y 或"距离＜角度",直接指定对象的位置。

5. 应用

【例4-5】　打开附盘4-5.dwg,如图4-2-2所示练习使用移动命令。

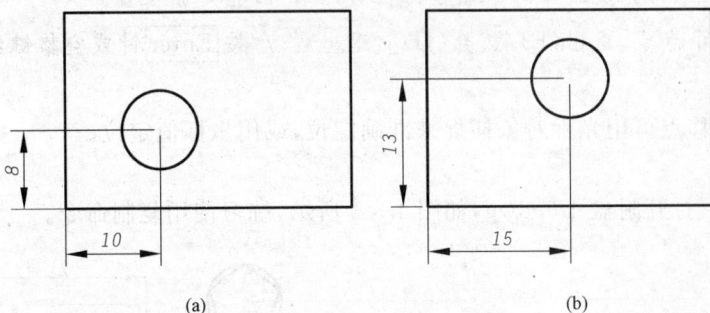

(a)　　　　　　　　　　　　(b)

图4-2-2　移动

解：

命令：_move

选择对象:找到1个　　　　　　　//选择对象,如图4-2-2(a)选择图中小圆

选择对象:✓　　　　　　　　　　//按 Enter 键或空格键结束选择

指定基点或[位移(D)]〈位移〉：

〈对象捕捉开〉　　　　　　　　　//打开对象捕捉,拾取圆心

指定第二个点或〈使用第一个点

作为位移〉:@5,5✓　　　　　　　//输入相对坐标,结果如图4-2-2(b)所示

4.3　复制、缩放

通过本次学习,根据图形的相似性特点,运用复制和缩放命令,结合技巧提高绘图效率。

4.3.1　复制

1. 功能

复制选定对象,可作多重复制。

2. 调用方法

命令行：COPY(缩写名：CO 或 CP)。

菜单：修改→复制。

图标："修改"工具栏 。

3. 格式

命令：_copy

选择对象：　　　　　　　　　　　　　　//选择对象

选择对象：　　　　　　　　　　　　　　//按 Enter 键或空格键结束选择

当前设置：复制模式 = 多个

指定基点或[位移(D)/模式(O)]〈位移〉：　//指定复制的基点

指定第二个点或〈使用第一个点作为位移〉：　//指定新位置

指定第二个点或[退出(E)/放弃(U)]〈退出〉：//按 Enter 键或空格键结束命令

4. 说明

基点与位移点可用光标对象捕捉来准确定位，或用坐标值定位。

5. 应用

【例 4-6】　打开附盘 4-6.dwg，如图 4-3-1 所示，练习使用复制命令。

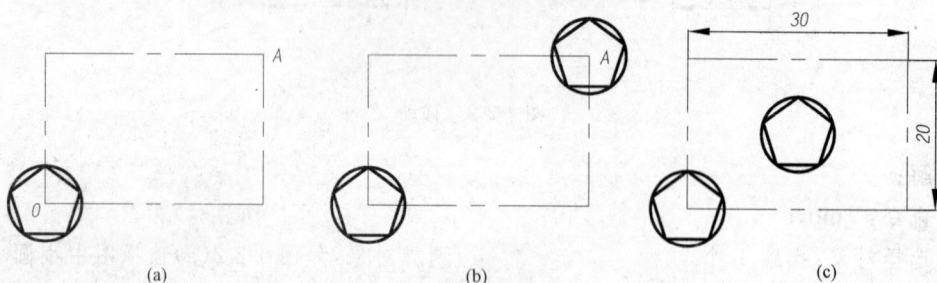

图 4-3-1　复制

解：

命令：_copy

选择对象：指定对角点：找到 2 个　　　//用窗选方式选择小圆和正五边
　　　　　　　　　　　　　　　　　　形，如图 4-3-1(a)所示

选择对象：↙　　　　　　　　　　　　//按 Enter 键或空格键结束选择

当前设置：复制模式 = 多个

指定基点或[位移(D)/模式(O)]〈位移〉：

〈对象捕捉开〉　　　　　　　　　　　//打开对象捕捉，捕捉圆心 O

指定第二个点或〈使用第一个点作为位移〉：//捕捉 A 点

指定第二个点或[退出(E)/放弃(U)]〈退出〉：//按 Enter 键或空格键退出命
　　　　　　　　　　　　　　　　　　令，结果如图 4-3-1(b)所示

命令：COPY　　　　　　　　　　　　//按 Enter 键或空格键重复命令

选择对象：指定对角点：找到 2 个　　　　　//用窗选方式选择小圆和正五边形

选择对象：↙　　　　　　　　　　　//按 Enter 键或空格键结束选择

当前设置：复制模式 = 多个

指定基点或 [位移(D)/模式(O)]〈位移〉：　　//打开对象捕捉，捕捉圆心 O

指定第二个点或〈使用第一个点作为位移〉：@15,10↙ //输入相对坐标

指定第二个点或 [退出(E)/放弃(U)]〈退出〉：　//按 Enter 键或空格键退出命

令，结果如图 4-3-1(c)所示

4.3.2　缩放

1. 功能

用于修改选项的对象或整个图形的大小。对象在放大或缩小时，其 X、Y、Z 三个方向保持相同的放大或缩小倍数。若要放大一个对象，比例缩放倍数应大于 1；若要缩小一个对象，比例缩放倍数应在 0 至 1 之间。

2. 调用方法

命令行：SCALE(缩写名：SC)。

菜单：修改→缩放。

图标："修改"工具栏 □。

3. 格式

命令：_scale

选择对象：　　　　　　　　　　　//选择需要缩放的对象

指定基点：　　　　　　　　　　　//选择缩放的基点

指定比例因子或 [复制(C)/参照(R)]〈1.0000〉：//输入比例因子，按 Enter 键或空格

键结束命令

4. 说明

基点可以是图形中的任意点。如果基点位于对象上，则该点成为对象比例缩放的固定点。

5. 应用

【例 4-7】　打开附盘 4-7.dwg，如图 4-3-2 所示，练习使用缩放命令。

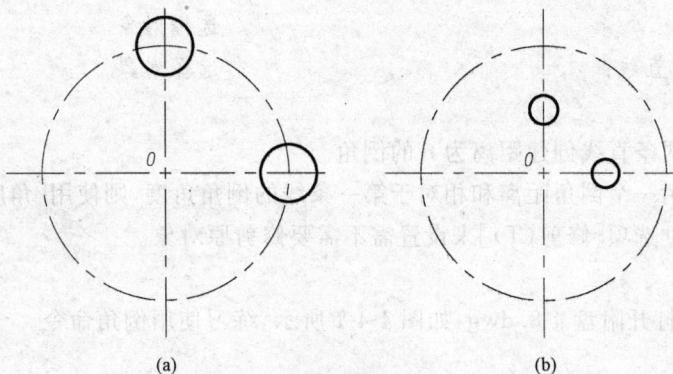

　　(a)　　　　　　　　　　　　　(b)

图 4-3-2　缩放

解：

命令：_scale

选择对象：找到 1 个 　　　　　　　　　　　　//选择右边小圆

选择对象：找到 1 个,总计 2 个 　　　　　　　//选择上方小圆

选择对象：✓ 　　　　　　　　　　　　//按 Enter 键或空格键结束选择

指定基点：〈对象捕捉开〉 　　　　　　//打开对象捕捉,捕捉圆心 O

指定比例因子或[复制(C)/参照(R)]〈1.0000〉:0.5✓//输入比例因子 0.5,结果如

　　　　　　　　　　　　　　　　　　　　图 4-3-2(b)所示

4.4　倒角、倒圆

通过本次学习,了解倒角和倒圆的绘制,并能根据具体情况正确应用。

4.4.1　倒角

1. 功能

用于在两条直线间绘制一个倒角,倒角的大小由第一个和第二个倒角距离确定。

2. 调用方法

命令行：CHAMFER(缩写名:CHA)。

菜单：修改→倒角。

图标："修改"工具栏 。

3. 格式

命令：_chamfer

("修剪"模式) 当前倒角距离 1 = 10.0000,距离 2 = 10.0000

选择第一条直线或[放弃(U)/多段线(P)/距离(D)/角度(A)/修剪(T)/方式(E)/多

个(M)]:d✓ 　　　　　　　　　　　//输入所需选项,如输入距离选项 d

指定第一个倒角距离〈10.0000〉: 　　　//输入第一个倒角距离

指定第二个倒角距离〈4.0000〉: 　　　//输入第二个倒角距离

选择第一条直线或[多段线(P)/距离(D)/角度(A)/修剪(T)/方式(M)/多个(U)]:

　　　　　　　　　　　　　　　　　//选择对象

选择第二条直线： 　　　　　　　　　//选择对象

4. 说明

1) 可以为两条直线创建距离为 0 的倒角。

2) 若要使用一个倒角距离和相对于第一条线的倒角角度,则使用[角度]选项。

3) 可以通过选项[修剪(T)]来设置需不需要修剪原对象。

5. 应用

【例 4-8】　打开附盘 4-8.dwg,如图 4-4-1 所示,练习使用倒角命令。

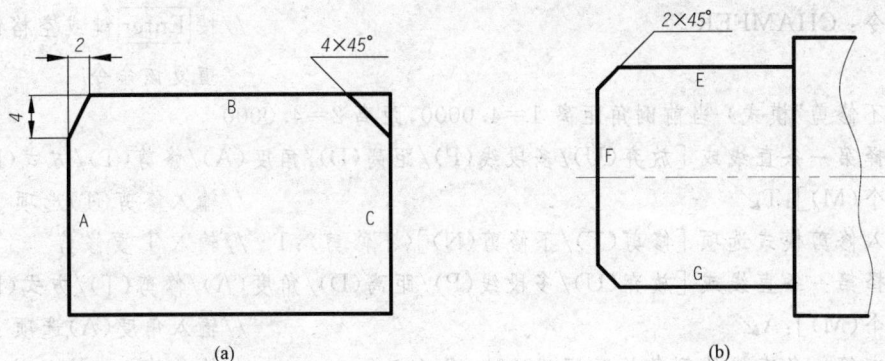

图 4-4-1　倒角

解：

命令：_chamfer

（"修剪"模式）当前倒角距离 1＝0.0000，距离 2＝0.0000

选择第一条直线或［放弃(U)/多段线(P)/距离(D)/角度(A)/修剪(T)/方式(E)/

多个(M)]：D　　　　　　　　　　　　　　//输入距离(D)选项

指定第一个倒角距离〈0.0000〉：4✓　　　　　//输入第一个倒角距离 4

指定第二个倒角距离〈4.0000〉:2✓　　　　　//输入第二个倒角距离 2

选择第一条直线或［放弃(U)/多段线(P)/距离(D)/角度(A)/修剪(T)/方式(E)/

多个(M)]：　　　　　　　　　　　　　　//选择直线 A

选择第二条直线，或按住 Shift 键选择要应用角点的直线：//选择直线 B，即得

　　　　　　　　　　　　　　　　　　　　　图 4-4-1(a)左上角倒角

命令：CHAMFER　　　　　　　　　　　　//按 Enter 键或空格键

　　　　　　　　　　　　　　　　　　　重复该命令

（"修剪"模式）当前倒角距离 1 ＝ 4.0000，距离 2 ＝ 2.0000

选择第一条直线或［放弃(U)/多段线(P)/距离(D)/角度(A)/修剪(T)/方式(E)/

多个(M)]：D　　　　　　　　　　　　　　//输入距离(D)选项

指定第一个倒角距离〈4.0000〉：✓　　　　　//按 Enter 键或空格键确

　　　　　　　　　　　　　　　　　　　定第一个倒角距离为 4

指定第二个倒角距离〈2.0000〉:4✓　　　　　//输入第二个倒角距离 4

选择第一条直线或［放弃(U)/多段线(P)/距离(D)/角度(A)/修剪(T)/方式(E)/

多个(M)]：T　　　　　　　　　　　　　　//输入修剪(T)选项

输入修剪模式选项［修剪(T)/不修剪(N)]〈修剪〉:N　//输入 N,不修剪

选择第一条直线或［放弃(U)/多段线(P)/距离(D)/角度(A)/修剪(T)/方式(E)/

多个(M)]：　　　　　　　　　　　　　　//选择直线 B

选择第二条直线，或按住 Shift 键选择要应用角点的直线：//选择直线 C，即得

　　　　　　　　　　　　　　　　　　　　　图 4-4-1(a)右上角倒角

命令：CHAMFER   //按 Enter 键或空格键

　　　　　　　　　　　　　　　　　　　　　　　　　　　　　重复该命令

（"不修剪"模式）当前倒角距离 1＝4.0000，距离 2＝4.0000

选择第一条直线或［放弃(U)/多段线(P)/距离(D)/角度(A)/修剪(T)/方式(E)/

多个(M)］：T✓   //输入修剪(T)选项

输入修剪模式选项［修剪(T)/不修剪(N)］〈不修剪〉：T　　//输入 T 要修剪

选择第一条直线或［放弃(U)/多段线(P)/距离(D)/角度(A)/修剪(T)/方式(E)/

多个(M)］：A✓   //输入角度(A)选项

指定第一条直线的倒角长度〈5.0000〉：2✓   //输入第一条直线的倒角

　　　　　　　　　　　　　　　　　　　　　　　　　　　　　长度 2

指定第一条直线的倒角角度〈45〉：✓   //按 Enter 键或空格键确认

　　　　　　　　　　　　　　　　　　　　　　　　　　　　　第一条直线的倒角角度 45

选择第一条直线或［放弃(U)/多段线(P)/距离(D)/角度(A)/修剪(T)/方式(E)/

多个(M)］：   //选择直线 E

选择第二条直线，或按住 Shift 键选择要应用角点的直线：//选择直线 F，即得

　　　　　　　　　　　　　　　　　　　　　　　　　　　　　图 4-4-1(b)上方倒角

命令：CHAMFER   //按 Enter 键或空格键

　　　　　　　　　　　　　　　　　　　　　　　　　　　　　重复该命令

（"修剪"模式）当前倒角长度＝2.0000，角度＝45

选择第一条直线或［放弃(U)/多段线(P)/距离(D)/角度(A)/修剪(T)/方式(E)/

多个(M)］：   //选择直线 F

选择第二条直线，或按住 Shift 键选择要应用角点的直线：//选择直线 G，得

　　　　　　　　　　　　　　　　　　　　　　　　　　　　　图 4-4-1(b)下方倒角

4.4.2　圆角

1. 功能

在直线、圆弧或圆间按指定半径作圆角。

2. 调用方法

命令行：FILLET(缩写名：F)。

菜单：修改→圆角。

图标："修改"工具栏 。

3. 格式

命令：_fillet

当前设置：模式 ＝ 修剪，半径 ＝ 10.0000

选择第一个对象或［放弃(U)/多段线(P)/半径(R)/

修剪(T)/多个(M)］：r✓   //输入选项，如半径(R)

指定圆角半径〈10.0000〉：   //输入半径

选择第一个对象或［放弃(U)/多段线(P)/半径(R)/

修剪(T)/多个(M)］:　　　　　　　　　　　　　　//选择对象

选择第二个对象,或按住 Shift 键选择要应用角点的对象:　//选择对象并退出命令

4. 说明

1) 半径(R):设置圆角半径,在圆角半径为零时,FILLET 命令将使两边相交。

2) 修剪(T):控制修剪模式,后续提示为:

输入修剪模式选项［修剪(T)/不修建(N)］〈修剪〉:n

选择第一个对象或［放弃(U)/多段线(P)/

半径(R)/修剪(T)/多个(M)］:　　　　　　　　　　//选择对象

选择第二个对象,或按住 Shift 键选择要应用角点的对象:　//选择对象

如改为不修剪,则倒圆角时将保留原线段,既不修剪、也不延伸。

5. 应用

【例 4-9】　打开附盘 4-9.dwg,如图 4-4-2 所示,练习使用倒圆命令。

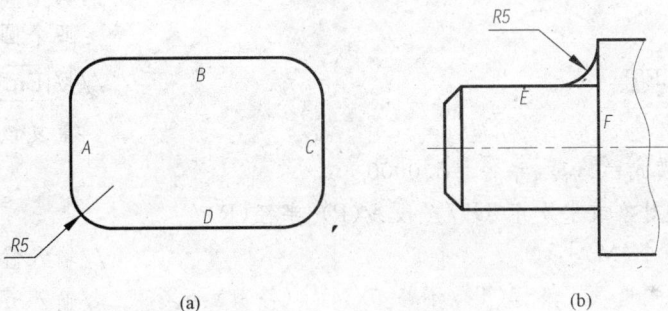

(a)　　　　　　　　　　　　　(b)

图 4-4-2　倒圆

解:

命令: _fillet

当前设置:模式 = 修剪,半径 = 0.0000

选择第一个对象或［放弃(U)/多段线(P)/半径(R)/

修剪(T)/多个(M)］:r↙　　　　　　　　　　　//输入半径(R)选项

指定圆角半径〈0.0000〉:5↙　　　　　　　　　//输入半径 5

选择第一个对象或［放弃(U)/多段线(P)/半径(R)/

修剪(T)/多个(M)］:　　　　　　　　　　　　//选择直线 A

选择第二个对象,或按住 Shift 键选择要应用角点的对象:　//选择直线 B

命令:FILLET　　　　　　　　　　　　　　　//按 Enter 键或空格键

　　　　　　　　　　　　　　　　　　　　重复该命令

当前设置:模式=修剪,半径=5.0000

选择第一个对象或［放弃(U)/多段线(P)/半径(R)/

修剪(T)/多个(M)］:　　　　　　　　　　　　//选择直线 B

选择第二个对象,或按住 Shift 键选择要应用角点的对象:　//选择直线 C

命令：FILLET　　　　　　　　　　　　　　//按 Enter 键或空格键

　　　　　　　　　　　　　　　　　　　　　重复该命令

当前设置：模式＝修剪，半径＝5.0000
选择第一个对象或［放弃(U)/多段线(P)/半径(R)/
修剪(T)/多个(M)]：　　　　　　　　　　//选择直线 C
选择第二个对象，或按住 Shift 键选择要应用角点的对象：　//选择直线 D
命令：FILLET　　　　　　　　　　　　　　//按 Enter 键或空格键

　　　　　　　　　　　　　　　　　　　　　重复该命令

当前设置：模式＝修剪，半径＝5.0000
选择第一个对象或［放弃(U)/多段线(P)/半径(R)/
修剪(T)/多个(M)]：　　　　　　　　　　//选择直线 D
选择第二个对象，或按住 Shift 键选择要应　//选择直线 A，结果如
用角点的对象：　　　　　　　　　　　　　图 4-4-2(a)所示，倒好

　　　　　　　　　　　　　　　　　　　　　四个圆角

命令：FILLET　　　　　　　　　　　　　　//按 Enter 键或空格键

　　　　　　　　　　　　　　　　　　　　　重复该命令

当前设置：模式＝修剪，半径＝5.0000
选择第一个对象或［放弃(U)/多段线(P)/半径(R)/
修剪(T)/多个(M)]：t↙　　　　　　　　　//输入修剪(T)选项
输入修剪模式选项［修剪(T)/不修剪(N)]〈修剪〉：n↙　//输入 n，不修剪
选择第一个对象或［放弃(U)/多段线(P)/半径(R)/
修剪(T)/多个(M)]：　　　　　　　　　　//选择直线 E
选择第二个对象，或按住 Shift 键选择要应用角点的对象：　//选择直线 F，结果如

　　　　　　　　　　　　　　　　　　　　　图 4-4-2(b)所示

4.5　绘制样条曲线、剖面线

通过本次学习，了解样条曲线和剖面线的方法，能利用它们来绘制剖视图。

4.5.1　样条曲线

样条曲线广泛应用于曲线、曲面造型领域，AutoCAD 使用 NURBS(非均匀有理 B 样条)来创建样条曲线。

1. 功能

创建样条曲线，也可用于对由 SPLINE 命令生成的样条曲线的编辑操作，包括修改样条起点及终点的切线方向等，以修改样条曲线的形状。

2. 调用方法

命令行：SPLINE(缩写名：SPL)。

菜单:绘图→样条曲线。

图标:"绘图"工具栏 ～。

3. 格式与示例

命令:_spline

指定第一点或[对象(O)]:　　　　　　　//拾取第 1 点,如图 4-5-1 所示

指定下一点:　　　　　　　　　　　　　//拾取第 2 点

指定下一点或[闭合(C)/拟合公差(F)]〈起点切向〉://拾取第 3 点

指定下一点或[闭合(C)/拟合公差(F)]〈起点切向〉://拾取第 4 点

指定下一点或[闭合(C)/拟合公差(F)]〈起点切向〉://拾取第 5 点,结束点输入

指定下一点或[闭合(C)/拟合公差(F)]〈起点切向〉://按 Enter 键指定起点及终

　　　　　　　　　　　　　　　　　　　　点切线方向

指定起点切向:　　　　　　　　　　　//按 Enter 键确定起点及终

　　　　　　　　　　　　　　　　　　　　点切线方向

指定端点切向:　　　　　　　　　　　//按 Enter 键或空格键确定起

　　　　　　　　　　　　　　　　　　　　点及终点切线方向,结果如

　　　　　　　　　　　　　　　　　　　　图 4-5-1 所示

4. 选项说明

1) 对象(O):该选项把用 PEDIT 命令创建的近似样条线转换为真正的样条曲线。

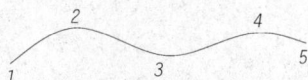

图 4-5-1　绘制样条曲线

2) 拟合公差(F):控制样条曲线和数据点的接近程度。

3) 闭合(C):使样条线闭合。

4.5.2　图案填充的编辑

1. 功能

图案填充可用于绘制剖面符号或剖面线,表面纹理或涂色。启动该命令后,AutoCAD 打开"图案填充和渐变色"对话框,可以在此对话框中指定图案类型,再设定填充比例、角度及填充区域,就可以创建图案填充。

2. 调用方法

命令名:BHATCH(缩写:H、BH)。

菜单:绘图→图案填充。

图标:"绘图"工具栏 ░ 。

3. 对话框及示例操作说明

1) BHATCH 命令启动以后,弹出"图案填充和渐变色"对话框,如图 4-5-2 所示。其中包含"图案填充"和"渐变色"两个选项卡,默认时打开的是"图案填充"选项卡。

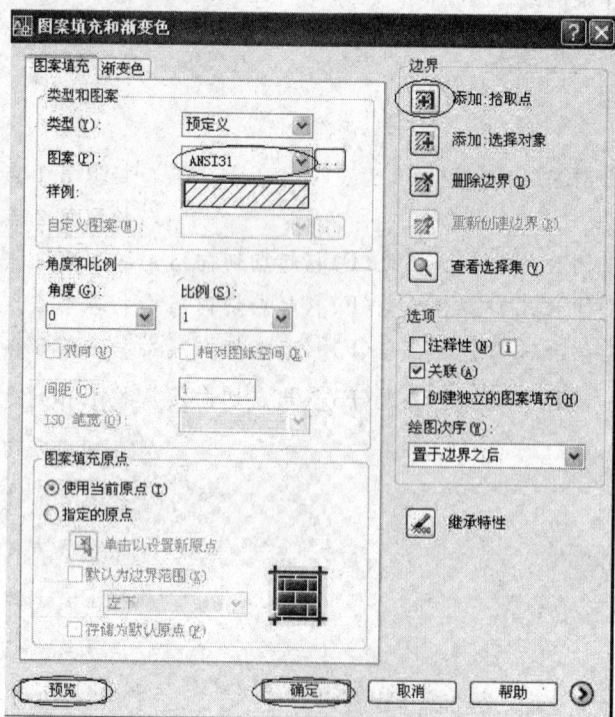

图 4-5-2　"图案填充和渐变色"对话框

2）单击"图案"框右边的□按钮，打开"图案填充选项板"对话框，再单击"ANSI"选项卡，选择剖面线为"ANSI31"，如图 4-5-3 所示。

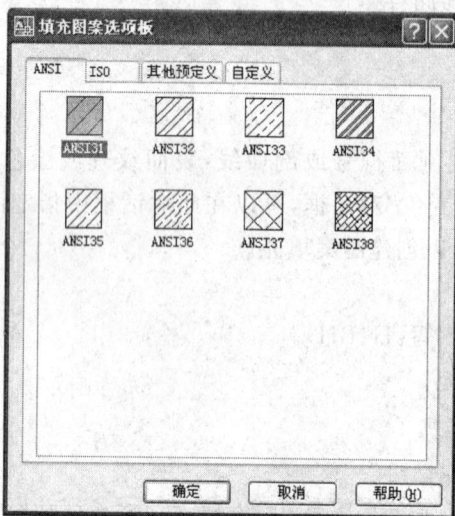

图 4-5-3　"图案填充选项板"对话框

3）在"图案填充和渐变色"对话框中，单击【添加:拾取点】按钮。

4）在需要进行图案填充的区域内任意一点单击,系统会自动搜寻一个闭合的边界,如图 4-5-4(a)所示。

(a)   (b)

图 4-5-4 填充图案

5）按 [Enter] 键或空格键确定,返回"图案填充和渐变色"对话框。

6）在"图案填充和渐变色"对话框中,单击 [预览] 按钮,可以观察填充的预览图。如果满意,可单击 [确定] 按钮,完成图案填充操作,结果如图 4-5-4(b)所示。如果不满意,按 [Esc] 键,返回"图案填充和渐变色"对话框,重新设定有关参数。

4. 说明

(1)剖面线的图案类型

可以在"图案填充选项板"对话框中选择 ANSI31、ISO、其他预定义和自定义各选项卡,选择各种图案类型,如图 4-5-3 所示。在机械图样的绘制中,通常选择"ANSI31"即可。

(2)剖面线的角度

主要用来控制剖面线的倾斜程度。在如图 4-5-2 所示的"图案填充和渐变色"对话框中的"角度"区域中,图案的角度是 0°,而此时剖面线(ANSI31)与 x 轴的夹角却是 45°。因此,在"角度"参数中显示的角度值并不是剖面线与 X 轴的倾斜角度,而是剖面线以 45°线方向为起始位置的转动角度。

当分别输入角度值为 15°、45°和 90°时,剖面线将逆时针转动到新的位置,它们与 X 轴的夹角为 60°、90°和 135°,如图 4-5-5 所示。

角度=15°   角度=45°   角度=90°

图 4-5-5 不同角度图案填充

(3)剖面线的比例

在 AutoCAD 中,预定义剖面线图案的缺省缩放比例是 1.0,还可以在"图案填充和渐变色"对话框中的"比例"区域中设定其他比例值。如图 4-5-6 所示的分别为剖面线比例为 1、2、0.5 时的情况。

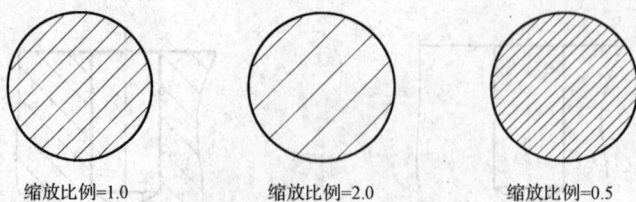

缩放比例=1.0　　　缩放比例=2.0　　　缩放比例=0.5

图 4-5-6　不同比例图案填充

（4）编辑图案填充

可用于修改填充图案的外观及类型，如改变图案的角度、比例或用其他样式的图案填充图形等。

一般地，操作方法可以在下拉菜单中选择"修改"→"对象"→"图案填充"，或者直接输入命令 HATCHEDIT(缩写：HE)，还可以在需要修改的剖面线区域双击，或者先单击选中要修改的图案填充部分，再单击右键，在右键菜单中选择"编辑图案填充"，即可重新确定各有关参数。

4.6　绘制端盖实例

通过本次实例操作，根据图形的对称性和均布几何特征，运用镜像和阵列等绘制方法，并学会填充剖面图案。绘制如图 4-6-1 所示端盖，具体步骤如下所述。

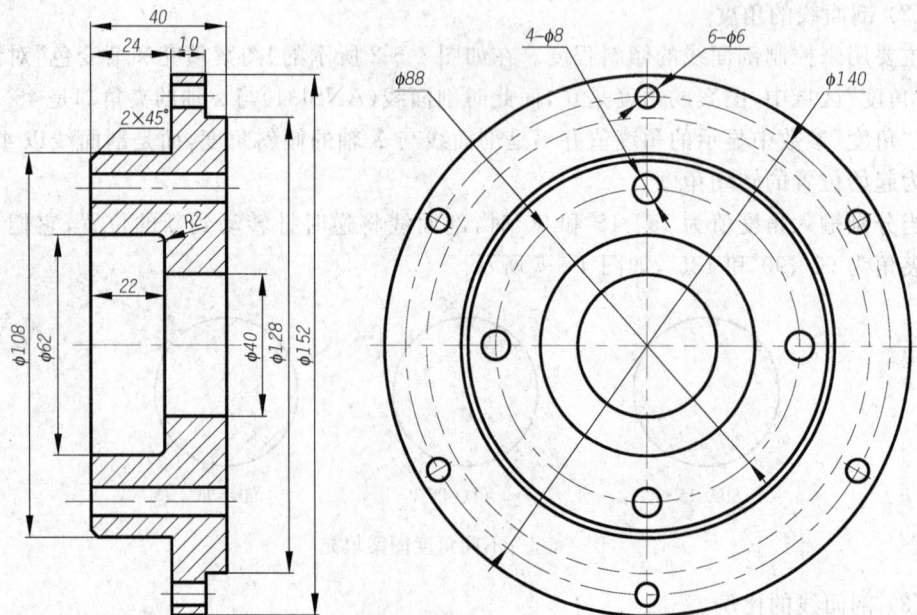

图 4-6-1　端盖视图

1）以"端盖 . dwg"为文件名新建文件。

2）创建 4 个新图层（见表 4-6-1）。

表 4-6-1　4 个新图层

名称	颜色	线型	线宽
粗实线层	白色	continuous	0.35mm
中心线层	青色	center	默认
虚　线层	黄色	dashed	默认
剖面线层	绿色	continuous	默认

3）通过"线型控制"下拉列表打开"线型管理器"对话框，在此对话框中设定"线型总体比例因子"为"0.5"。

4）打开正交和对象捕捉功能。

5）切换到"中心线层"，绘制一条基准线段 1，线段 1 的长度约为 45。切换到"粗实线层"，利用直线命令，从 A 点开始，绘制点 A、B、C、D、E 等各点，结果如图 4-6-2 所示。

命令:_line
指定第一点:　　　　　　　　　　　//对象捕捉拾取 A 点
指定下一点或 [放弃(U)]:54↙　　　//输入 A 点到 B 点距离 54
指定下一点或 [放弃(U)]:24↙　　　//输入 B 点到 C 点距离 24
指定下一点或 [闭合(C)/放弃(U)]:22↙//输入 C 点到 D 点距离 22
指定下一点或 [闭合(C)/放弃(U)]:10↙//输入 D 点到 E 点距离 10
指定下一点或 [闭合(C)/放弃(U)]:12↙//输入 E 点到 F 点距离 2
指定下一点或 [闭合(C)/放弃(U)]:6↙ //输入 F 点到 G 点距离 6
指定下一点或 [闭合(C)/放弃(U)]:64↙//输入 G 点到 H 点距离 64
指定下一点或 [闭合(C)/放弃(U)]:10↙//输入 H 点到 I 点距离 10
指定下一点或 [闭合(C)/放弃(U)]:↙　//按 Enter 键或空格键退出命令

6）利用偏移命令绘制平行线 3、4、5、6、7、8，如图 4-6-3 所示。

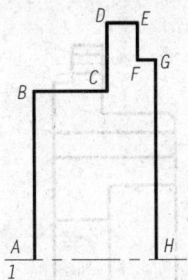

图 4-6-2

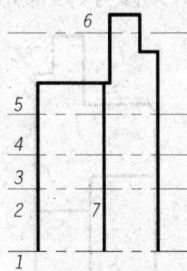

图 4-6-3

命令:_offset
当前设置:删除源＝否　图层＝源　OFFSETGAPTYPE＝0
指定偏移距离或 [通过(T)/删除(E)/图层(L)]
〈2.5000〉:20↙　　　　　　　　　　　　//输入直线 1 到直线 3 的距离
选择要偏移的对象，或 [退出(E)/放弃(U)]〈退出〉://选择直线 1

指定要偏移的那一侧上的点,或〔退出(E)/多

个(M)/放弃(U)〕〈退出〉:   //在直线1上方单击

选择要偏移的对象,或〔退出(E)/放弃(U)〕〈退出〉:↙//按 Enter 键或空格键退出命令

继续绘制以下平行线:向左平移线段1至4,平移距离为31;向右平移线段1至5,平移距离为44;向左平移线段1至6,平移距离为70;向左平移线段2至7,平移距离为22。

7) 修剪多余线段,再将图线转换至对应的图层,并倒角 2×45°,倒圆角 R2。

命令:_chamfer

("修剪"模式) 当前倒角距离 1=5.0000,距离 2=5.0000

选择第一条直线或〔放弃(U)/多段线(P)/距离(D)/角度(A)/修剪(T)

/方式(E)/多个(M)〕:d↙   //输入距离(D)选项

指定第一个倒角距离〈5.0000〉:2↙   //输入第一个倒角距离

指定第二个倒角距离〈2.0000〉:↙   //按 Enter 键或空格键确认

选择第一条直线或〔放弃(U)/多段线(P)/距离(D)/

角度(A)/修剪(T)/方式(E)/多个(M)〕: //选择直线1

选择第二条直线,或按住 Shift 键选择要应用角点的直线://选择直线2

命令:_fillet

当前设置:模式=修剪,半径=5.0000

选择第一个对象或〔放弃(U)/多段线(P)/半径(R)/

修剪(T)/多个(M)〕:r↙   //输入距离(R)选项

指定圆角半径〈5.0000〉:2↙   //输入圆角半径2

选择第一个对象或〔放弃(U)/多段线(P)/半径(R)/

修剪(T)/多个(M)〕:   //选择直线3

选择第二个对象,或按住 Shift 键选择要应用角点的对象://选择直线4

结果如图 4-6-4 所示。

8) 利用偏移命令,由直线1绘制平行线3、4,偏移距离为4,由直线2绘制平行线5、6,偏移距离为3,并修剪、修饰,如图 4-6-5 所示。

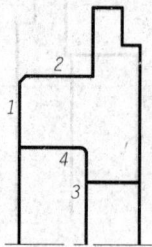

图 4-6-4

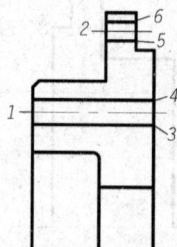

图 4-6-5

9) 镜像图形的上半部分,然后画左视图的定位线1、2,如图 4-6-6 所示。

10) 绘制左视图中各圆,如图 4-6-7 所示。

11) 创建两小圆的环行阵列,调整某些定位线的长度,并将 φ88 和 φ140 两圆修改至中心线层上,将 φ128 圆修改至虚线层上。最后切换到剖面线层并进行图案填充,图案比例为1,角度为0,结果如图 4-6-8 所示。

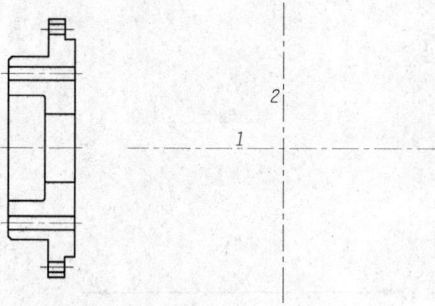

图 4-6-6

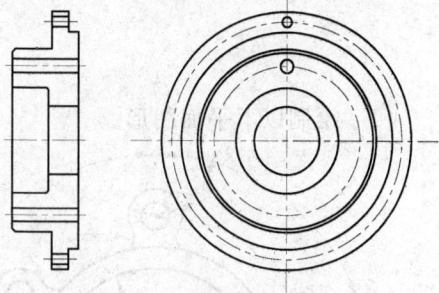

图 4-6-7

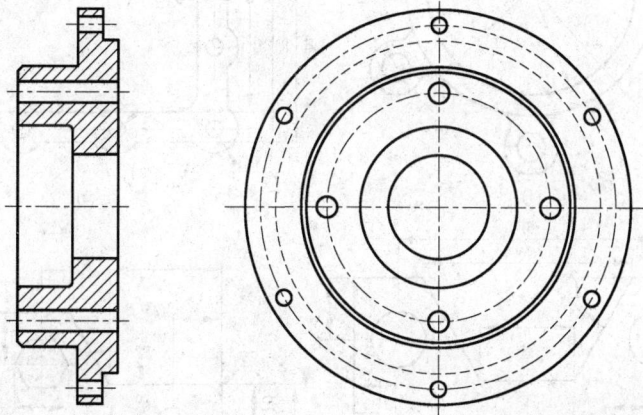

图 4-6-8

　　12）打开"对象捕捉"工具,用直线命令选择左视图中 O 点为起点,再输入 A 点的相对坐标"@75＜30",然后修剪并修饰线段 AB。最后用镜像命令,分别作出线段 CD、EF 和 GH,结果如图 4-6-9 所示。

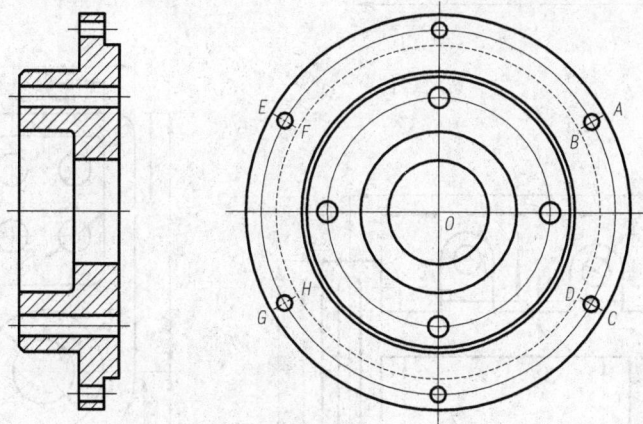

图 4-6-9

习　　题

4-1　绘制以下平面图形。

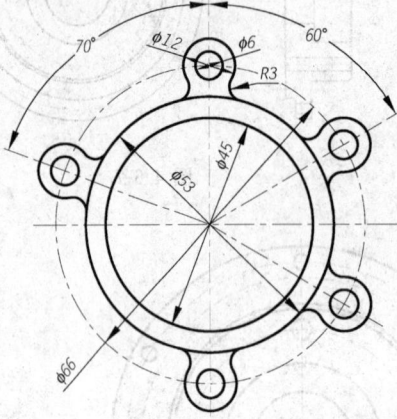

(1)

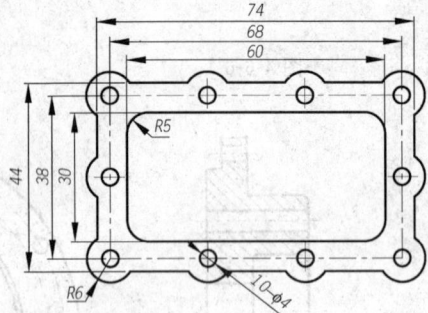

(2)

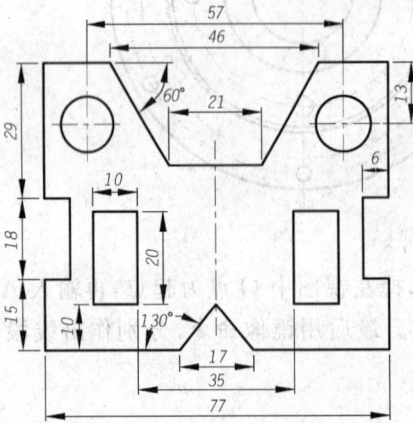

(3)

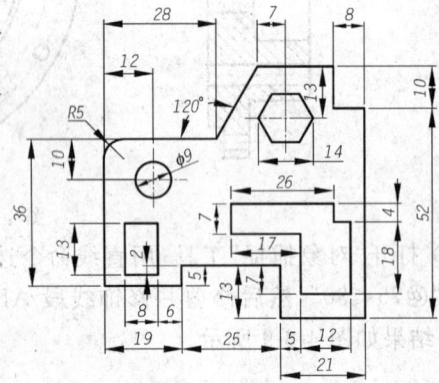

(4)

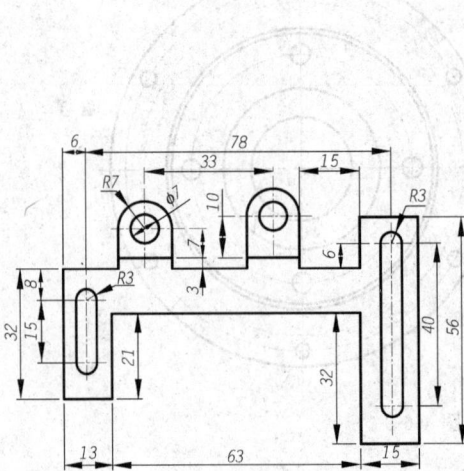

(5)

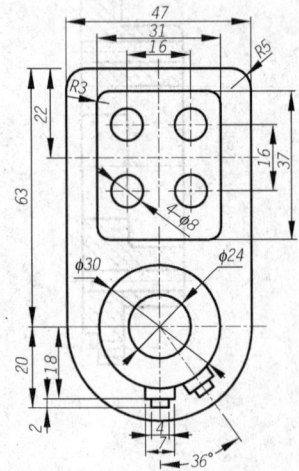

(6)

第 5 章

尺 寸 标 注

── **内容导航** ──

尺寸是零件加工、制造的重要依据。通过尺寸标注,可以测量和显示图形对象的形状和大小。AutoCAD 2008 为图形标注提供了一套完善的命令,使尺寸标注和编辑更为方便和灵活。

── **教学目标** ──

了解尺寸三要素。

掌握尺寸样式的设置。

掌握常用尺寸的标注与编辑。

5.1 尺寸标注基本知识

国家标准对机械图样中的尺寸作了一些规定。本次学习,主要了解标注尺寸的基本规则、一个完整的尺寸应包含的内容和它在图样上的标注要求等。

5.1.1 尺寸标注基本规则

1) 机件的真实大小以尺寸为准,与图形的大小、绘图准确度无关。

2) 以 mm 为单位的尺寸,可省略标记单位。

3) 同一尺寸只标注一次。

5.1.2 尺寸的三要素

一个完整的尺寸包括尺寸数字、尺寸线和尺寸界线三个要素,如图 5-1-1 所示。

1. 尺寸数字

尺寸数字表示尺寸的大小。

1）线性尺寸的数字一般应注写在尺寸线上方或中断处,如图 5-1-2 所示。

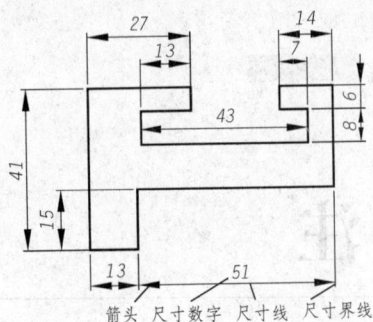

图 5-1-1　尺寸数字、尺寸线、尺寸界线

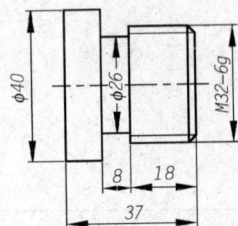

图 5-1-2　线性尺寸数字的注写

2）线性尺寸的数字字头向上或向左,避免在 30°的范围内注写数字,如图 5-1-3(a)所示。无法避免时,可按图 5-1-3(b)的形式标注。

3）角度尺寸的数字必须水平向上,如图 5-1-4 所示。

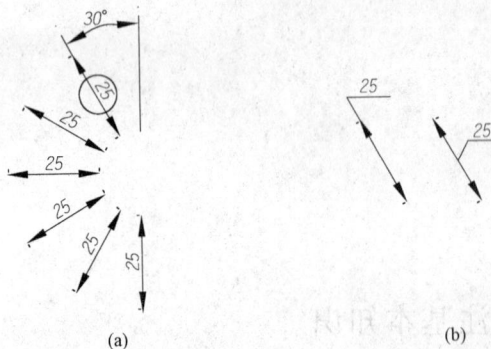

(a)　　　　　　(b)

图 5-1-3　线性尺寸数字的书写方向

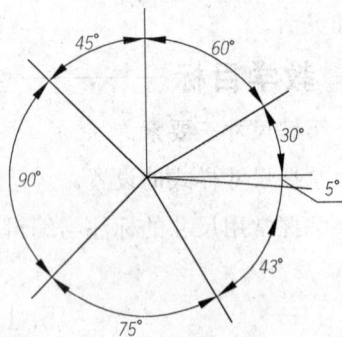

图 5-1-4　角度数字水平向上

4）尺寸数字不得与其他图线相交。若无法避免时,在相交处删除其他图线。

5）字体高度的公称尺寸(字号)系列为:1.8、2.5、3.5、5、7、10、14、20(mm),……按$\sqrt{2}$的比率递增。

2. 尺寸线

尺寸线表示尺寸的方向。

线型:细实线。

尺寸线的终端形式有两种:箭头(→)和斜线(——╱适用于建筑图样)。同一图纸采用同一种终端形式。

1）尺寸线必须单独画出。

2）线性尺寸的尺寸线应与所标线段平行。

3）尺寸线不能与其他图线重合,不能用其他图线代替尺寸线。

4）尺寸线不能画在其他图线的延长线上。

3. 尺寸界线

尺寸界线表示尺寸的范围。

线型:细实线。

1）尺寸界线由图形的相应要素引出。

2）一般情况下,尺寸界线与尺寸线垂直,并超出尺寸线 3～4mm。特殊情况允许不垂直,但两个尺寸界线必须相互平行,如图 5-1-5 所示。

3）尺寸界线可由轮廓线、轴线或对称中心线代替。

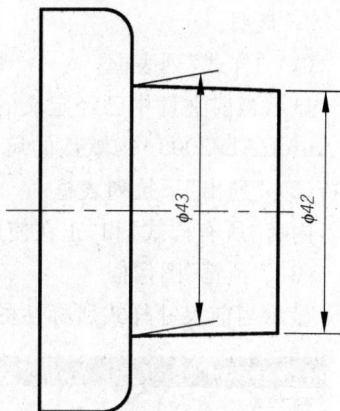

图 5-1-5　尺寸界线

5.2　创建与设置尺寸标注样式

零件图上的每一个尺寸有共性之处,也有不同之处。为了方便尺寸标注及编辑尺寸,在标注尺寸前,要先进行尺寸样式的设置。

通过本次学习,读者将了解 AuotCAD 2008 的尺寸标注样式管理器中的各项内容,掌握创建尺寸标注样式的方法。

1. 功能

尺寸的外观是由当前的尺寸样式控制的,AutoCAD 2008 提供了一个缺省的尺寸样式 ISO-25。当需要标注的尺寸与默认提供的样式有区别时,可以对 ISO-25 进行修改或新建一个新样式。

2. 命令的调用

命令行:DIMSTYLE(缩写:D)。

菜单:标注→样式。

图标:"标准"工具栏 ◢。

执行命令后打开如图 5-2-1 所示的"标注样式管理器"对话框。

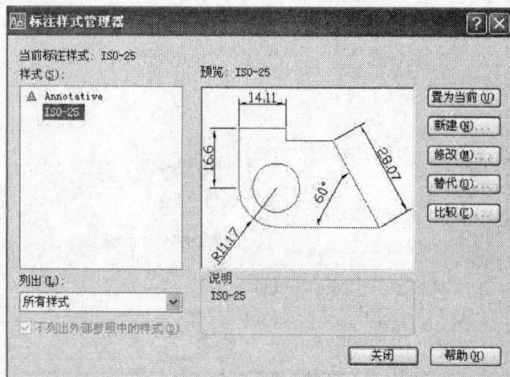

图 5-2-1　"标注样式管理器"对话框

3．说明

（1）"样式"列表框

显示当前文件中已经定义的所有尺寸标注样式,高亮显示的为当前正在使用的样式。在 AutoCAD 2008 中,默认的尺寸标注样式为 ISO-25。

（2）"列出"下拉列表框

内有"所有样式"和"正在使用的样式"两个选项,控制"样式"列表框的显示情况。

（3）"预览"图像框

显示当前尺寸样式所标注的效果图。

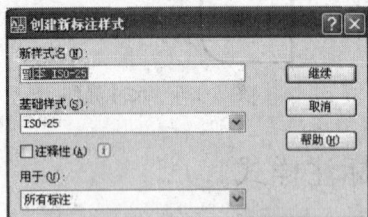

图 5-2-2 "创建新标注样式"对话框

4．应用

创建新的标注样式

1）单击图 5-2-1 所示的"标注样式管理器"对话框的 新建(N)... 按钮,弹出图 5-2-2 所示"创建新标注样式"对话框。

① 在新样式名里输入样式名称"一般标注"。

② "基础样式"下拉列表：可以在"基础样式"下拉列表中选择某个尺寸样式作为新样式的基础样式,则新样式将包含基础样式的所有设置。

③ "用于"下拉列表：在列表中设定新样式控制的尺寸类型。包括"所有标注"、"线性标注"、"角度标注"、"半径标注"、"直径标注"、"坐标标注"、"引线和公差"7 个类型。缺省的是"所有标注",指新样式将控制所有类型的尺寸。

2）单击 继续 按钮,打开如图 5-2-3 所示的"新建标注样式"对话框。

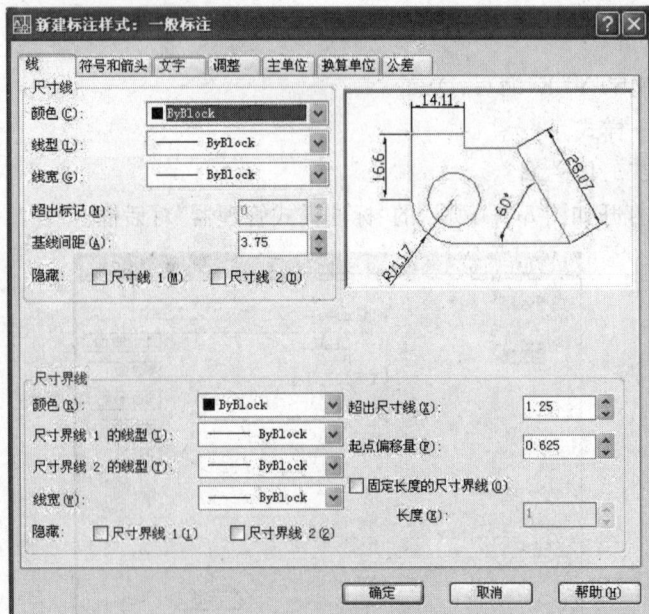

图 5-2-3 "新建标注样式"对话框

　　在新建和修改标注样式时,都会打开"新建标注样式:XXX"对话框,该对话框有 7 个选项卡,可进行尺寸线、箭头、文字、单位、公差等标注设置。下面以各"卡"为单位介绍各卡主要内容。

　　① "线"选项卡如下所述。

　　可设置尺寸线的颜色、线型、线宽:为便于尺寸管理,建议设为随层或随块(缺省状态即可)。

　　可设置基线间距:控制平行尺寸线间的距离。

　　可设置尺寸界线超出尺寸线的长度:一般按照默认值就可以。如重设置,以 2～3mm为宜。

　　可设置尺寸界线的起点偏移量:一般按照默认值就可以。如重设置,以 0～0.8mm为宜。

　　其他设置读者可自行练习。

　　② "符号和箭头"选项卡如下所述。

　　在图 5-2-3 的"新建标注样式"对话框中,单击"符号和箭头"选项卡,显示新的一页,如图 5-2-4 所示。

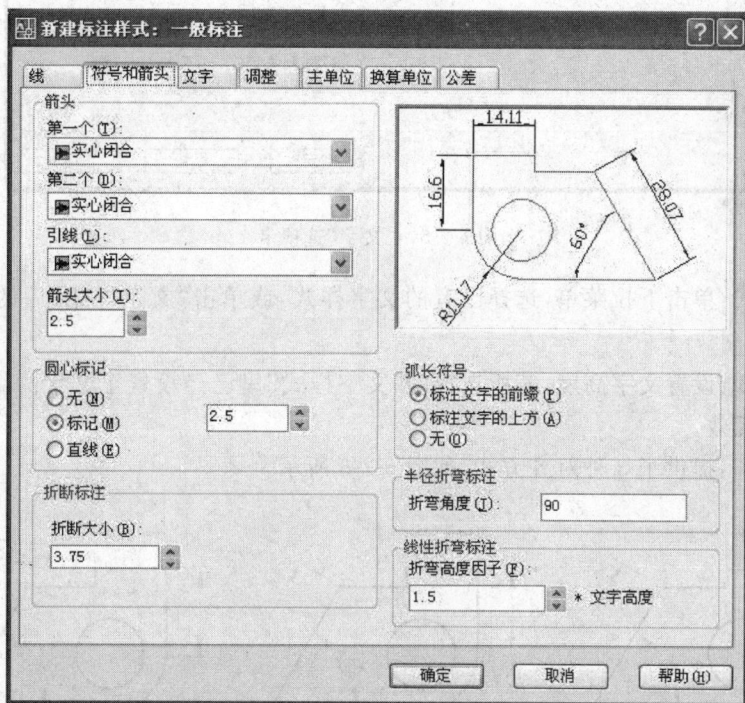

图 5-2-4　"符号和箭头"选项卡

　　可进行尺寸线终端形式的设置:机械制图里一般采用"箭头",如默认所示。

　　箭头的大小:箭头尺寸≥0.6d(d 为粗实线宽度)。

　　其他设置读者可自行练习。

③ "文字"选项卡如下所述。

在图 5-2-3 的"新建标注样式"对话框中,单击"文字"选项卡,显示新的一页,如图 5-2-5 所示。

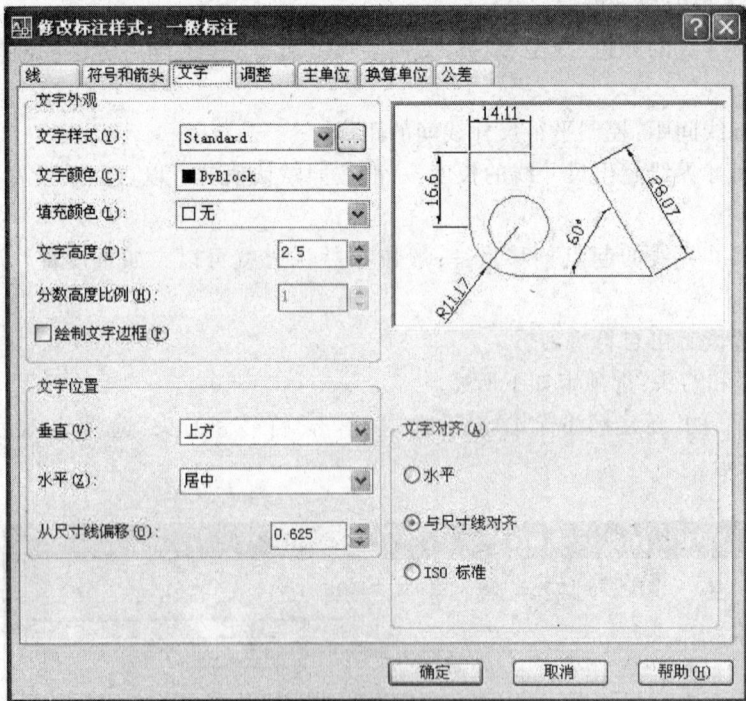

图 5-2-5 "文字"选项卡

文字样式:单击下拉菜单,选择已有的文字样式,或单击"文字样式"后的 ![按钮] 按钮,新建文字样式。

文字高度:设置文字高度,若所选择的"文字样式"里已经设置了文字的高度,则此处的文字高度无效。

文字对齐:提供了 3 种对齐方式,如图 5-2-6 所示。

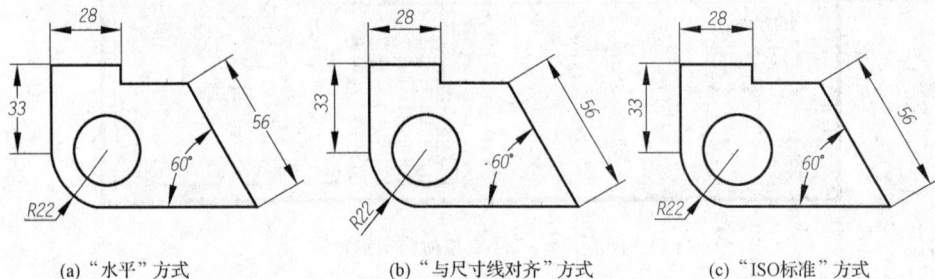

(a) "水平"方式   (b) "与尺寸线对齐"方式   (c) "ISO标准"方式

图 5-2-6 文字对齐方式

文字位置:设置文字的注写位置,一般按照默认设置即可。

④ "调整"选项卡如下所述。

在图 5-2-3 的"新建标注样式"对话框中,单击"调整"选项卡,显示新的一页,如图 5-2-7 所示。

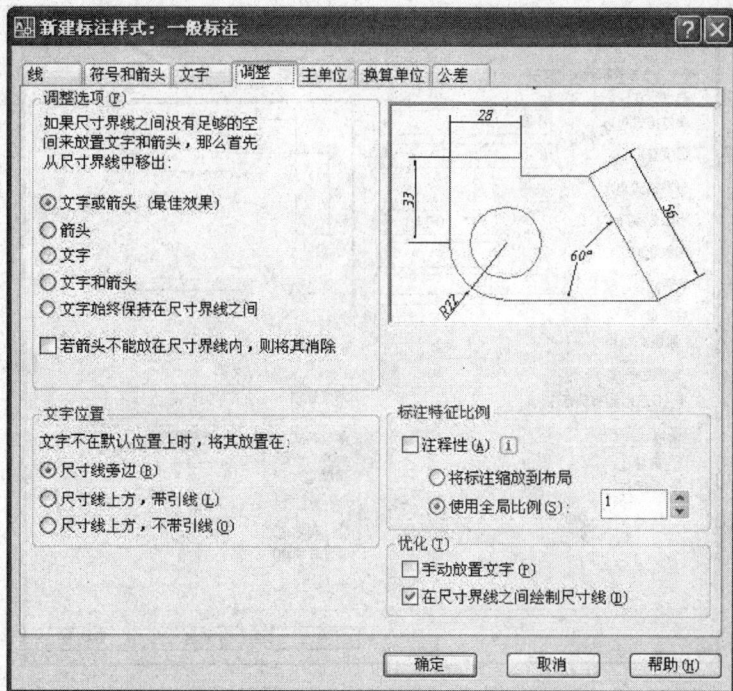

图 5-2-7 "调整"选项卡

调整选项:当尺寸线之间没有足够的空间来放置文字和箭头时,选择一个方式,系统在标注时按所选的方式进行处理。

优化:有时候,根据标注的需要,会选择"手动放置文字"来方便标注。

其他设置读者可自行练习。

⑤ "主单位"选项卡如下所述。

在图 5-2-3 的"新建标注样式"对话框中单击"主单位"选项卡,显示新的一页,如图 5-2-8 所示。

精度:设置尺寸的显示精度。即小数点后的位数。

比例因子:根据绘图的比例,设置尺寸的比例因子。如绘图比例为 1:1,则比例因子为 1;绘图比例为 1:2,则比例因子为 2;绘图比例为 2:1,则比例因子为 0.5。

其他设置读者可自行练习。

⑥ "换算单位"选项卡如下所述。

在图 5-2-3 的"新建标注样式"对话框中,单击"换算单位"选项卡,显示新的一页,如图 5-2-9 所示。该选项卡里的选项用于单位换算。

选择"显示换算单位"选项后,AutoCAD 激活所有与单位换算有关的选项。

单位格式:在此下拉列表中设置换算后单位的类型。

精度:设置换算后的单位显示精度。

换算单位乘数：指定主单位与换算后单位的关系系数。比如，主单位是英制，要换算为十进制，则乘数为"25.4"。

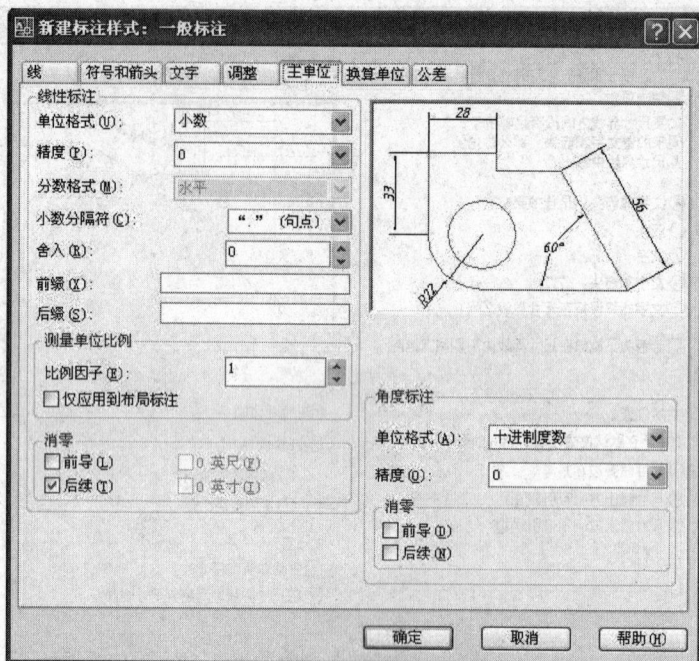

图 5-2-8 "主单位"选项卡

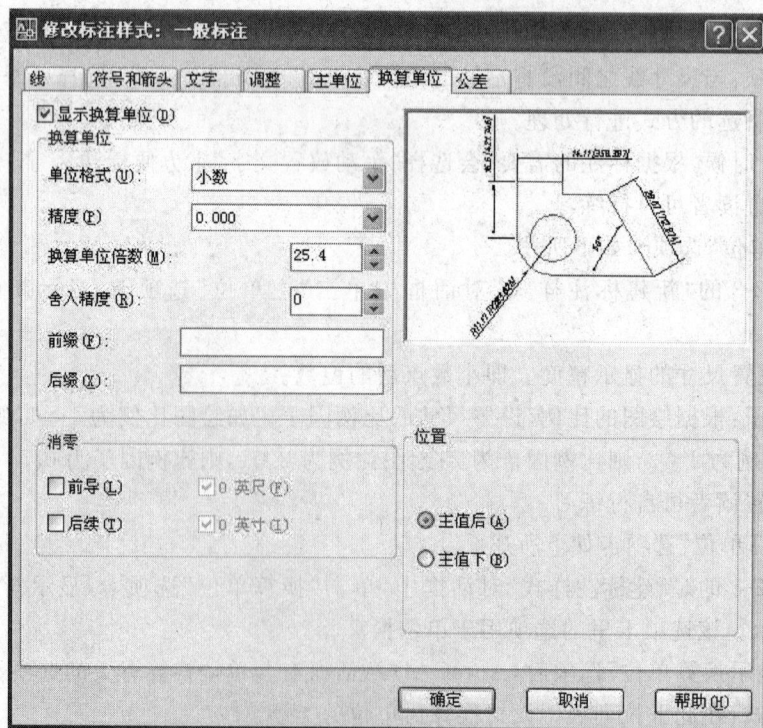

图 5-2-9 "换算单位"选项卡

舍入精度:用于设定换算后数值的标注规则。比如,若输入"0.005",则 AutoCAD 将标注数字的小数部分近似到最接近 0.005 的整数倍。

主值后/主值下:设置换算单位的放置位置。

⑦ "公差"选项卡如下所述。

在图 5-2-3 的"新建标注样式"对话框中,单击"公差"选项卡,显示新的一页,如图 5-2-10 所示。在该选项卡设置公差格式及上下偏差值。

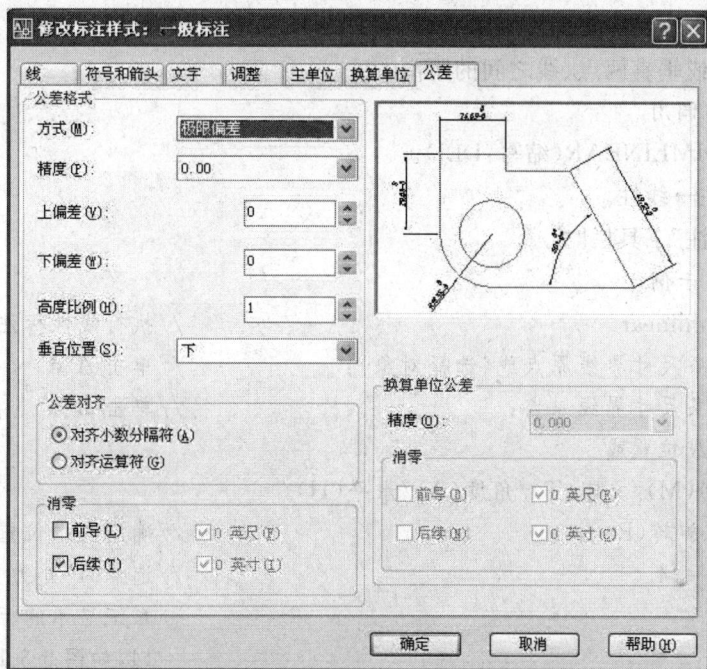

图 5-2-10 "公差"选项卡

方式:设置公差的方式。包括"无"、"对称"、"极限偏差"、"极限尺寸"、"基本尺寸"五个选项。

上、下偏差:设置上、下偏差值。

高度比例:设置公差数值与基本尺寸的比例。绘制机械图样时,通常将对称公差标注设为 1,极限偏差标注设为 0.7。

垂直位置:设定偏差文字相对于基本尺寸的位置关系。根据机械制图国家标准规定,上偏差注写在基本尺寸右上方,下偏差与基本尺寸注在同一底线上的要求,建议选择"下"选项。

在实际绘图时,由于每一个尺寸的公差不一样,因此,在实际绘图时,建议公差的标注不在此处设置,而是在编辑尺寸时加上公差即可。具体方法可参照本章 5.4 节。

3) 设置好各选项卡后,单击"确定"按钮,返回到"标注样式管理器"对话框。选择新创建的样式"一般标注",单击"置为当前"按钮。单击"关闭",完成尺寸标注样式的创建。

5.3 尺寸标注的类型

零件图样上的尺寸,通常有线性尺寸、角度尺寸、半径尺寸和直径尺寸等之分。通过本次学习,读者将掌握常用尺寸的标注命令。

5.3.1 线性标注

1. 功能

标注水平或垂直两点、线之间的距离。

2. 命令的调用

命令行:DIMLINEAR(缩写:DLI)。

菜单:标注→线性。

图标:"标注"工具栏 。

3. 格式与示例

命令:_dimlinear	//执行线性标注命令
指定第一条尺寸界线原点或〈选择对象〉:	//单击 A 点
指定第二条尺寸界线原点:	//单击 B 点
指定尺寸线位置或	
[多行文字(M)/文字(T)/角度(A)/水平(H)/	
垂直(V)/旋转(R)]:	//确定文本位置,如图 5-3-1
标注文字=14	//选择"1"处为文本位置时, 系统显示的标注尺寸为 14,如图 5-3-1(b)

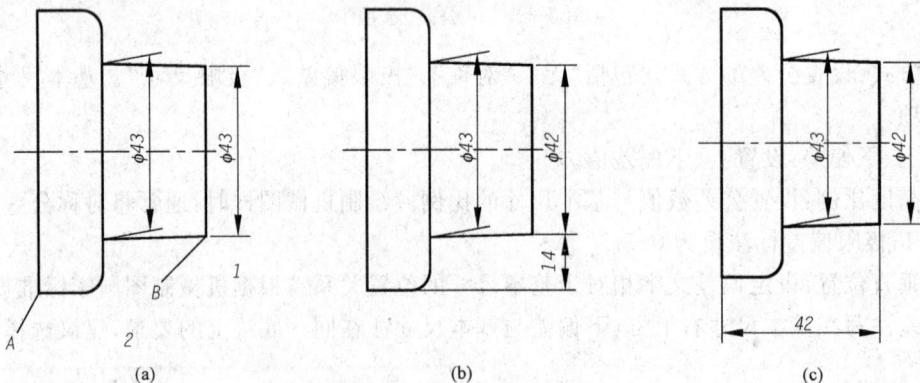

图 5-3-1 线性标注

5.3.2 对齐标注

1. 功能

标注倾斜的两点、线之间的距离。

2. 命令的调用

命令行:DIMALIGNED(缩写:DAL)。

菜单:标注→对齐。

图标:"标注"工具栏 。

3. 格式与示例

命令:_dimaligned   //执行对齐标注命令

指定第一条尺寸界线原点或〈选择对象〉:   //捕捉第一点,单击点"1"

指定第二条尺寸界线原点: //捕捉第二点,单击点"2"

指定尺寸线位置或[多行文字(M)/文字(T)/角度(A)]: //确定文本位置

标注文字=30   //系统显示的标注尺寸,
                                             结果如图 5-3-2 所示

5.3.3 半径标注

1. 功能

标注圆或圆弧的半径值。

2. 命令的调用

命令行:DIMRADIUS(缩写:DRA)。

菜单:标注→半径。

图标:"标注"工具栏 。

3. 格式与示例

命令:_dimradius   //执行半径标注命令

选择圆弧或圆: //选择要标注的圆弧或圆,单击圆"1"

标注文字=10   //系统显示所标注的半径值

指定尺寸线位置或[多行文字(M)/文   //确定文本位置及选项,单击"2"处,结果

字(T)/角度(A)]:   如图 5-3-3 所示

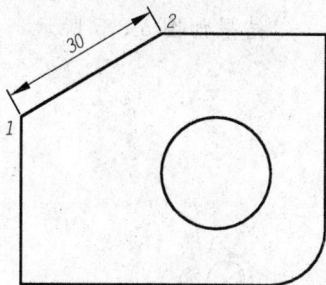

图 5-3-2 对齐标注

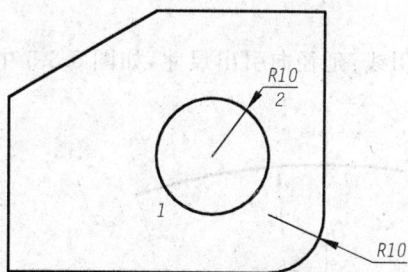

图 5-3-3 半径标注

5.3.4 折弯标注

1. 功能

标注大半径圆弧。

2. 命令的调用

命令行:DIMJOGGED(缩写:DJO)。

菜单:标注→折弯。

图标:"标注"工具栏 。

3. 格式与示例

命令: _dimjogged   //执行折弯标注命令

选择圆弧或圆: //选择要标注的圆弧或圆

指定图示中心位置: //指定圆心位置 A

标注文字=80   //系统显示所标注的半径值

指定尺寸线位置或 [多行文字(M)/文

字(T)/角度(A)]:   //确定尺寸线位置 B

指定折弯位置   //确定折弯位置 C,结果如图 5-3-4 所示

5.3.5 弧长标注

1. 功能

标注圆弧的长度。

2. 命令的调用

命令行:DIMARC(缩写:DAR)。

菜单:标注→弧长。

图标:"标注"工具栏 。

3. 格式与示例

命令: _dar   //执行弧长标注命令

选择弧线段或多段线弧线段: //选择要标注的圆弧或圆

指定弧长标注位置或 [多行文字(M)/文字(T)/

角度(A)/部分(P)/引线(L)]:   //确定文本位置及选项

标注文字=55   //系统显示所标注的半径值

                                        结果如图 5-3-5 所示

引线:延径向引出尺寸,如图 5-3-5 中的弧长 40。

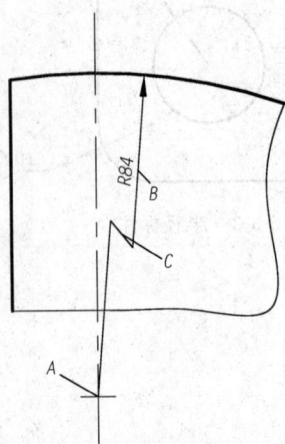

图 5-3-4　折弯标注

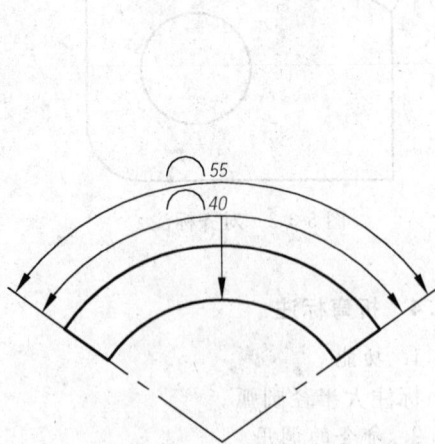

图 5-3-5　弧长标注

5.3.6　直径标注

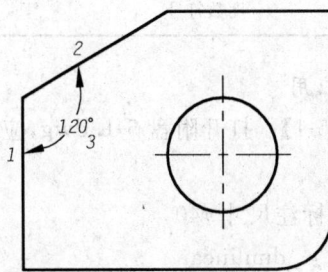

1. 功能

标注圆或圆弧的直径值。

2. 命令的调用

命令行:DIMDIAMETER(缩写:DDI)。

菜单:标注→直径。

图标:"标注"工具栏 ◎。

3. 格式与示例

命令:_dimdiameter	//执行直径标注命令
选择圆弧或圆:	//选择要标注的圆弧或圆
标注文字 =20	//系统显示所标注的直径值
指定尺寸线位置或[多行文字(M)/	
文字(T)/角度(A)]:	//确定文本位置及选项,如图5-3-6所示

5.3.7　角度标注

1. 功能

标注直线间的夹角或圆和圆弧的角度。

2. 命令的调用

命令行:DIMANGULAR(缩写:DAN)。

菜单:标注→角度。

图标:"标注"工具栏 △。

3. 格式与示例

命令:_dimangular	//执行角度标注命令
选择圆弧、圆、直线或〈指定顶点〉:	//选择第一条直线,单击直线"1"
选择第二条直线:	//选择第二条直线,单击直线"2"
指定标注弧线位置或[多行文字(M)/	
文字(T)/角度(A)]:	//确定文本位置及选项,单击"3"处
标注文字=120	//系统显示所标注的角
	度值,结果如图5-3-7所示

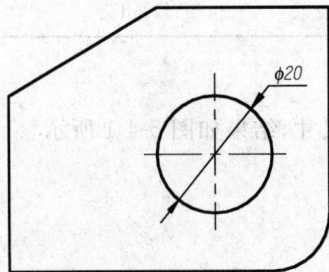

图 5-3-6　直径标注　　　　　　　　图 5-3-7　角度标注

5.4 尺寸标注的编辑

零件图上的每一个尺寸都是不尽相同的。在实际标注尺寸时,快速而合理的做法是设置 AutoCAD 的尺寸标注样式,让它照顾大部分尺寸的标注,而个别尺寸的标注则应用尺寸标注的编辑命令进行个别的处理。

5.4.1 更改尺寸数字

1. 功能

更改系统所标注的尺寸数字,或在尺寸数字前加上前缀或后缀。

2. 命令的调用

(1) 在标注尺寸生成的过程中采用的方法

以线性标注为例,如下所述。

命令:_dimlinear

指定第一条尺寸界线原点或〈选择对象〉:   //单击第一个端点

指定第二条尺寸界线原点:指定尺寸线位置或 //单击第二个端点

[多行文字(M)/文字(T)/角度(A)/水平(H)/ //输入 m,打开多行文字编辑器,在

垂直(V)/旋转(R)]:m   此更改尺寸数字或添加前缀和后缀

指定尺寸线位置或[多行文字(M)/文字(T)/

角度(A)/水平(H)/垂直(V)/旋转(R)]: //完成后确定文字位置即可

(2) 在标注完成后,采用的方法

命令:_ddedit   //执行修改命令

选择注释对象或[放弃(U)]:   //选择要修改的尺寸

常见几个符号的代码如表 5-4-1 所示。

表 5-4-1 常见几个符号的代码

名称	符号	代码
直径符号	∅	%%c
正、负号	±	%%p
度数符号	°	%%d

3. 应用

【例 5-1】 打开附盘 5-1.dwg,应用方法 1 标注尺寸,结果如图 5-4-1 所示。

解:

(1) 标注尺寸 ø40

命令:_dimlinear

指定第一条尺寸界线原点或〈选择对象〉:   //捕捉第一点

指定第二条尺寸界线原点: //捕捉第二点

指定尺寸线位置或

[多行文字(M)/文字(T)/角度(A)/水平(H)/垂直(V)/ 　　//执行多行文字命令，

旋转(R)]：m✓ 　　　　　　　　　　　　　　　　在 40 前加入 φ

(在打开的文本框中,在 40 前输入"%%C",结果如图所示 φ40 。)

指定尺寸线位置或

[多行文字(M)/文字(T)/角度(A)/水平(H)/垂直(V)/

旋转(R)]： 　　　　　　　　　　　　　　　　//确定尺寸放置位置

标注文字＝40 　　　　　　　　　　　　　　　//完成尺寸标注

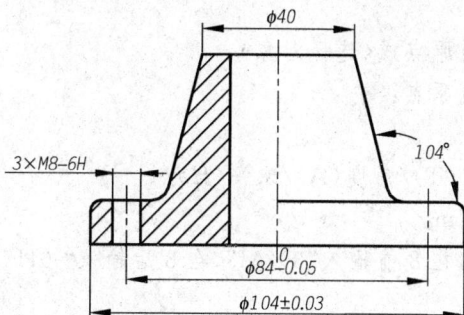

图 5-4-1　标注尺寸

(2) 标注尺寸 $\phi 84^{0}_{-0.05}$

命令：_dimlinear

指定第一条尺寸界线原点或〈选择对象〉： 　　　　//捕捉第一点

指定第二条尺寸界线原点： 　　　　　　　　　　//捕捉第二点

指定尺寸线位置或

[多行文字(M)/文字(T)/角度(A)/水平(H)/

垂直(V)/旋转(R)]：m✓ 　　　　　　　　　　//执行多行文字命令

在打开的文本框中,在 84 前输入"%%c",在 84 后输入"0^－0.05",即 φ84 0^-0.05 。

再选中"0^－0.05",即 φ84 0 -0.05 ,单击堆叠按钮 ,生成尺寸如图示 φ84 0 -0.05 。

指定尺寸线位置或

[多行文字(M)/文字(T)/角度(A)/水平(H)/

垂直(V)/旋转(R)]： 　　　　　　　　　　　//确定尺寸放置位置

标注文字＝84 　　　　　　　　　　　　　　//完成尺寸标注

(3) 标注尺寸 $\phi 104 \pm 0.03$

命令：_dimlinear

指定第一条尺寸界线原点或〈选择对象〉： 　　　　//捕捉第一点

指定第二条尺寸界线原点： 　　　　　　　　　　//捕捉第二点

指定尺寸线位置或

[多行文字(M)/文字(T)/角度(A)/水平(H)/

垂直(V)/旋转(R)]:m✓   //执行多行文字命令

(在打开的文本框中,在 104 前输入"%%c",在 84 后输入"%%p0.03",
即 ⌀104±0.03 。)

指定尺寸线位置或

[多行文字(M)/文字(T)/角度(A)/水平(H)/

垂直(V)/旋转(R)]:   //确定尺寸放置位置

标注文字＝104   //完成尺寸标注

(4) 标注 3×M8-6H

命令:_dimlinear

指定第一条尺寸界线原点或〈选择对象〉:   //捕捉第一点

指定第二条尺寸界线原点: //捕捉第二点

指定尺寸线位置或

[多行文字(M)/文字(T)/角度(A)/水平(H)/

垂直(V)/旋转(R)]:m✓   //执行多行文字命令

(在打开的文本框中,在 8 前输入"3×M",在 8 后输入"-6H",即 3×M8-6H 。)

指定尺寸线位置或

[多行文字(M)/文字(T)/角度(A)/水平(H)/

垂直(V)/旋转(R)]:   //确定尺寸放置位置

标注文字 ＝ 8   //完成尺寸标注

(5) 标注 140°

请读者自行练习标注。

【例 5-2】 打开附盘 5-2.dwg,用方法 2 修改尺寸,结果如图 5-4-2 所示。

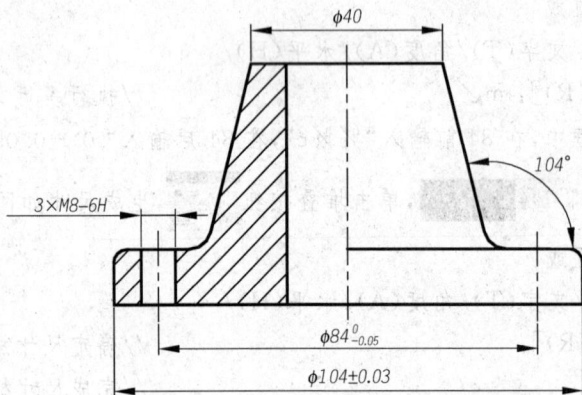

图 5-4-2　修改尺寸图

解:

命令:_ddedit

选择注释对象或 [放弃(U)]://选择尺寸 40,弹出文本框,在 40 前输入"%%C",单
击"确定"。

　　选择注释对象或［放弃(U)］: //选择尺寸 8,弹出文本框,在 8 前输入"3×M",在 8
　　　　　　　　　　　　　　　后输入"-6H",单击"确定"

　　选择注释对象或［放弃(U)］: //选择尺寸 84,弹出文本框,在 84 前输入"％％C",在
　　　　　　　　　　　　　　　84 后输入"0~0.05"并堆叠,单击"确定"

　　选择注释对象或［放弃(U)］: //选择尺寸 104,弹出文本框,在 104 前输入"％％C",
　　　　　　　　　　　　　　　在 104 后输入"±0.03",单击"确定"

　　选择注释对象或［放弃(U)］: //按 Enter 键结束命令

5.4.2　倾斜尺寸界线

1. 功能

更改系统所标注的尺寸界线倾斜角度。

2. 命令的调用

命令行: DIMEDIT(缩写:DED)。

菜单:标注→倾斜。

图标:"标注"工具栏 A。

3. 格式与示例

命令: _dimedit　　　　　　　　　　　　　　//执行编辑标注命令

输入标注编辑类型［默认(H)/新建(N)/旋转(R)/
倾斜(O)］〈默认〉:o✓　　　　　　　　　　//选择倾斜尺寸界线命令

选择对象:找到 1 个　　　　　　　　　　　//选择需要编辑的尺寸 43

选择对象:　　　　　　　　　　　　　　　//按 Enter 键结束选择

输入倾斜角度(按 ENTER 表示无):60✓　　//输入尺寸界线的倾斜角度,
　　　　　　　　　　　　　　　　　　　　　结果如图 5-4-3 所示

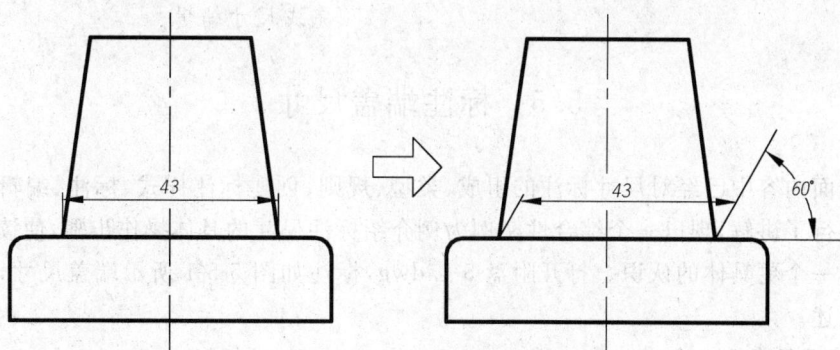

图 5-4-3　更改尺寸界线倾斜角度

　　尺寸界线倾斜角度:与直线在 AutoCAD 中的角度定义一致,指的是尺寸界线与 X 轴
正方向的夹角。

4. 应用

此命令在标注轴测图的尺寸时应用较多。

【例 5-3】 打开附盘 5-3. dwg,修改标注尺寸,结果如图 5-4-4 所示。

分析:图中两个尺寸的尺寸界线与 X 轴正方向的夹角均为 30 度,如图 5-4-5 所示。故修改尺寸界线倾斜角度输入 30°即可。

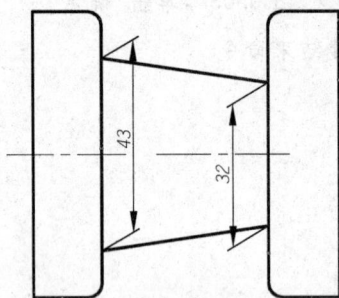

图 5-4-4　修改尺寸界线　　　　图 5-4-5　尺寸界线角度

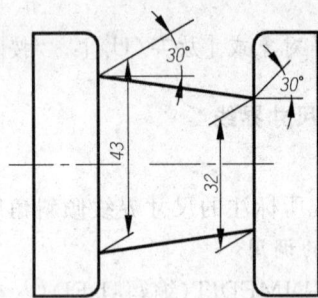

解:

命令:_dimedit

输入标注编辑类型［默认(H)/新建(N)/

旋转(R)/倾斜(O)]〈默认〉:o✓　　　　　//选择倾斜命令

选择对象:找到 1 个

选择对象:找到 1 个,总计 2 个　　　　//选择尺寸 43 和 32 一起编辑

选择对象:　　　　//按 Enter 键结束选择

输入倾斜角度(按 ENTER 表示无):30✓　　//输入倾斜角度 30,按 Enter 键确认,

　　　　　　　　　　　　　　　　　　　完成尺寸编辑

5.5　标注端盖尺寸

在前面内容中已经对尺寸标注的组成、类型、规则、创建标注样式、标注、编辑图形的尺寸等进行了讲解,现以一个综合性实例为例介绍标注尺寸的具体操作步骤,使读者对尺寸标注有一个更具体的认识。打开附盘 5-4. dwg,标注如图 5-5-1 所示端盖尺寸,具体步骤如下所述。

1. 打开附盘 5-4. dwg

2. 创建尺寸文字样式

1) 在命令行输入命令:ST,执行后弹出"文字样式"对话框,如图 5-5-2 所示。

2) 单击 新建(N)... 按钮。

3) 在"样式名"文本框中输入"尺寸文字",如图 5-5-3 所示。

4) 在"字体名"列表框中,选择字体:gbeitc. shx。

5）在"高度"文本框中输入：5，如图 5-5-4 所示。

6）单击"应用"→"关闭"。

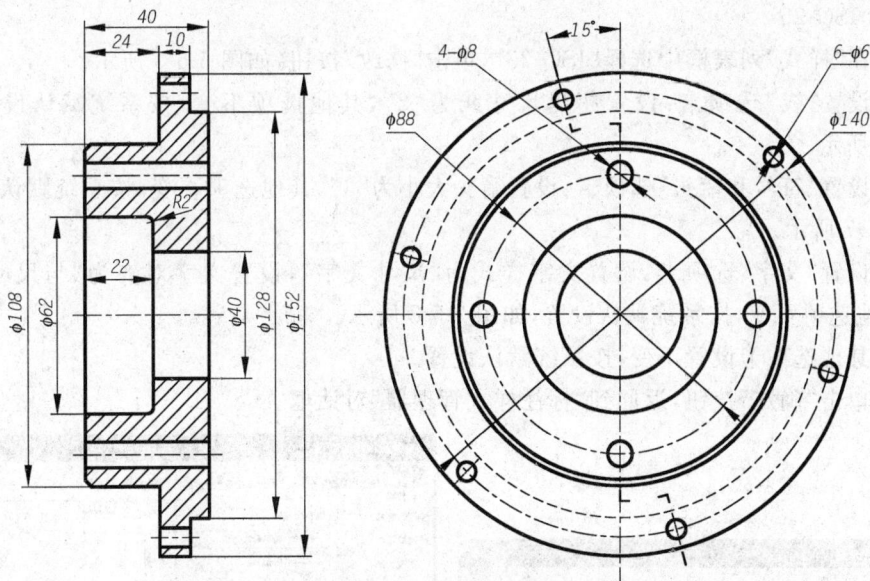

图 5-5-1　标注端盖尺寸

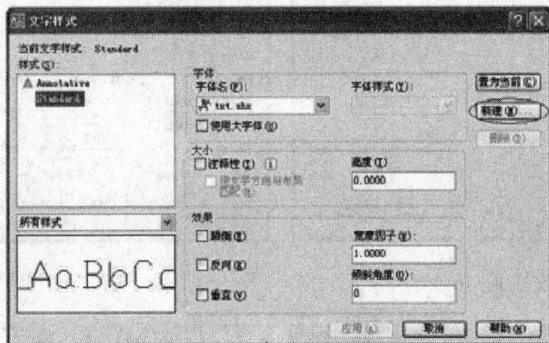

图 5-5-2　新建文字样式

图 5-5-3　输入样式名

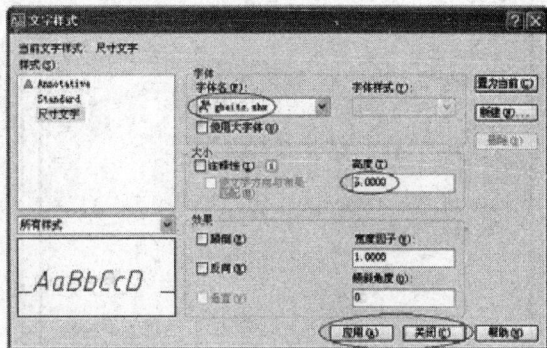

图 5-5-4　选择字体、输入字高

3. 创建尺寸标注样式

在命令行输入命令：D。执行后弹出"标注样式管理器"对话框，设置以下尺寸样式。

（1）ISO-25

1）在"样式"列表框中选择"ISO-25"，单击"修改"按钮，如图 5-5-5 所示。

2）设置"线"选项卡：设置超出尺寸线为"2"，其他选项不变，按系统默认设置，如图 5-5-6 所示。

3）设置"符号和箭头"选项卡：设置箭头大小为"3"，其他选项不变，按系统默认设置，如图 5-5-7 所示。

4）设置"文字"选项卡：设置文字样式为"尺寸文字"，设置文字对齐为"与尺寸线对齐"，其他选项不变，按系统默认设置，如图 5-5-8 所示。

5）其他选项卡设置不变，按系统默认设置。

6）单击"确定"按钮，返回到"标注样式管理器"对话框。

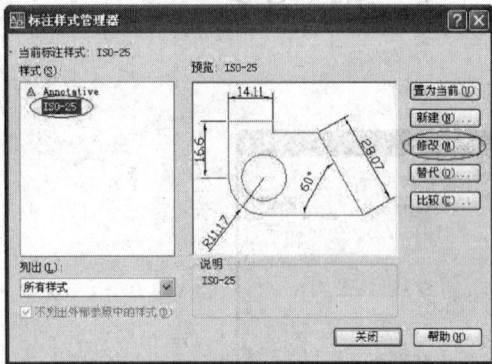

图 5-5-5　修改样式"ISO-25"

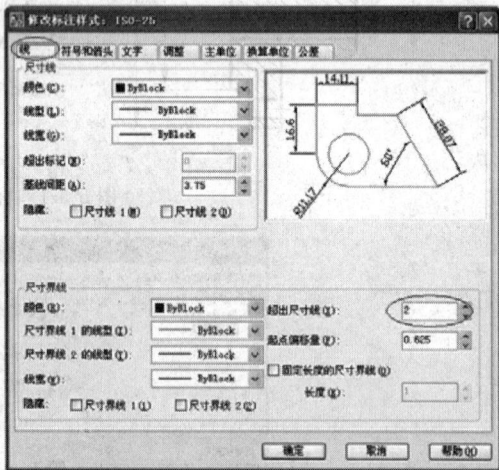

图 5-5-6　设置尺寸线

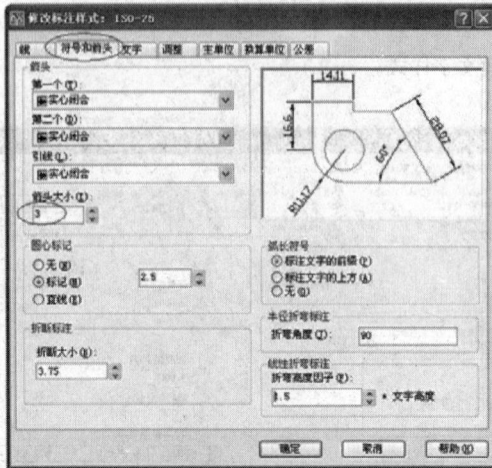

图 5-5-7　设置箭头

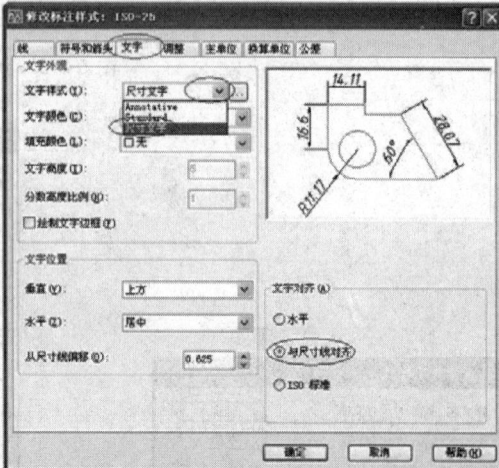

图 5-5-8　设置尺寸文字

（2）角度

1）在"标注样式管理器"对话框中，单击"新建"按钮。

2）在弹出的"创建新标注样式"对话框中的"基础样式"列表框中选择"ISO-25"，在"用于"列表框中选择"角度标注"，如图 5-5-9 所示。

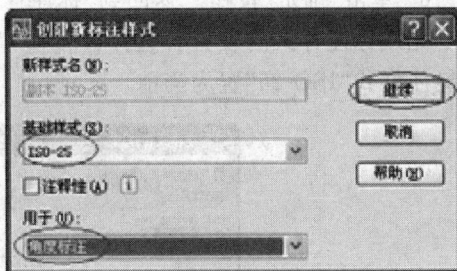

3）单击"继续"按钮。

4）选择"文字"选项卡：设置文字对齐为"水平"，如图 5-5-10 所示。

5）其他选项卡不变，按系统默认设置。

6）单击"确定"按钮，返回到"标注样式管理器"对话框。

图 5-5-9　创建角度标注

图 5-5-10　设置角度文字为"水平"对齐

（3）水平

1）在"标注样式管理器"对话框中，单击"新建"按钮。

图 5-5-11　创建"水平"标注样式

2）在弹出的"创建新标注样式"对话框中的"新样式名"文本框中输入"水平"，"基础样式"列表框中选择"ISO-25"，在"用于"列表框中选择"所有标注"，如图 5-5-11 所示。

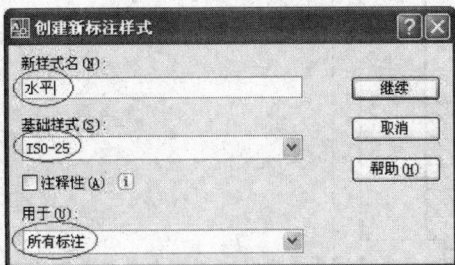

3）单击"继续"按钮。

4）选择"文字"选项卡：设置文字对齐为"水平"。

5）其他选项卡不变，按系统默认

设置。

6）单击"确定"按钮。返回到"标注样式管理器"对话框。

完成标注样式的设置。选择"ISO-25"，单击 置为当前(U)，单击 关闭 ，如图 5-5-12 所示，将标注样式"ISO-25"置为当前。

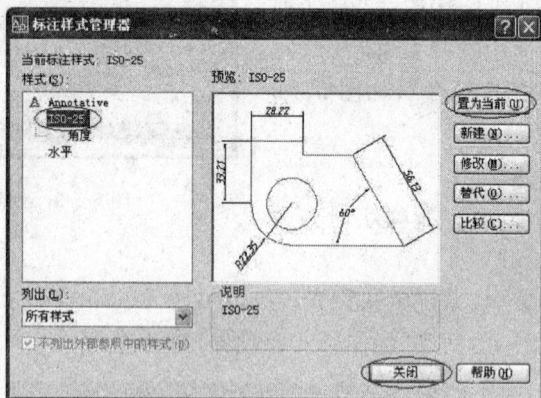

图 5-5-12

4. 标注尺寸

（1）标注主视图线性尺寸

1）在命令行输入命令：DLI，执行线性标注命令。

2）标注尺寸 24、10、40、22：捕捉尺寸的两个端点，在适当的位置放置尺寸即可。

3）标注 φ108、φ60 等 5 个直径尺寸：捕捉尺寸的两个端点，输入"m"，打开文本框，在尺寸数字前加上前缀 φ，单击"确定，关闭文本框，在适当的位置放置尺寸即可。结果如图 5-5-13所示。

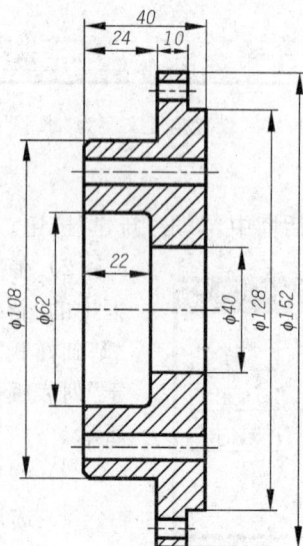

图 5-5-13　标注线性尺寸

> **注意**
>
> 标注尺寸时,按从上到下、从左到右、从里到外的原则进行标注。
>
> 放置尺寸文本位置时,注意控制各平行尺寸间的间距,要求尽量均匀一致。
>
> 尺寸标注应注意整齐,美观。如图5-5-13所示,尺寸24和10,应水平对齐。

(2) 标注主视图 R2

1) 在命令行输入命令:DRA,执行半径标注命令。

2) 选择要标注的圆弧,在适当的位置放置尺寸即可。

(3) 标注左视图角度尺寸 15°

1) 在命令行输入命令:DAN,执行角度标注命令。

2) 选择两条尺寸线,在适当的位置放置尺寸即可,如
图5-5-14所示。

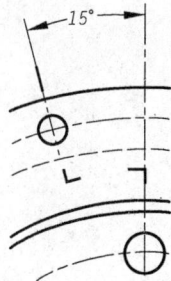

图 5-4-14 标注角度 15°

(4) 标注左视图各个直径尺寸

左视图4个直径尺寸文字均为水平,将标注样式样式切换
到"水平"样式,如图5-5-15所示。

1) 在命令行输入命令:DDI,执行直径标注命令。

2) 标注尺寸 $\phi 88$、$\phi 140$:选择要标注的圆弧,在适当的位置放置尺寸即可。

3) 标注尺寸 $4-\phi 8$、$6-\phi 6$:选择要标注的圆弧,输入"m",打开文本框,在尺寸数字前
加上前缀 4—(或 6—),单击"确定",关闭文本框,在适当的位置放置尺寸即可。

图 5-5-15 切换标注样式

5. 完成标注

完成标注后结果如图5-5-1所示。

习 题

5-1 如何修改尺寸标注文字和尺寸线箭头的大小?

5-2 要建立尺寸文字"$\phi 80 \pm 0.05$",下列四种输入方式中哪种是正确的?

(A) ％％O80％％U0.05　　　　　(B) ％％U80％％P0.05

(C) ％％C80％％P0.05　　　　　(D) ％％P80％％D0.05

5-3 打开附盘文件:"cx-5-3.dwg",标注该图样,结果如习题5-3图所示(技术要求
可先不标)。

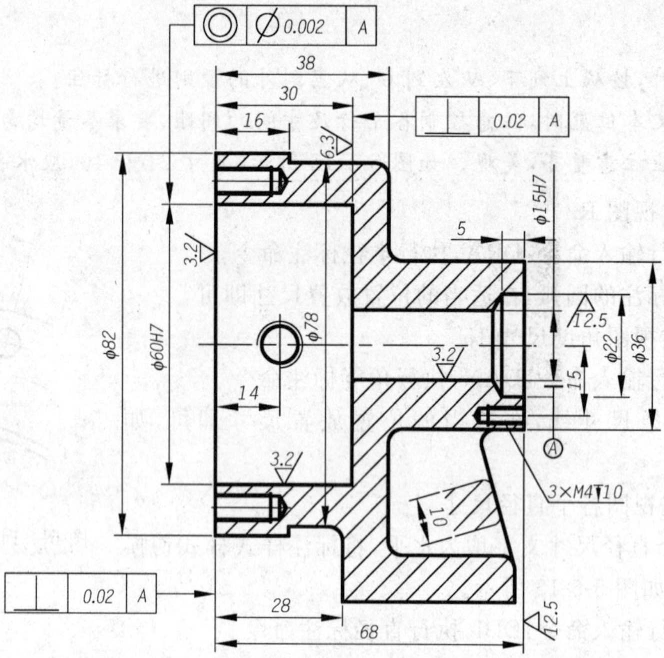

习题 5-3 图　标注尺寸

5-4　打开附盘文件："lx-5-4.dwg"，标注该图样，结果如习题 5-4 图所示（技术要求可先不标）。

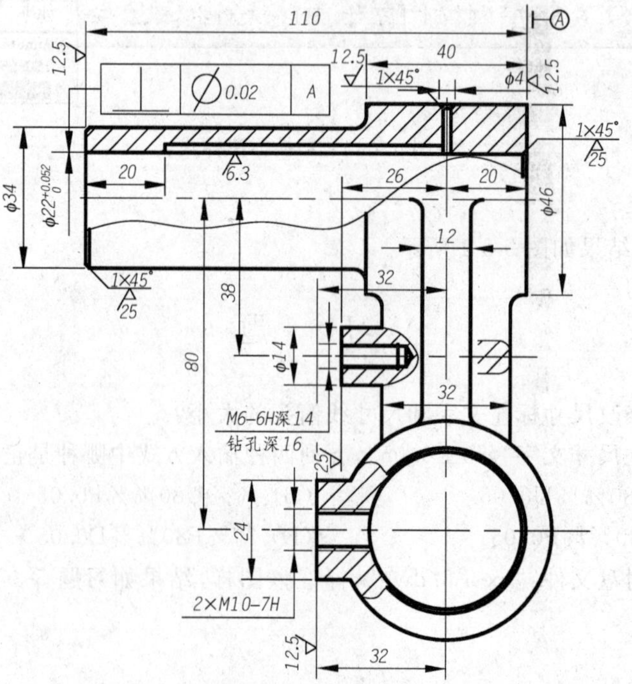

习题 5-4 图　标注尺寸

5-5　打开附盘文件:"lx-5-5.dwg",标注该图样,结果如习题 5-5 图所示(技术要求可先不标)。

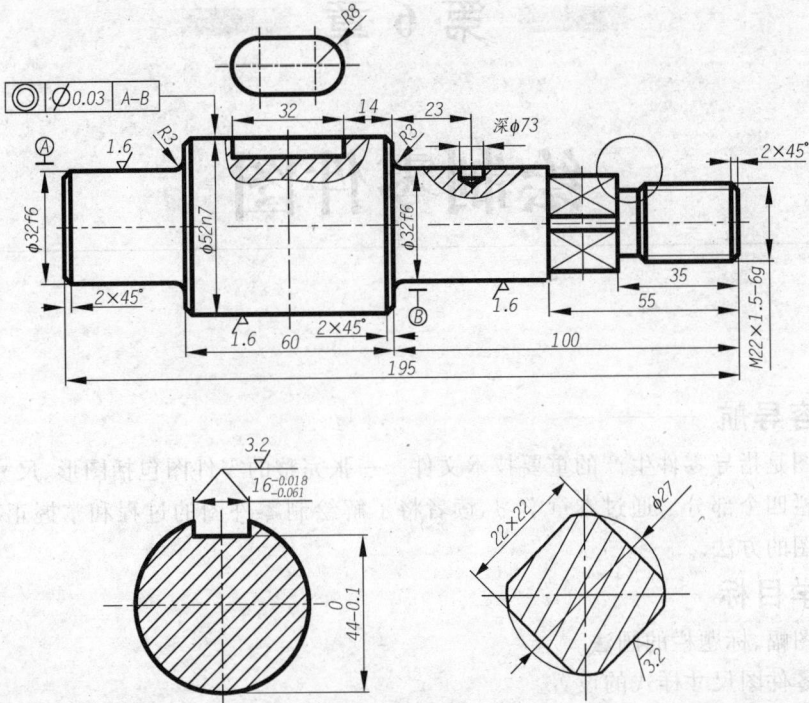

习题 5-5 图　标注尺寸

第 6 章

绘制零件图

—— **内容导航** ————————

零件图是指导零件生产的重要技术文件。一张完整的零件图包括图形、尺寸、技术要求和标题栏四个部分。通过本章学习,读者将了解绘制零件图的过程和掌握正确快速的抄画零件图的方法。

—— **教学目标** ————————

了解图幅、标题栏的画法。

理解零件图尺寸样式的设置。

掌握技术要求的注法。

掌握抄画零件图的过程与方法。

掌握书写文字的两种方式。

6.1　图纸幅面、标题栏和比例

为便于图样管理,图纸幅面的大小和格式必须遵循机械制图的有关规定,这里介绍 GB/T 14689—1993 中的规定。

6.1.1　图纸幅面及图框格式

1. 图纸幅面

图纸的幅面有基本幅面和加长幅面之分。

基本幅面有 5 种,代号如表 6-1-1 所示的 A0~A4。

表 6-1-1　基本幅面及图框尺寸

代号	$B \times L$	a	c	e
A0	841×1189			
A1	594×841		10	20
A2	420×594	25		
A3	297×420		5	10
A4	210×297			

加长幅面的尺寸为基本幅面的短边成整数倍增加。如 A3×3 的尺寸为：420×(297×3)＝420×891。一般情况下优先选用基本幅面。

2. 图框格式

图框的线型为粗实线。图框有两种格式。

(1) 留装订边

留装订边的图纸,其图框格式如图 6-1-1(a、b)所示。

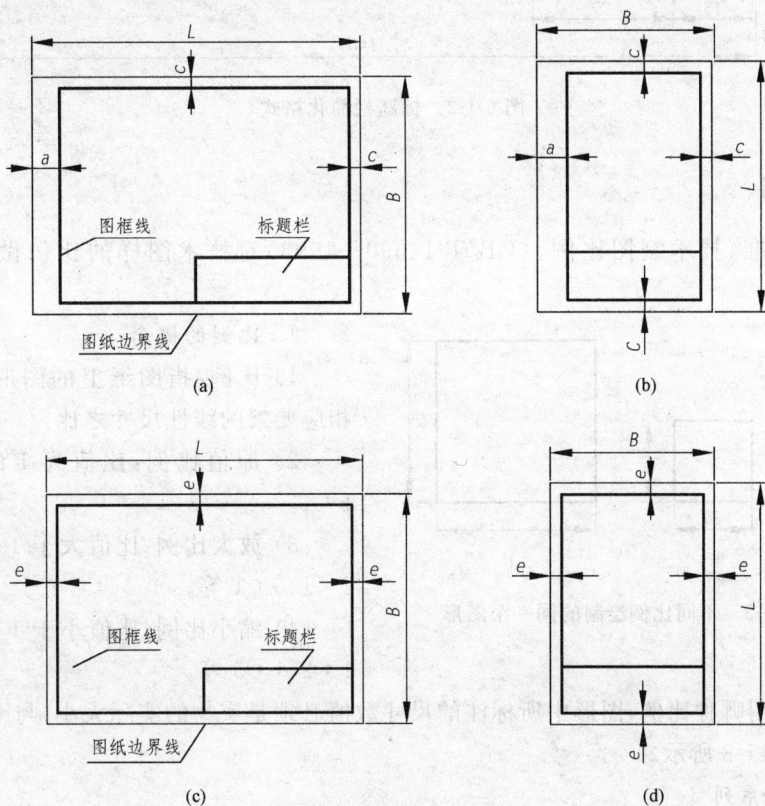

(a)

(b)

(c)

(d)

图 6-1-1　图框格式

(2) 不留装订边

不留装订边的图纸,其图框格式如图 6-1-1(c、d)所示。同一产品的图样应采用同一格式,图框的尺寸见表 6-1-1。

6.1.2　标题栏

标题栏指示看图的方向,位于图纸的右下角。国家标准对标题栏的基本内容、尺寸与格式作了明确的规定。在机械制图作业中,常采用图 6-1-2 所示的简化格式。

标题栏四周的线为粗实线,内部线为细实线。

标题栏中文字的字体为仿宋体,宽度因子 0.7。"零件名"、"单位"栏文字高度为 5,其余各栏文字高度为 3.5。

(零件名)		比例	数量	材料	图号
制图	(姓名)	(日期)		(单位)	
审核					

图 6-1-2　标题栏简化格式

6.1.3　比例

国家标准《技术制图比例》(GB/T 14690—1993)对技术图样的比例做了相关的规定。

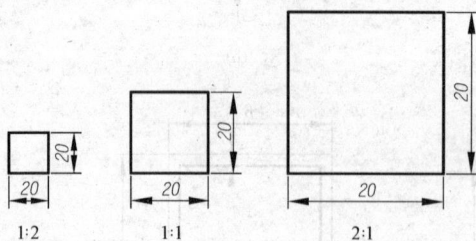

图 6-1-3　不同比例绘制的同一个图形

1. 比例的概念

1)比例:指图纸上的图形与其实物相应要素的线性尺寸之比。

2)原值比例:比值为 1 的比例,即 1∶1。

3)放大比例:比值大于 1 的比例,如 2∶1、5∶1 等。

4)缩小比例:比值小于 1 的比例,如 1∶2、1∶5 等。

不论采用哪种比例,图形中所标注的尺寸数值必须是实物的实际大小,与图形的比例无关,如图 6-1-3 所示。

2. 比例系列

绘制图样时,应优先采用表 6-1-2 中规定的比例系列。

表 6-1-2　比例系列(一)

种类	比例		
原值比例	1∶1		
放大比例	5∶1	2∶1	
	$5\times10^n∶1$	$2\times10^n∶1$	$1\times10^n∶1$
缩小比例	1∶2	1∶5	1∶10
	$1∶2\times10^n$	$1∶5\times10^n$	$1∶10\times10^n$

注:n 为正整数。

必要时,也允许选取表 6-1-3 中的比例。

表 6-1-3　比例系数(二)

种类	比例				
放大比例	$4:1$	$2.5:1$			
	$4\times10^n:1$	$2.5\times10^n:1$			
缩小比例	$1:1.5$	$1:2.5$	$1:3$	$1:4$	$1:6$
	$1:1.5\times10^n$	$1:2.5\times10^n$	$1:3\times10^n$	$1:4\times10^n$	$1:6\times10^n$

3. 选择比例的原则

1) 一般采用原值比例。

2) 当表达对象的尺寸较大时,采用缩小比例,但要保证复杂部位清晰可读。

3) 当表达对象的尺寸较小时,采用放大比例,使各部位清晰可读。

4) 尽量优先选用表 6-1-2 中的比例,由表达对象的特点,必要时才选用表 6-1-3 中的比例。

5) 应结合图纸幅面的尺寸选择比例,综合考虑最佳的表达效果和图面的整体美感。

6.1.4　图幅、标题栏绘制

按留装订边的格式绘制 A3 幅面和标题栏,步骤如下所述。

1) 用"rec"命令画出图纸边界线(420×297),如图 6-1-4 所示。

2) 用"o"命令画出图框线($c=5$),如图 6-1-5 所示。

图 6-1-4　画图纸边界线

图 6-1-5　画图框线

3) 用"x"、"o"、"tr"命令画出左边图框线($a=25$),如图 6-1-6 所示。

4) 用"rec"命令画出标题栏的边界线,如图 6-1-7 所示。

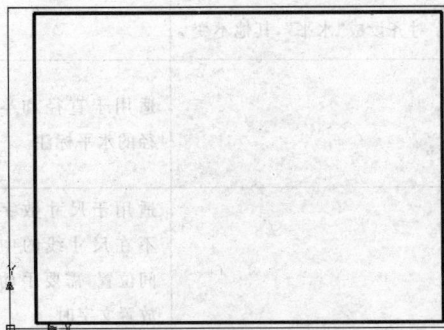

图 6-1-6　画左边图框线

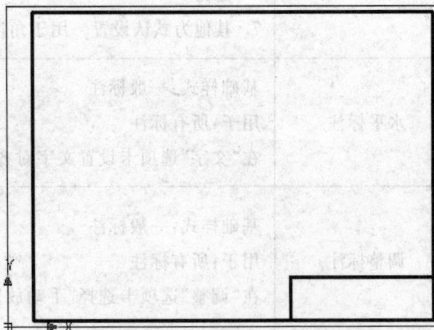

图 6-1-7　画标题栏边界线

5）用"x"、"o"、"tr"命令画出标题栏里面分隔线，如图 6-1-8 所示。

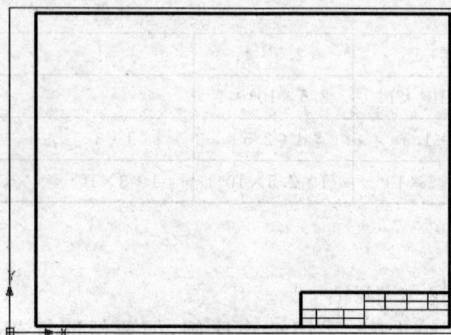

图 6-1-8　画标题栏分隔线

6.2　设置零件图尺寸标注样式

　　零件图上的尺寸比平面图形的尺寸复杂，通常需要创建多个尺寸标注样式以满足不同标注的需要。根据经验，只需创建如下三种样式即可满足一般零件图的标注需要，如表 6-2-1 所示。

表 6-2-1　标注样式

样式名	需要进行的设置	适用范围
基础样式：一般标注 └─角度	1. 尺寸界线超出尺寸线 1.8 2. 尺寸箭头大小：2（≥6d，d 为粗实线宽度），根据尺寸数字的大小可适当调整 3. 文字样式：字体：gbeitc.shx 　　　　　使用大字体：gbcbig.shx 　　　　　字高：3.5（根据零件图的大小按字号标准选择合适的字号） 4. 文字对齐：与尺寸线对齐 5. "调整"：选择"箭头"或"文字"项进行调整 6. 主单位中的比例因子：根据零件图设置。如图形的比例为 1∶2 则此处为 2 7. 其他为默认设置。用于角度标注：将文字对齐设成"水平"，其他不变	适用于一般的尺寸标注，包括线性尺寸、角度尺寸、直径和半径的标注，尺寸数字与尺寸线对齐
水平标注	基础样式：一般标注 用于：所有标注 在"文字"选项卡设置文字对齐方式为"水平"	适用于直径和半径的水平标注
调整标注	基础样式：一般标注 用于：所有标注 在"调整"选项卡选择"手动放置文字"项	适用于尺寸数字不在尺寸线的中间位置，需要手动放置文字时

6.3 表面粗糙度的标注

表面粗糙度是零件的技术要求。它描述的是零件表面的微观不平度。通过本次学习,了解表面粗糙度常见符号、代号,掌握其标注方法。

6.3.1 表面粗糙度符号、代号

国标 GB/T131—1993 规定了零件表面粗糙度符号、代号,常用的表面粗糙度符号、代号见表 6-3-1 所示。

表 6-3-1 表面粗糙度符号和代号

符号	说明	代号	意义
√	基本符号,表示表面可用任何方法获得	3.2√	用任何方法获得的表面粗糙度。R_a 上限值为 3.2μm
√	表示表面是用去除材料的方法获得,如车、铣、刨、磨等	3.2√	用去除材料的方法获得的表面粗糙度。R_a 上限值为 3.2μm
√	表示表面是用不去除材料的方法获得,如铸造、锻造等	3.2√	用不去除材料的方法获得的表面粗糙度。R_a 上限值为 3.2μm

6.3.2 表面粗糙度标注要求

1) 表面粗糙度一般注写在可见轮廓线、尺寸线、引出线或它们的延长线上。

2) 符号的尖端必须从材料外指向表面,同时保证代号中的数字方向与尺寸数字方向一致(向上或向左)。

3) 当零件的大部分表面具有相同的表面粗糙度时,对其中使用最多的一种代号可以统一注写在图样的右上角,并加注"其余"两字,如"其余 12.5√"。

4) 当零件所有表面具有相同的表面粗糙度要求时,其代号可在图样的右上角统一标注。如 6.3√,表示零件上所有表面的粗糙度要求均为 6.3μm。

6.3.3 AutoCAD 中表面粗糙度标注方法

在 AutoCAD 中用创建带属性的块来标注表面粗糙度。

1. 功能

同一符号,不同数值的表面粗糙度可用带属性的块来进行快速标注。

2. 命令的调用

(1) 定义属性

命令行:ATTDEF(缩写:ATT)。

菜单:绘图→块→定义属性。

（2）创建块

命令行:BLOCK(缩写:B)。

菜单:绘图→块→创建。

图标:"绘图"工具栏 ▫。

（3）插入块

命令行:INSERT(缩写:I)。

菜单:插入→块。

图标:"绘图"工具栏 ▫。

3. 说明

进行创建块前,先画出表面粗糙度的符号,然后定义属性,最后创建块。

4. 创建带属性的块

下面介绍创建带属性的块的具体步骤:

1）绘制表面粗糙度符号 ⁄（边长尺寸与尺寸数字的高度相当）。

2）定义属性。

命令:att↙

执行后打开对话框,进行设置,如图 6-3-1 所示。

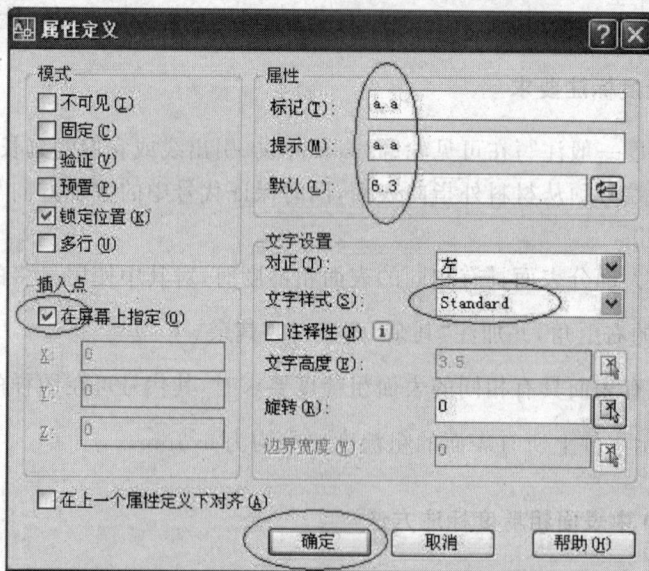

图 6-3-1　属性定义

单击"确定",将"A. A"放在表面粗糙度符号上方恰当的位置（可用移动命令调整）,如图 6-3-2 所示。

3）创建块。

命令:b↙

执行命令后打开如图 6-3-3(a)所示对话框。

图 6-3-2　表面粗糙度代号

① 在"名称"窗口输入新块的名称:1。

② 在"基点"选项处,单击"拾取点"按钮▣,在屏幕上选择符号的尖点作为基点,如图 6-3-4 所示。

③ 在"对象"选项处,单击"选择对象"按钮▣,在屏幕上选取 $\overline{A.A}$。

单击"确定",出现图 6-3-5。

(a)   (b)

图 6-3-3   块定义

图 6-3-4   选择基点

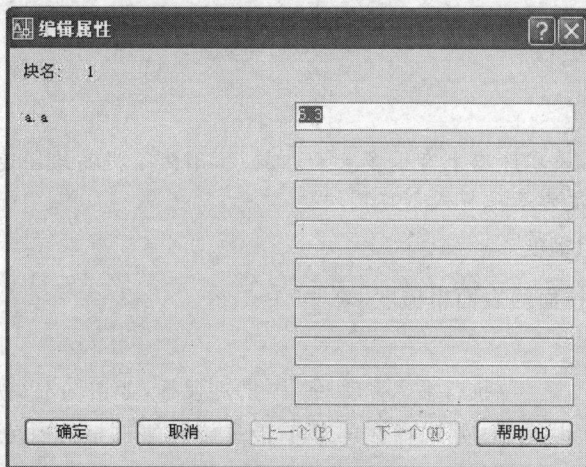

图 6-3-5   编辑属性对话框

单击"确定"即可生成块 1,如图 6-3-6。

按同样的方法创建块 2,如图 6-3-7 所示。

图 6-3-6 块"1" 　　　　　　　　图 6-3-7 块"2"

5. 应用

【例 6-1】 打开附盘文件"6-1.dwg",在图中标注表面粗糙度,结果如图 6-3-8 所示。

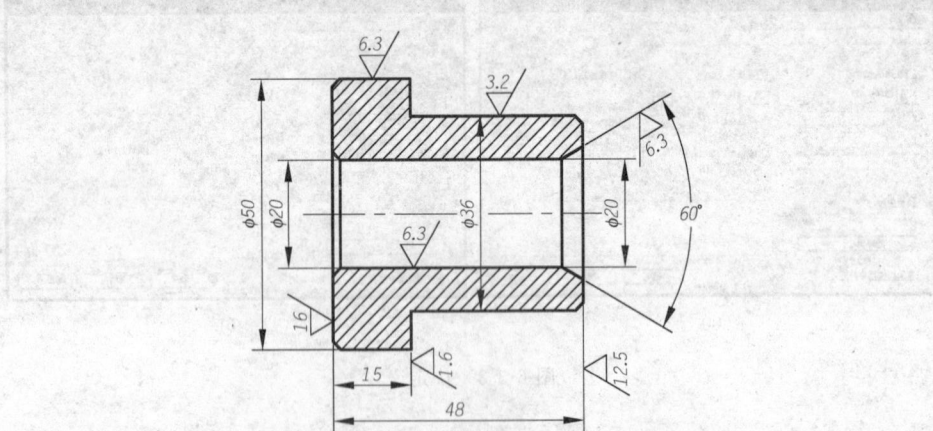

图 6-3-8 标注表面粗糙度

解:

(1) 创建表面粗糙度图块

表面粗糙度属于技术要求。创建块时,将"文字与其他层"置为当前。

分析:分析图上表面粗糙度符号的种类和特点。图 6-3-8 的表面粗糙度符号有两类形式,即 $\frac{A.A}{\bigtriangledown}$ 和 $\bigtriangleup_{A.A}$。用上面讲述的方法创建如下两种图块:块"1": $\frac{6.3}{\bigtriangledown}$;块"2": $\bigtriangleup_{6.3}$。

❧ 注意

　　在创建块时,如果零件图上有很多表面粗糙度,则为了提高绘图速度,可以取图中相对最多的表面粗糙度为基础样式创建图块。

(2) 标注表面粗糙度

1) 标注 $\phi50$ 圆柱面的表面粗糙度 $\frac{6.3}{\bigtriangledown}$。

命令:_insert 　　　//执行插入块命令,弹出对话框,如图 6-3-9 所示

在对话框中选择块名:1,并选择在屏幕上指定旋转复选框"☑ 在屏幕上指定(C)"。按"确定"按钮,继续块插入命令:

指定插入点或[基点(B)/比例(S)/ 　　//指定表面粗糙度插入点位置,在 $\phi50$ 圆

X/Y/Z/旋转(R)]: 　　　　　　　　 柱面适当位置单击

指定旋转角度 <0>:↙ 　　　　　//指定表面粗糙度方向,按 [Enter] 键确定方向为 0°

输入属性值

A. A〈6.3〉：✓   //输入数值，按 Enter 键接受缺省值6.3

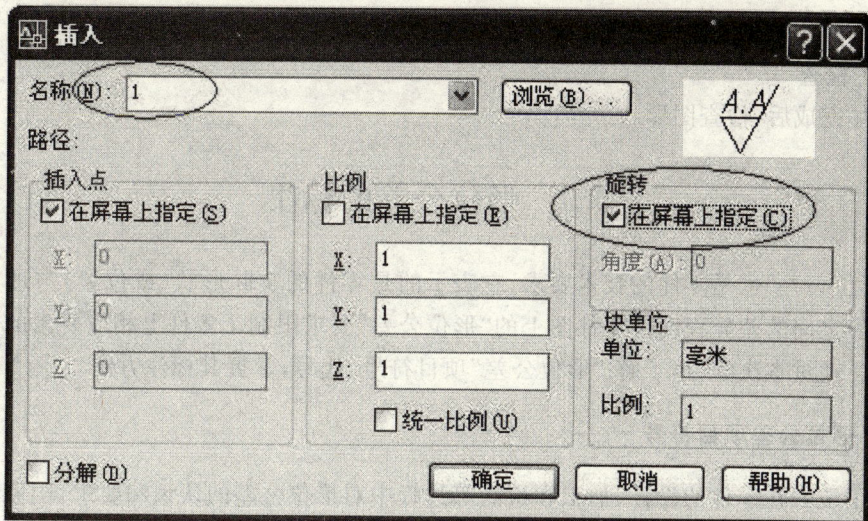

图6-3-9　插入对话框

2）标注左端面的表面粗糙度 $\overset{1.6}{\triangledown}$。

命令：_insert
指定插入点或［基点（B）/比例（S）/
X/Y/Z/旋转（R）］：   //在左端面适当位置单击
指定旋转角度＜0＞：   //光标向上指引，确定方向为90°
输入属性值

A. A〈6.3〉：1.6✓   //输入数值1.6，按 Enter 键确定

3）标注右端面的表面粗糙度 $\overset{12.5}{\triangledown}$。

命令：_insert   //在弹出的对话框中选择块名：2
指定插入点或［基点（B）/比例（S）/   //在尺寸48的右边尺寸界线适当位置
X/Y/Z/旋转（R）］：   单击
指定旋转角度〈0〉：   //光标向上指引，确定方向为90°
输入属性值

A. A〈6.3〉：12.5✓   //输入数值12.5，按 Enter 键确定

4）标注60°锥面的表面粗糙度 $\overset{6.3}{\triangledown}$。

命令：_insert
指定插入点或［基点（B）/比例（S）/
X/Y/Z/旋转（R）］：   //在尺寸60°上边尺寸界线适当位置单击
指定旋转角度〈0〉：   //光标向60°方向指引，确定方向为60°

输入属性值

A. A⟨6.3⟩: ↙   //按 Enter 键接受缺省值 6.3

剩下的几个表面粗糙度请读者按上述方法自行练习。

(3) 检查

标注完成后,检查图形。

6.4　形位公差的标注

"形位公差"也是零件的技术要求,它表示的是零件的实际形状(或位置)与理想形状(或位置)之间的差异程度。零件图上的"形位公差"要求限制了零件上相应要素的允许变动范围。通过本次学习,了解"形位公差"项目符号、代号,掌握其标注方法。

6.4.1　形位公差项目符号

为了统一在零件的设计、加工和检测等过程中对形位公差的认识和要求,国家规定了形位公差标准。这里介绍 GB/T 1182—1996 的相关内容。

标准规定形状和位置公差共有 14 个项目。其中,形状公差 4 个项目,形状或位置公差 2 个项目,位置公差 8 个项目。各项目的名称和符号如表 6-4-1 所示。

表 6-4-1　形位公差项目符号

公差		项目名称	符号	基准要求
形状	形状	直线度	——	无
		平面度	▱	无
		圆度	○	无
		圆柱度	⌀	无
形状或位置	轮廓	线轮廓度	⌒	有或无
		面轮廓度	⌓	有或无
位置	定向	平行度	//	有
		垂直度	⊥	有
		倾斜度	∠	有
	定位	位置度	⊕	有或无
		同轴度	◎	有
		对称度	=	有
	跳动	圆跳动	↗	有
		全跳动	↗↗	有

6.4.2　形位公差代号

1. 形位公差代号

由指引线、框格、形位公差项目符号、形位公差值、基准字母和其他符号组成。如图 6-4-1 所示。

2. 基准符号

对有位置公差要求的零件,在图样上必须标明基准。基准符号由粗的短横线、圆圈、连线和基准字母组成。如图 6-4-2 所示。

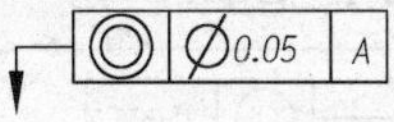

图 6-4-1　形位公差代号

图 6-4-2　基准符号

无论基准符号在图样中的方向如何,圆圈内的字母都应水平书写。为了避免误解,基准字母不得采用 E、I、J、M、O、P、L、R、F。当字母不够用时可加脚注,如 A1、A2 等。

6.4.3　形位公差的标注要求

形位公差的标准要求如表 6-4-2 所示。

表 6-4-2　形位公差的标注

项目	示意图	
被测要素为轮廓要素时	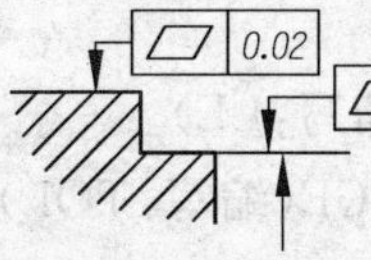 指向轮廓线或其延长线,与尺寸线错开	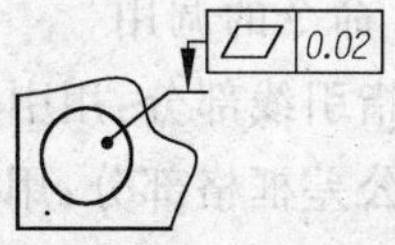 投影为面时,用带"点"的参考线引出
基准要素为轮廓要素时	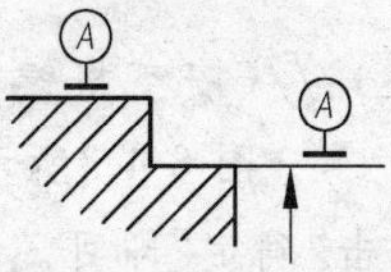 置于轮廓线或其延长线上方,与尺寸线错开	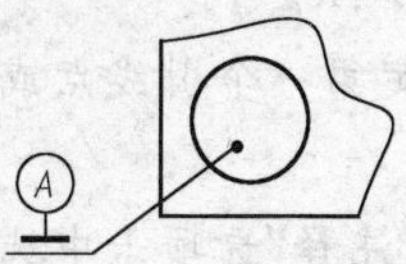 投影为面时,用带"点"的参考线引出
被测要素为中心要素时	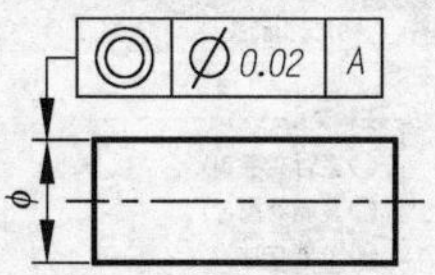 指引线与尺寸线对齐	
基准要素为中心要素时	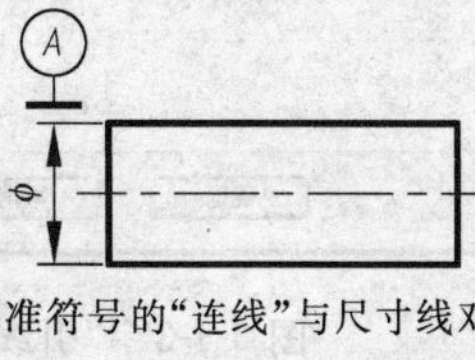 基准符号的"连线"与尺寸线对齐	

项目	示意图
同一被测要素不同形位公差	检测方向一致的可一起标注
不同被测要素相同形位公差	可合并标注

其他的标注要求可查阅有关书籍。

6.4.4 形位公差在 AutoCAD 中的标注方法

1. 形位公差代号的标注

在 AutoCAD 中，形位公差代号的标注有对应的命令。

(1) 命令的调用

1) 指引线部分：用引线命令 QLEADER(缩写：LE)。

2) 公差框格部分：用公差命令 TOLERANCE(缩写：TOL)。

操作时，可将两者连起来，方法如下所述。

命令：le↙；

指定第一个引线点或［设置(S)］〈设置〉：//（按空格键，打开"引线"设置对话框，如
图 6-4-3 所示

在"注释"选项卡中选择"公差"选项，单击"确定"即可。

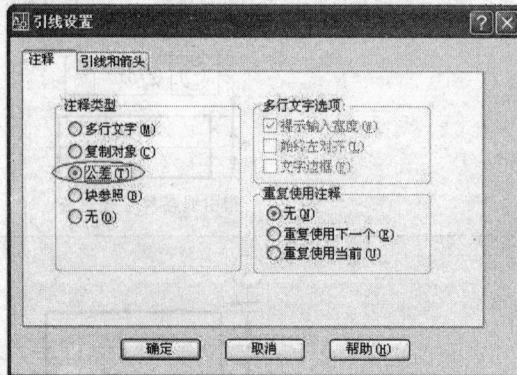

图 6-4-3 "引线设置"对话框

（2）说明

1）点数：在"引线设置"对话框的"引线和箭头"选项中，可设置公差引线的转折数，如图 6-4-4 所示。

图 6-4-5 所示公差引线转折数为 3，图 6-4-6 所示公差引线转折数为 2。

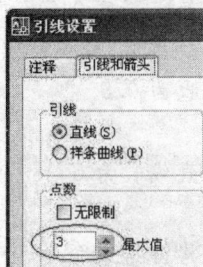

图 6-4-4 引线设置

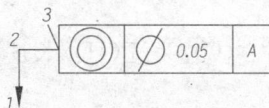

图 6-4-5 点数为 3

图 6-4-6 点数为 2

2）公差框格。"形位公差"对话框如图 6-4-7 所示。

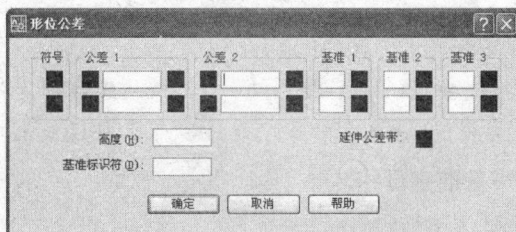

图 6-4-7 "形位公差"对话框

"符号"选项组：单击"符号"下方的黑框格，打开图 6-4-8 所示的"特征符号"对话框，在该对话框里选择需要的形位公差项目符号。

图 6-4-8 特征符号

"公差 1"、"公差 2"选项组：在中间的白色文本框中输入公差值，当公差值有符号"∅"时，点击前面的黑框格。当公差值后有附加条件时，点击后面的黑框格，打开图 6-4-9 所示的"附加符号"对话框，选择相应的符号。如果只有一个公差，则填一项即可。

图 6-4-9 附加符号

"基准 1"、"基准 2"、"基准 3"选项组：有基准的公差，在白色文本框输入基准字母。当有附加条件时，点击后面的黑框格，也将打开图 6-4-9 所示的"附加符号"对话框。

2. 基准符号的标注

基准符号的标注没有对应的命令，只能自己绘制。不过，当图形当中有多个基准符号时，可以采用复制或创建带属性的块的方法来标注。

绘制基准符号过程如下所述。

（1）用"PL"命令绘制短横线：—

命令：pl↙

指定起点：（在屏幕上单击一点）   //在屏幕上指定起点

当前线宽为 0.0000

指定下一个点或［圆弧(A)/半宽(H)/长度(L)/

放弃(U)/宽度(W)］:w↙   //设置宽度

指定起点宽度〈0.0000〉: 0.5↙   //设置起点宽度 0.5

指定端点宽度〈0.5000〉:↙   //接受缺省值,设置端点

                                           宽度也为 0.5

指定下一个点或［圆弧(A)/半宽(H)/长度(L)/

放弃(U)/宽度(W)］:5↙   //输入直线长为 5

指定下一点或［圆弧(A)/闭合(C)/半宽(H)/长度(L)/

放弃(U)/宽度(W)］:↙   //按空格键结束命令

(2) 用"L"命令绘制连线:⊥

从短横线的中点处向上画 2.5 长,具体命令略。

(3) 用"C"和"自动追踪"命令绘制圆圈:

命令:c↙

CIRCLE 指定圆的圆心或［三点(3P)/

两点(2P)/相切、相切、半径(T)］: 2.5   //从连线的上端点向上追踪 2.5

指定圆的半径或［直径(D)〈2.5000〉:   //点取连线上端点

(4) 用"T"命令书写基准字母:

命令:t↙

MTEXT 当前文字样式："Standard" 文字高度: 5 注释性: 否

指定第一角点: //在"1"处单击

指定对角点或［高度(H)/对正(J)/行距(L)/旋转(R)/

样式(S)/宽度(W)/栏(C)］:   //在"2"处单击

,打开书写文字对话框,输入"A"。利用移动命令调整到合适的位置

3. 应用

打开附盘文件"6-2.dwg",在图中标注形位公差,如图 6-4-10 所示,具体步骤略。

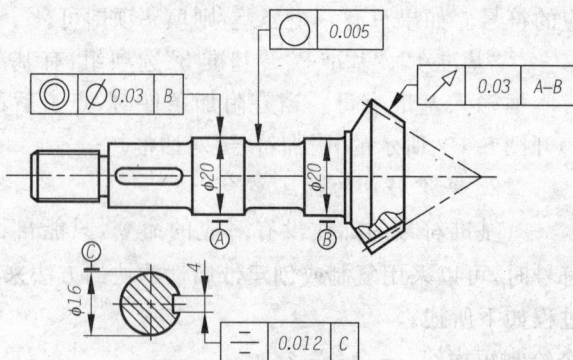

图 6-4-10 标注形位公差

6.5　书写文字

图样上,除了绘制机件的图形、标注尺寸外,还要用文字填写标题栏、技术要求等。规范文字样式会使图纸显得清晰整洁。在 AutoCAD 中,有两类文字对象,一为单行文本,二为多行文本。通过本次学习,读者将掌握两种文字的注写方法。

6.5.1　国标对"文字"的相关要求

国标 GB/T 14691-1993 对文字做了如下规定。

1）文字间隔均匀、排列整齐。

2）字体高度代表字体的号数,它的公称尺寸系列为:3.5、5、7、10、14、20mm,若需要写更大的字则按 $\sqrt{2}$ 的比率递增。文字高度不小于 3.5mm。

3）文字字体为长仿宋体,并应使用国家推行的简化字。

4）在同一图样上,只允许选用同一字体。

6.5.2　创建文字样式

1. 功能

控制与文本连接的字体文件、字符宽度、文字倾斜角度及高度等项目。此外,还可以通过文字样式设计出相反的、颠倒的以及竖直方向的文本。

2. 命令的调用

命令行:STYLE(缩写:ST)。

菜单:格式→文字样式。

图标:"样式"工具栏 ![图标]。

执行命令后打开"文字样式"对话框,如图 6-5-1 所示。

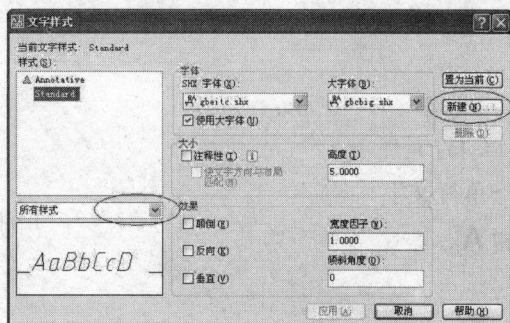

图 6-5-1　"文字样式"对话框

3. 说明

"样式"列表框:根据下拉菜单的控制方式 ![下拉菜单],显示所有样式或正在使用的样式。系统默认的文字样式为 Standard。

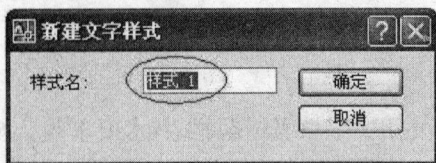

图 6-5-2 "新建文字样式"对话框

"置为当前"按钮:选择样式列表中的某个样式,单击该按钮,将选中的样式设置为当前的样式。

"新建"按钮:单击该按钮,打开"新建文字样式"对话框,如图 6-5-2 所示。

在"样式名"文本框中输入新样式名:如"文字",单击"确定"即可创建新的文字样式。

"字体"设置区:设置文字的字体。

"大小"设置区:设置文字的高度。

"效果"设置区:可设置文字的颠倒、反向、倾斜等效果。

🌸 **注意**

在机械制图中,文字的字体为长仿宋体。字宽为字高的 0.7 倍,宽度因子设为 0.7 即可,如图 6-5-3 所示。

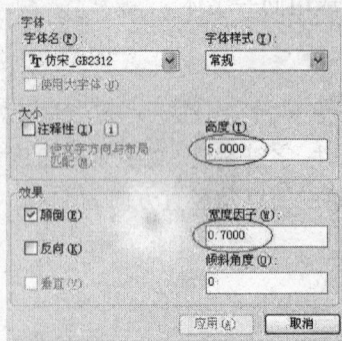

图 6-5-3 "文字"样式设置

6.5.3 在 AutoCAD 中书写文字

1. 单行文本

(1) 命令的调用

命令行:TEXT(缩写:DT)。

菜单:绘图→文字→单行文字。

图标:"绘图"工具栏 **AI**。

(2) 格式与示例

命令: _dtext

当前文字样式:"文字";文字高度:5.0000;注释性:否

指定文字的起点或[对正(J)/样式(S)]://拾取 A 点作为起始位置,如图 6-5-4 所示

指定文字的旋转角度 <0>: //输入文字倾斜角或按 Enter 键接受缺省值

在绘图区输入文字:AutoCAD—单行文字

可移动光标到其他区域单击以指定下一处文字的起点,或按 Enter 键结束文字书写。

结果如图 6-5-4 所示。

A — AutoCAD2008--单行文字

图 6-5-4 创建单行文本

（3）说明

系统变量 DTEXTED 决定了执行单行文字命令时，能否一次在多个地方书写文字。默认的系统变量 DTEXTED 的值为 1，若 DTEXTED 的值为 0，则表示一次只能在一个位置输入文字。

2. 多行文本

（1）命令的调用

命令行：MTEXT（缩写：T）。

菜单：绘图→文字→多行文字。

图标："绘图"工具栏 **A**。

（2）格式与示例

命令：_mtext

当前文字样式："文字"；文字高度：5；注释性：否

指定第一角点： //在 A 点处单击，如图 6-5-6 所示

指定对角点或[高度(H)/对正(J)/行距(L)/

旋转(R)/样式(S)/宽度(W)/栏(C)]： //在 B 点处单击

AutoCAD 弹出"多行文字编辑器"，输入文字，并选择"正中"对齐方式，如图 6-5-5 所示。单击"确定"按钮，结果如图 6-5-6 所示。

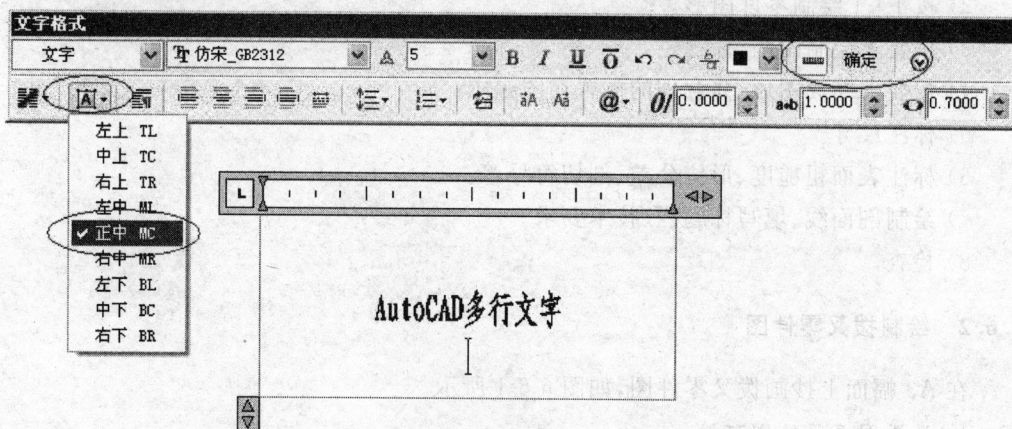

图 6-5-5 输入多行文字

A

AutoCAD--多行文字

B

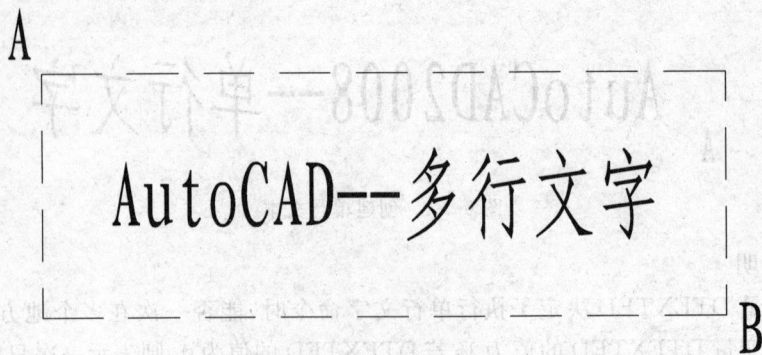

图 6-5-6　创建多行文本

> **注意**
>
> 　　一般的，一些比较简短的文字，如零件图上的剖切位置的字母符号、标记(A、B、A-A、B-B 等)，向视图的字母符号、标记(A、B、A 向、B 向等)，常采用单行文字书写。而带有段落格式的信息，如标题栏信息、技术要求等，常采用多行文字书写。

6.6　绘制拨叉零件图

通过本次学习，了解绘制完整零件图的步骤。

6.6.1　绘制零件图步骤

1)设置图层等绘图环境。

2)按 1∶1 绘制零件图形。

3)按要求绘制图幅、标题栏。

4)按要求缩放图形，并合理的放置在图幅中。

5)标注尺寸。

6)标注表面粗糙度、形位公差、剖切符号等。

7)绘制剖面线、填写标题栏、技术要求。

8)检查。

6.6.2　绘制拨叉零件图

在 A3 幅面上抄画拨叉零件图，如图 6-6-1 所示。

1. 设置图层等绘图环境

1)设置 7 个图层，如图 6-6-2 所示。

2)设置极轴追踪角度，如图 6-6-3 所示。

3)设置对象捕捉，如图 6-6-4 所示。

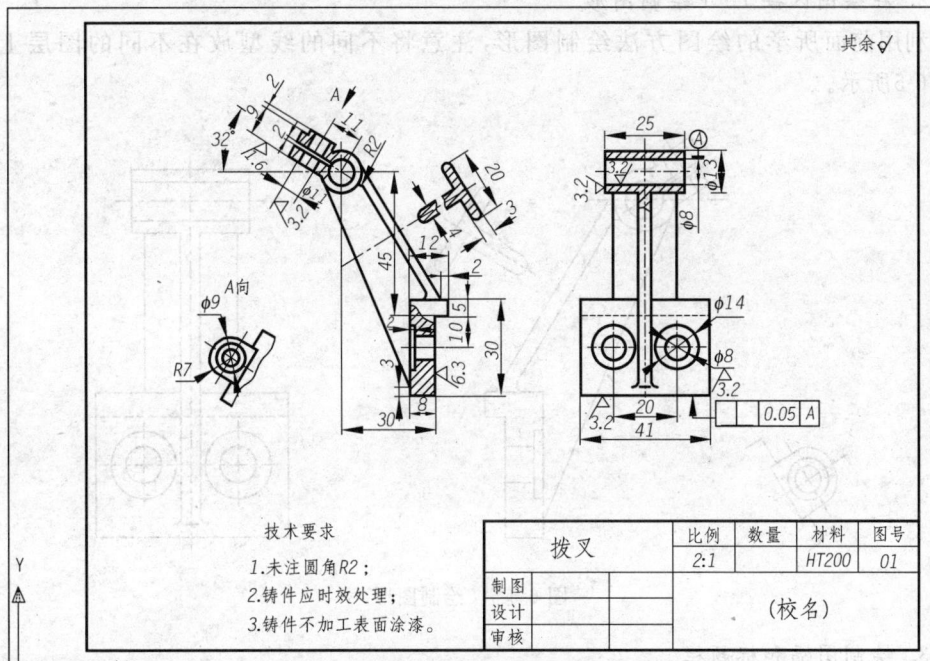

图 6-6-1　拨叉零件图

技术要求

1.未注圆角R2;

2.铸件应时效处理;

3.铸件不加工表面涂漆。

拨叉		比例	数量	材料	图号
		2:1		HT200	01
制图					
设计				(校名)	
审核					

图 6-6-2　设置图层

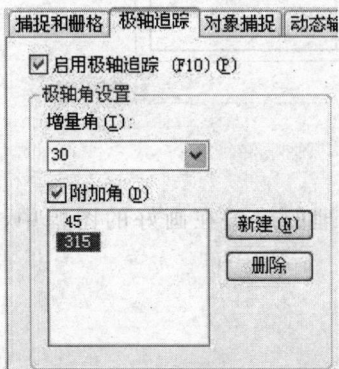

图 6-6-3　设置极轴追踪角度

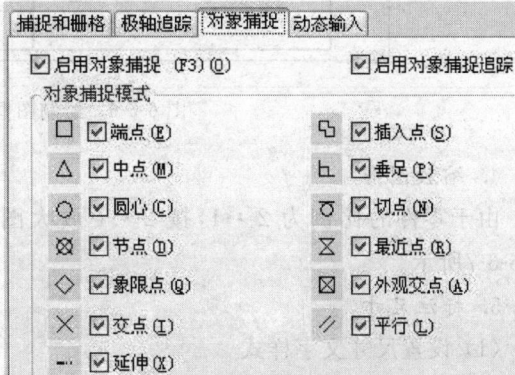

图 6-6-4　设置对象捕捉

2. 在绘图区按 1：1 绘制图形

利用前面所学的绘图方法绘制图形，注意将不同的线型放在不同的图层上，如图 6-6-5 所示。

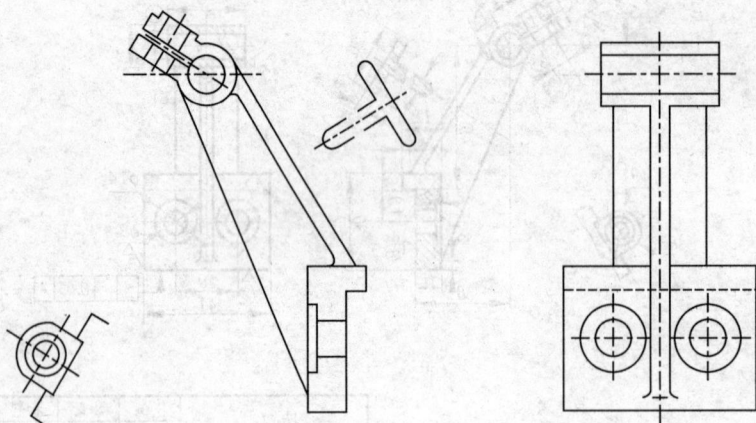

图 6-6-5　绘制图形

3. 绘制图幅和标题栏

绘制 A3 图框和标题栏，如图 6-6-6 所示 [A3(420,297)，$a=25$，$c=5$]。

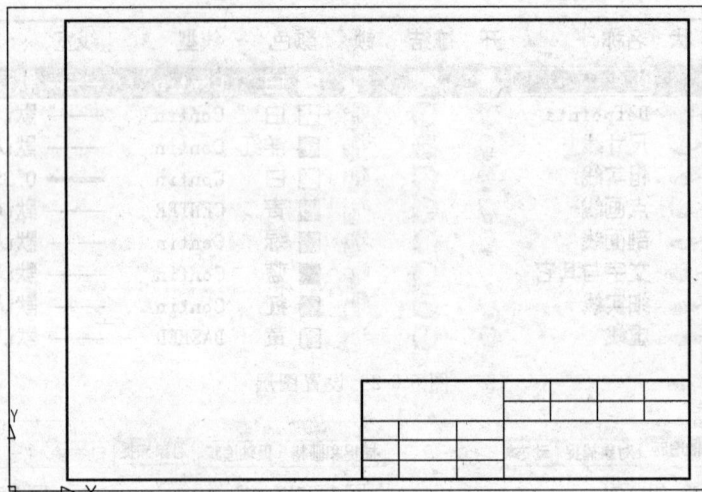

图 6-6-6　绘制图框和标题栏

4. 缩放图形

由于零件的比例为 2：1，按 2：1 放大图形，并合理的放置在画好的图幅中，如图 6-6-7 所示。

5. 标注尺寸

（1）设置尺寸文字样式

尺寸文字样式如图 6-6-8 所示。

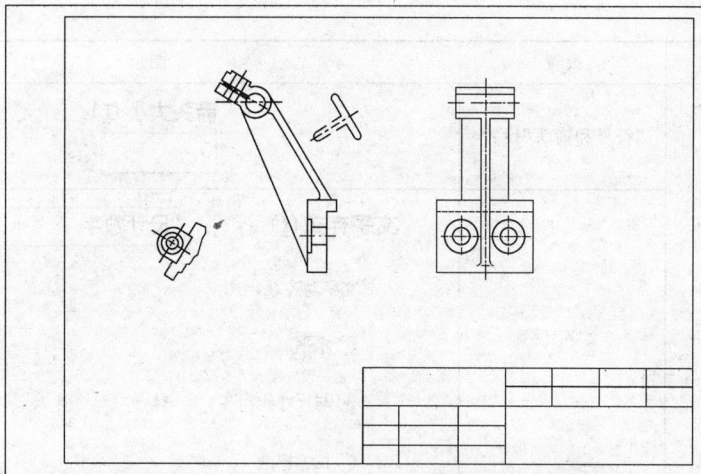

图 6-6-7 合理放置图形

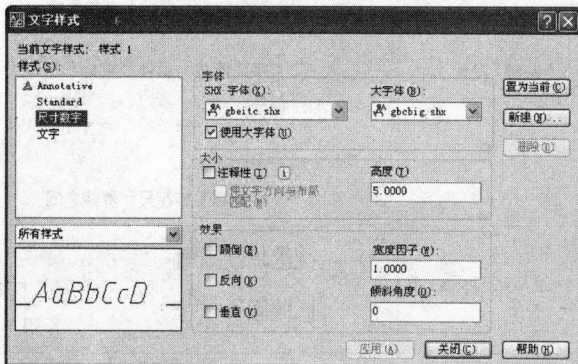

图 6-6-8 尺寸文字样式

样式名:尺寸数字。

字体:gbeitc. shx。

高度:5。

宽度因子:1。

(2) 设置尺寸标注样式(见表 6-6-1)

表 6-6-1 尺寸标注样式

标注	设置	图示
一般标注	"线"设置	超出尺寸线(X): 1.8 起点偏移量(F): 0.8

标注	设置	图示
一般标注	"符号和箭头"设置	 箭头大小(I): 3
	"文字"设置	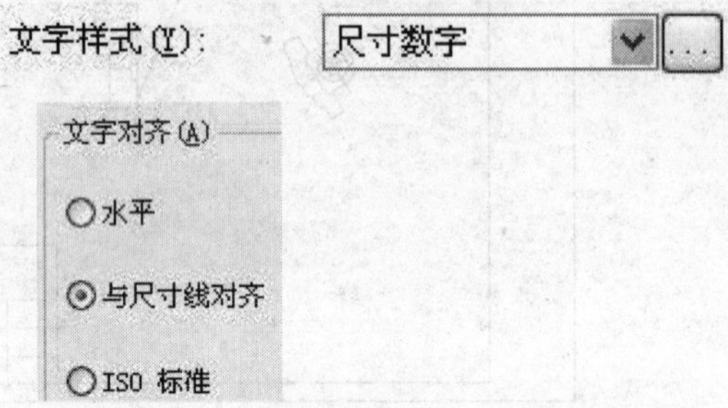 文字样式(Y): 尺寸数字　　文字对齐(A): ○水平 ◉与尺寸线对齐 ○ISO 标准
	"调整"设置	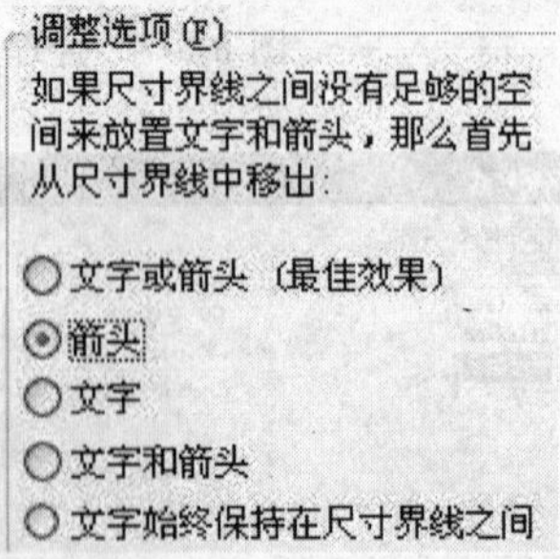 调整选项(F) 如果尺寸界线之间没有足够的空间来放置文字和箭头，那么首先从尺寸界线中移出: ○文字或箭头（最佳效果） ◉箭头 ○文字 ○文字和箭头 ○文字始终保持在尺寸界线之间
	"主单位"设置	测量单位比例 比例因子(E): 0.5
一般标注之角度标注	"文字"设置	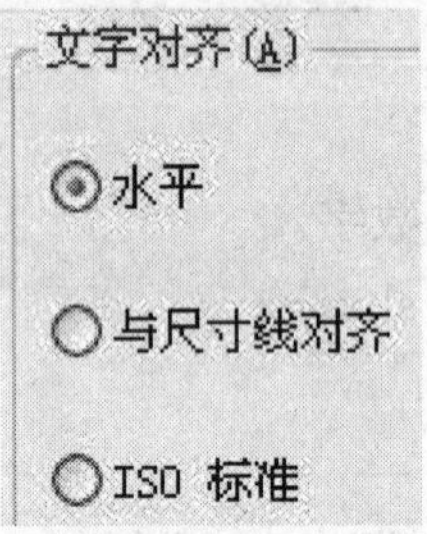 文字对齐(A) ◉水平 ○与尺寸线对齐 ○ISO 标准
水平标注	"文字"设置	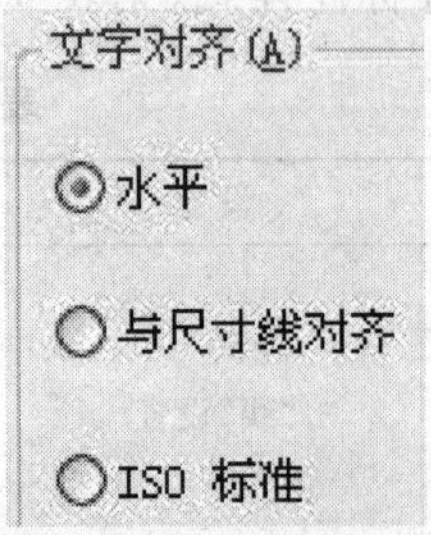 文字对齐(A) ◉水平 ○与尺寸线对齐 ○ISO 标准
调整标注	"调整"设置	 优化(T) ☑手动放置文字(P)

（3）标注尺寸

标注、编辑尺寸如图 6-6-9 所示。

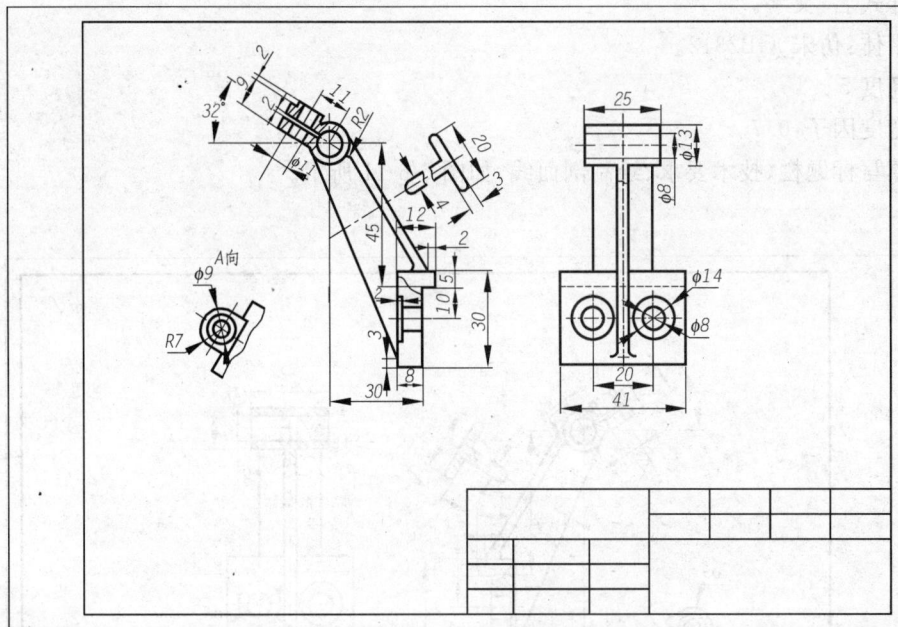

图 6-6-9　编辑尺寸

6. 标注表面粗糙度、形位公差、剖切符号

标注表面粗糙度、形位公差、剖切符号如图 6-6-10 所示。

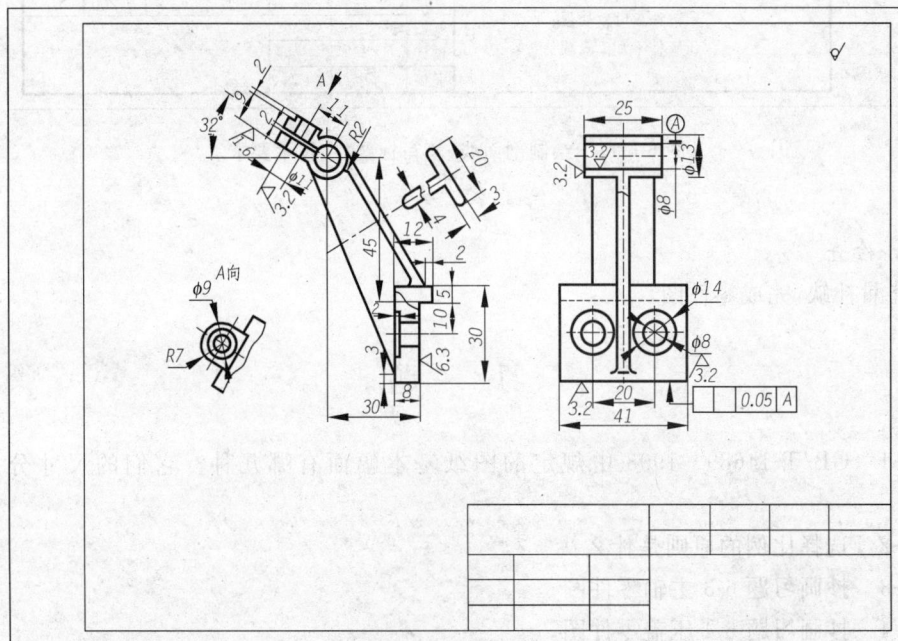

图 6-6-10　标注表面粗糙度、形位公差和剖切符号

7. 绘制剖面线、填写标题栏、技术要求

设置文字样式。

样式名:文字。

字体:仿宋_GB2312。

高度 5。

宽度因子:0.7。

填写标题栏、技术要求、绘制剖面线,如图 6-6-11 所示。

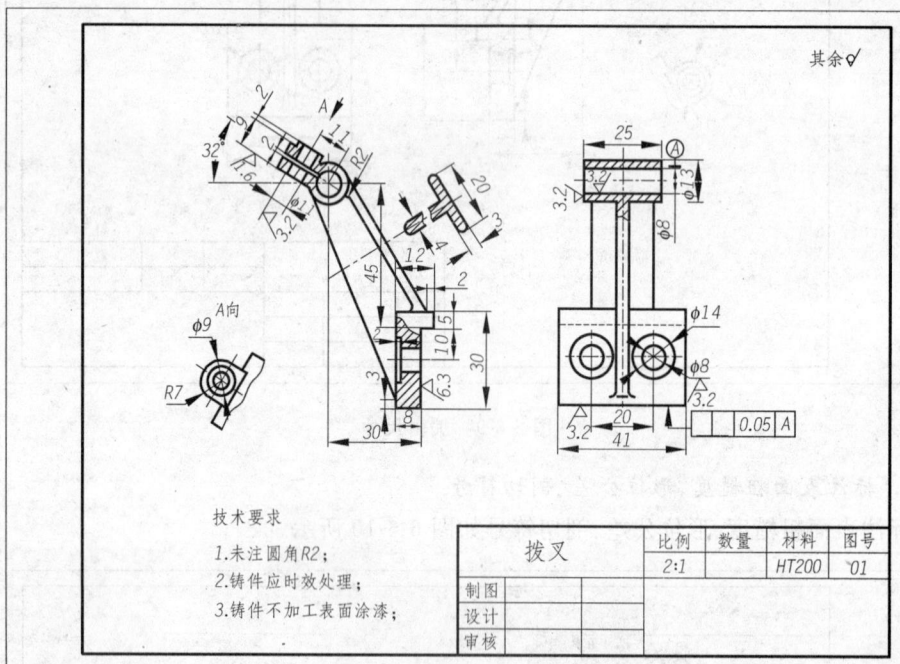

图 6-6-11　绘制剖面线、填写标题栏、技术要求

8. 检查

查漏补缺,完成零件图。

习　　题

6-1　GB/T 14689—1993 中规定的图纸基本幅面有哪几种?它们的尺寸分别是多少?

6-2　选择比例的原则是什么?

6-3　抄画习题 6-3 主轴零件图。

6-4　抄画习题 6-4 压盖零件图。

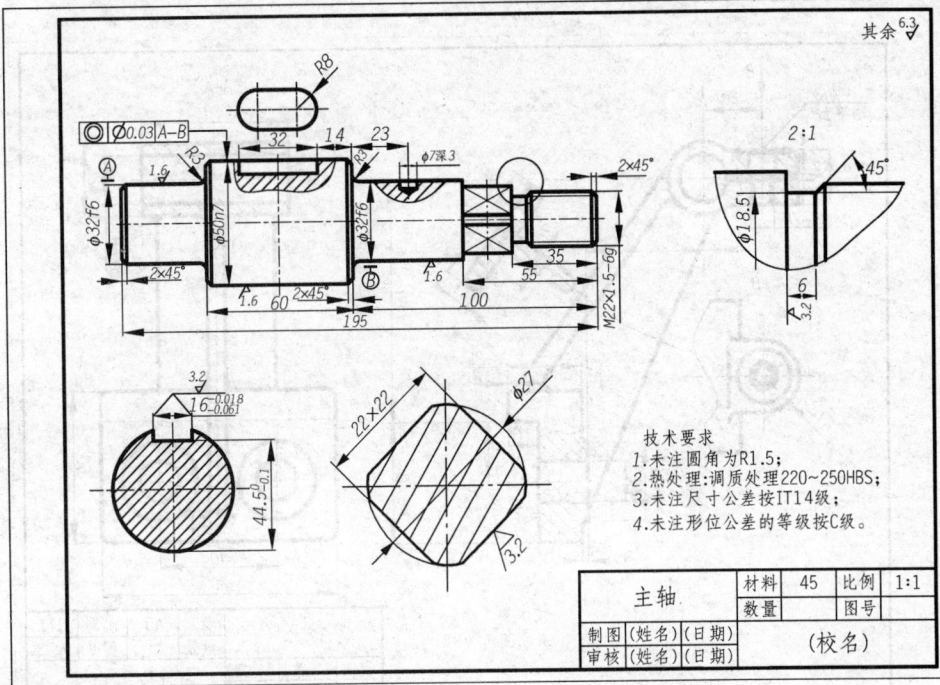

习题 6-3 图　主轴

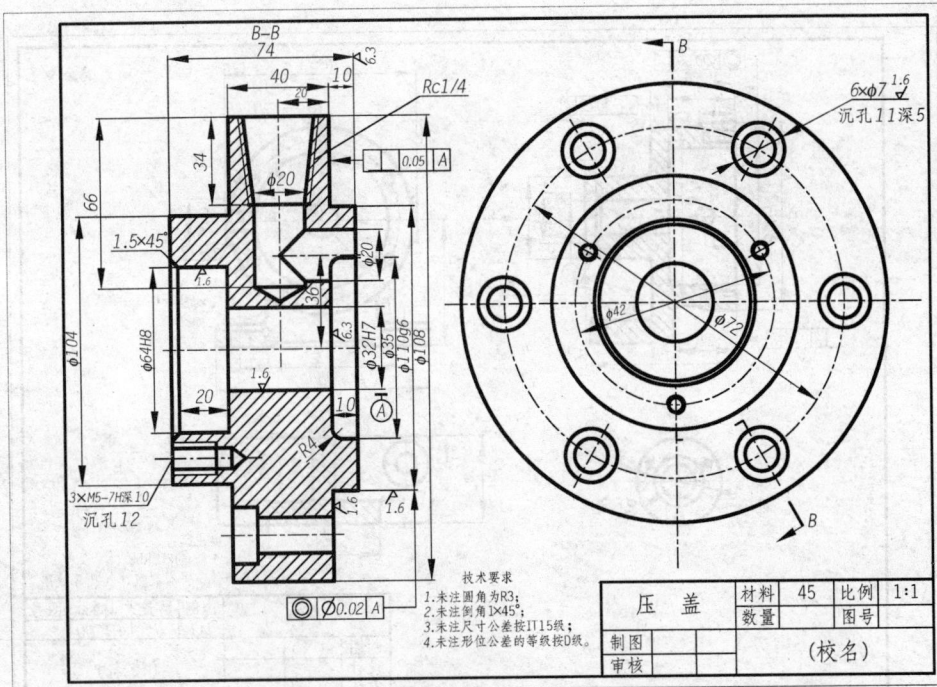

习题 6-4 图　压盖

6-5　抄画习题 6-5 拨叉零件图。

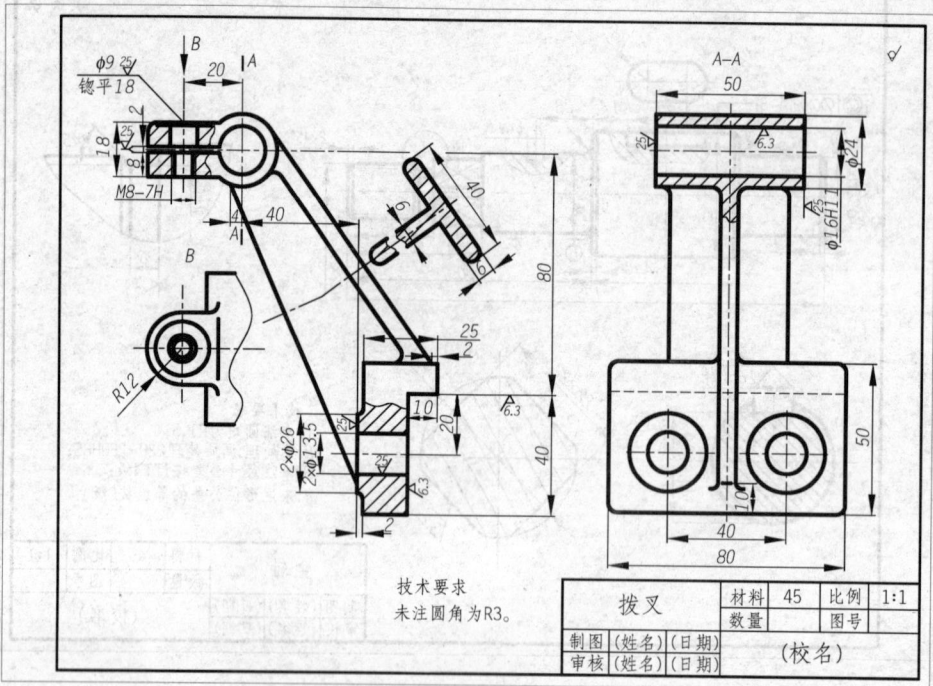

技术要求
未注圆角为R3。

拨叉	材料	45	比例	1:1
	数量		图号	
制图	(姓名)	(日期)		
审核	(姓名)	(日期)	(校名)	

习题 6-5 图　拨叉

6-6　抄画习题 6-6 图泵体零件图。

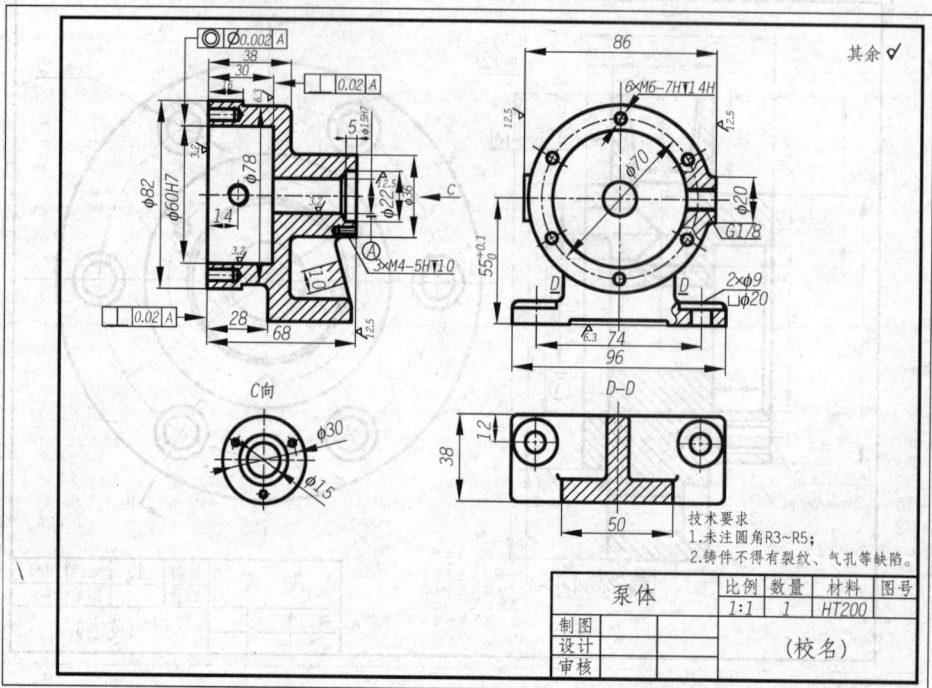

技术要求
1.未注圆角R3~R5;
2.铸件不得有裂纹、气孔等缺陷。

泵体	比例	数量	材料	图号
	1:1	1	HT200	
制图				
设计			(校名)	
审核				

习题 6-6 图　泵体

第 7 章

装　配　图

── **内容导航** ──

　　装配图是表达机器(或部件)的图样,在设计过程中,一般是先画出装配图,然后拆画零件图;在生产过程中,先根据零件图进行零件加工,然后再依照装配图将零件装配成部件或机器。因此,装配图是表达设计思想、指导生产和交流技术的重要技术文件。

　　通过本章学习,将使读者了解如何利用 AutoCAD 方便地进行装配设计,怎样方便地绘制标准件以及由零件图拼画装配图的方法。

── **教学目标** ──

　　了解绘制二维装配图的过程与方法。

　　了解由零件图组合装配图。

　　了解标准件、零件序号、明细栏的画法。

　　了解由装配图拆画零件图。

7.1　绘制详细的二维装配图

　　在设计过程中,一般是先画出装配图,然后拆画零件图,与手工绘图相比,在 Auto-CAD 中进行装配设计变得比较容易且更为有效。设计人员只需将现有方案复制编辑就成了另一新方案。

　　假定设计方案已经形成,如图 7-1-1 所示的旋塞装配图。现在,需要我们在 Auto-CAD 中将它表达出来。以图 7-1-1 所示的旋塞装配图为例介绍绘制二维装配图的方法。

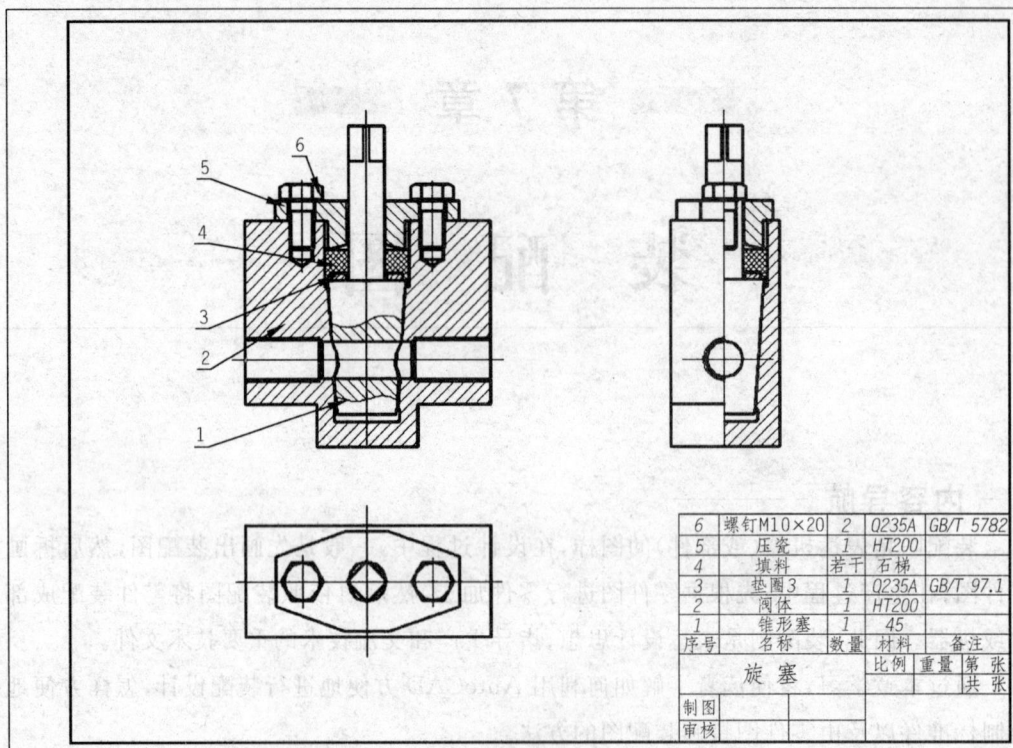

图 7-1-1　旋塞装配图

7.1.1　创建图层

根据零件来创建图层,将不同的零件放置在不同的图层上,这样可以方便日后的编辑与管理等。

旋塞部件包含了 3 个零件,其余为标准件,所以创建以下 3 个图层:锥形塞;压盖;阀体。

7.1.2　绘制零件

为方便画图,我们按照装配顺序来绘制装配图的主要零件。旋塞主要零件的装配顺序为阀体→锥形塞→压盖。

1. 切换到"阀体"层,绘制阀体

绘制时,由于我们的图层是以零件为单位创建的,此时,零件上各不同类型的图形对象的颜色、线型、线宽等要素就不能再"随层"处理了,应使用"特性"对话框单独处理。

在"阀体"层绘制的"阀体"结果如图 7-1-2 所示。

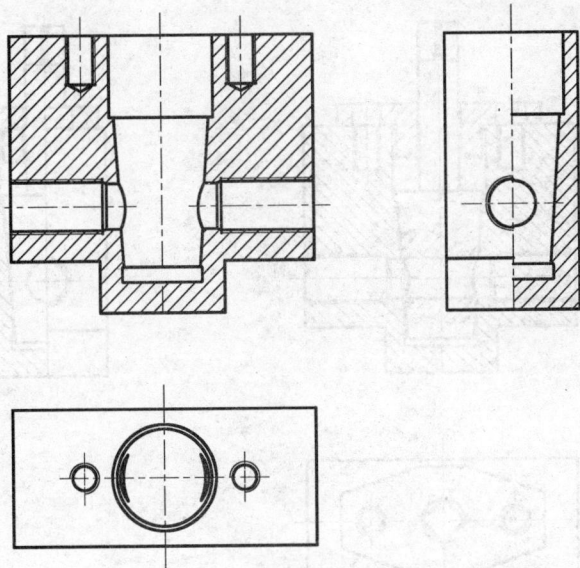

图 7-1-2 绘制阀体

2. 切换到"锥形塞"层,绘制锥形塞

在阀体上,加入锥形塞。注意,根据视图的表达方法,将不需要的线删除,结果如图 7-1-3所示。

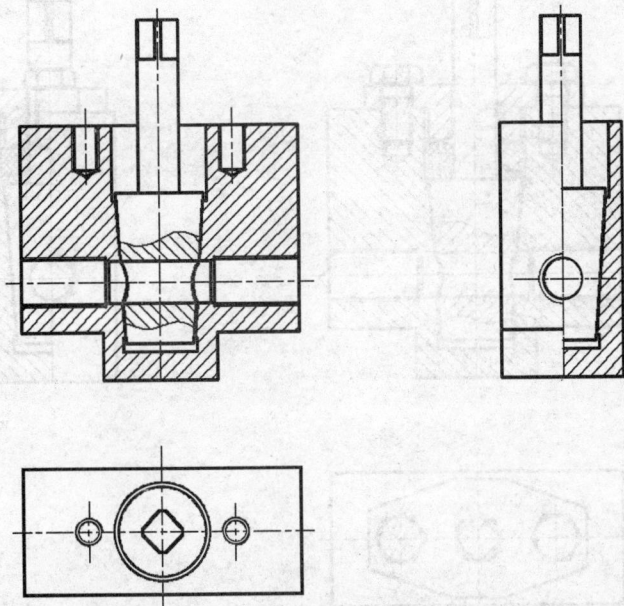

图 7-1-3 绘制锥形塞

3. 切换到"压盖"层,绘制压盖

绘图结果如图 7-1-4 所示。

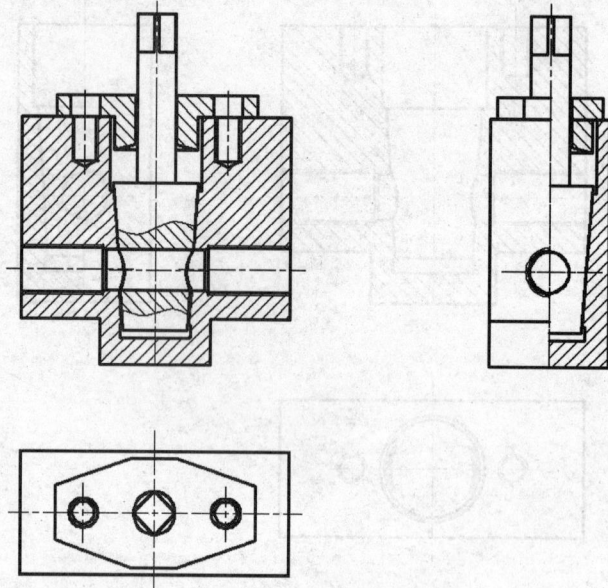

图 7-1-4　绘制压盖

4. 绘制标准件等

旋塞装配图最后结果如图 7-1-5 所示。

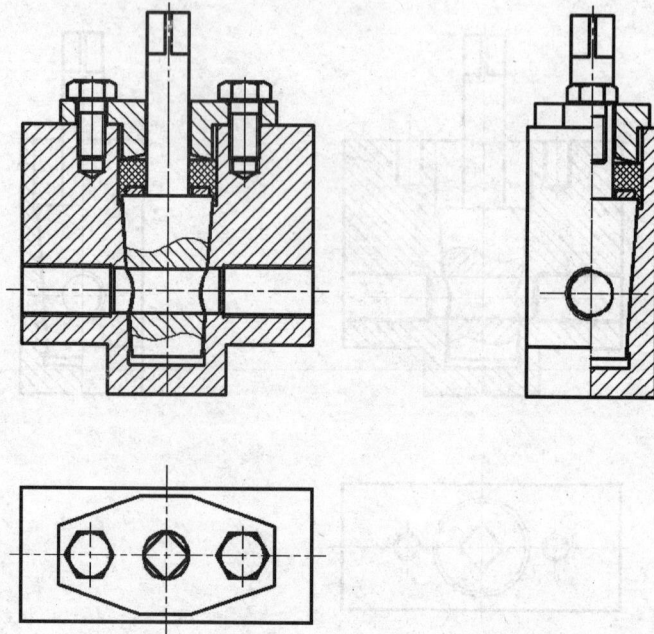

图 7-1-5　旋塞装配图

7.2 由零件图组合装配图

在设计过程中,或者是在绘制装配图的过程中,如果已经绘制了机器(或部件)的所有零件图,则可以通过复制、粘贴的方法拼画出装配图,避免重复劳动,提高工作效率。下面以附盘文件 7-1 中的各零件图为基础,组合旋塞装配图。具体步骤如下所述。

1) 打开附盘上文件夹 7-1 中的文件"阀体.dwg",再创建一个新文件,文件名为"旋塞装配图.dwg"。

2) 切换到图形"阀体.dwg",选择阀体图形,将其复制到"旋塞装配图.dwg"下。

选择时,将"尺寸层"和"文字与其他层"关闭。仅复制图形到装配图下,如图 7-2-1 所示。

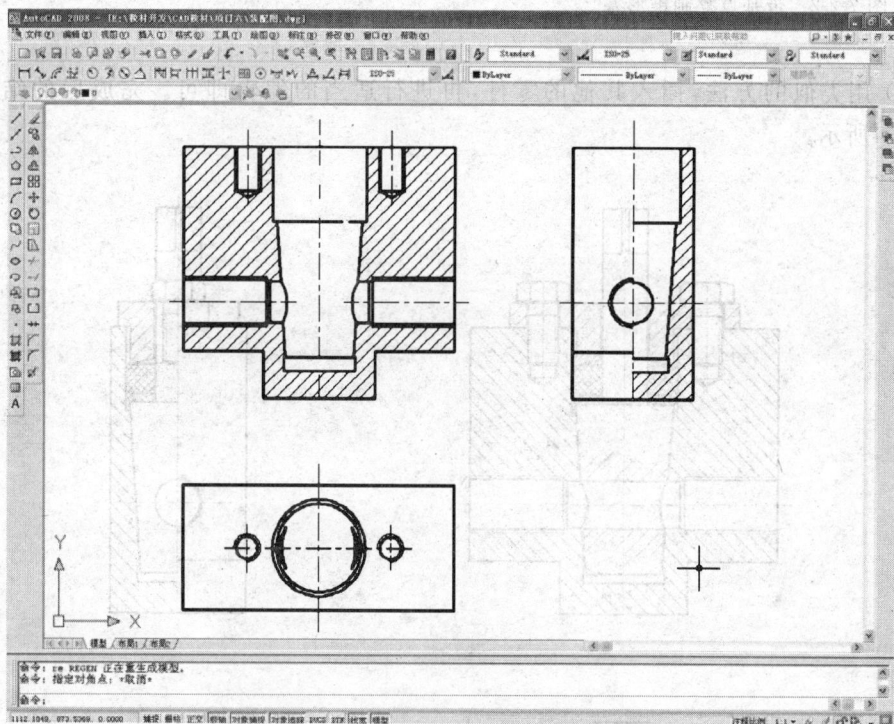

图 7-2-1 粘贴阀体到装配图

3) 打开附盘上文件夹 7-1 中的文件"锥形塞.dwg",将锥形塞的主视图旋转-90°(与装配位置一致),再选择主视图,在窗口中单击右键,在弹出的快捷菜单中选择"带基点复制"选项,如图 7-2-2 所示。选择一个适当的基点(如图 7-2-2 所示的 A 点),将它粘贴到"旋塞装配图.dwg"中(分别在主、左视图中粘贴,指定插入点,选择 B 点和 C 点)。如

图 7-2-3所示。

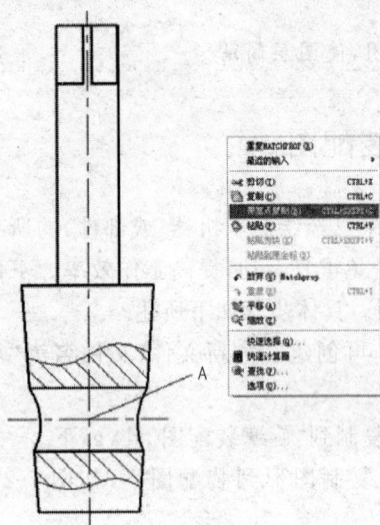

图 7-2-2　带基点复制锥形塞

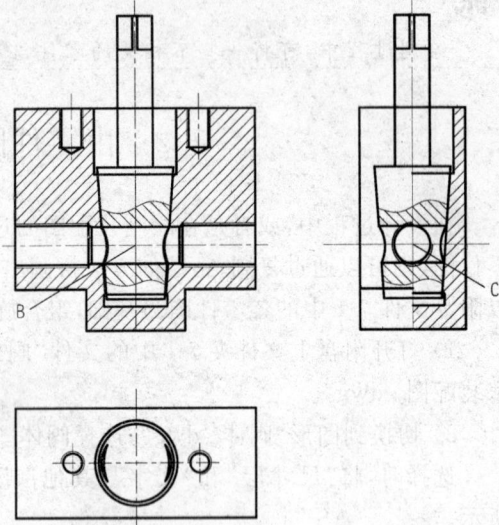

图 7-2-3　在指定点粘贴锥形塞

4）用类似的方法，插入其他的零件，再进行适当的编辑即可。完成后的结果如图 7-2-4所示。

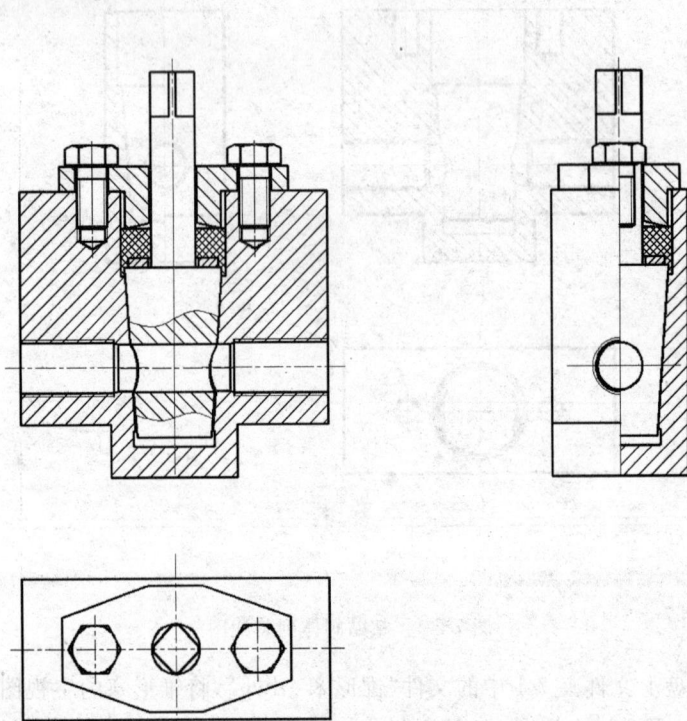

图 7-2-4　插入其他零件并编辑

7.3 标准件处理

在设计过程中,有大量反复使用的标准件,如螺栓、螺钉、轴承等。由于同一类型的标准件其结构形状是相同的,只是规格、尺寸有所不同。因而作图时,可将他们生成图块,需要时插入即可。

7.3.1 生成图块的优点

1. 提高工作效率

节省绘图时间,减少重复性的劳动,提高工作效率。

2. 节省存储空间

当图形每增加一个图元时,AutoCAD 就记录该图元的信息,从而增大图形的存储空间。而对于图块,AutoCAD 只对其作一次定义。当用户插入图块时,只对已定义的图块进行应用,从而大大的节省了存储的空间。

3. 方便编辑

图块是作为单一的对象来处理的,当我们需要移动、旋转等编辑图块时,将方便很多。另外,当某一图块进行重新定义时,图样中,所有引用的图块都将自动更新。

7.3.2 创建标准件块

将图 7-3-1 所示的螺钉定义为图块,具体步骤如下所述。

1) 按有关标准查出螺钉的尺寸,并将它画出,如图 7-3-1 所示。

2) 创建块:在命令行输入 B,或单击"绘图"工具栏 按钮。打开图 7-3-2 所示的"块定义"对话框。

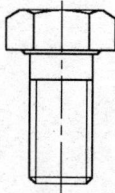

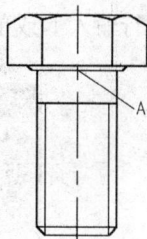

图 7-3-1 螺钉

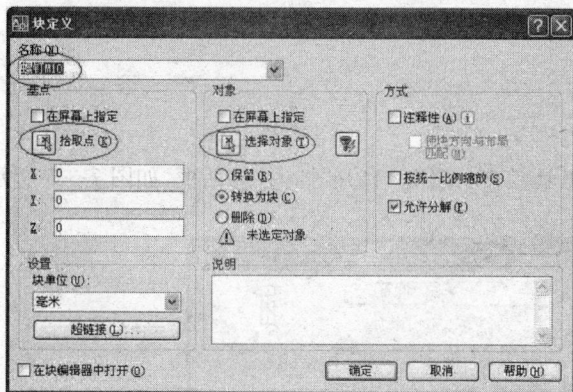

图 7-3-2 "块定义"对话框

图 7-3-3 选择基点

① 在"名称"文本框中输入块名:螺钉 M10。

② 在"基点"选项处,单击拾取点按钮,选取 A 点作为插入的基点,如图 7-3-3 所示。

③ 在"对象"选项处,单击拾取点按钮,选取螺钉图形。

④ 单击"确定"即可。

7.3.3 插入标准件块

用 INSERT 命令(缩写:I)插入图块,当需要编辑图块中的某单个图元时,必须使用 EXPLODE 命令(缩写:X)分解图块。打开附盘文件"7-3.dwg",试在 A、B 点插入螺钉,结果如图 7-3-4 所示。具体步骤如下。

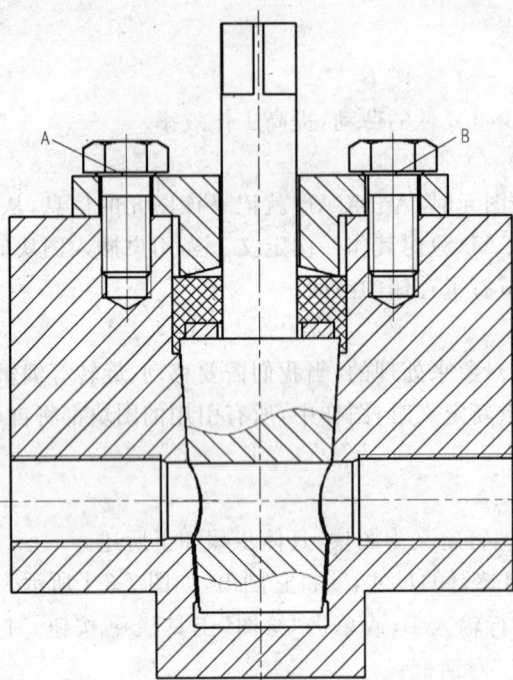

图 7-3-4　插入螺钉

1. 打开附盘文件"7-3.dwg"

2. 插入块

在命令行输入 I,或单击"绘图"工具栏 按钮。打开"插入"对话框,如图 7-3-5 所示。

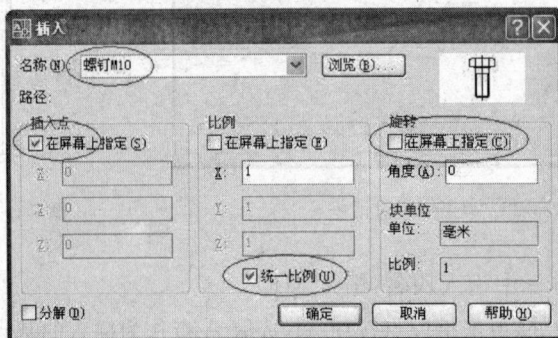

图 7-3-5　"插入"对话框

1) 在"名称"下拉列表中选择"螺钉 M10"。

2) 单击"确定"。

3) 在"7-3.dwg"中,单击插入点 A,即插入螺钉图块。

4) 再次执行 INSERT 命令,插入点为 B,完成螺钉的插入。

✠ **注意**

　　当插入的图块的比例需要改变时,可以在比例选项下输入统一比例因子,或勾选

比例

☑ 在屏幕上指定(E) ,在屏幕上指定比例因子;当图块的方向需要改变时,可以在旋转选

　　　　　　　　　　　旋转

项下输入旋转角度,或勾选 ☑ 在屏幕上指定(C) ,在屏幕上指定旋转角度。

7.4　标注零件序号

　　为便于看图、管理图样和组织生产,装配图上需对每个不同的零部件进行编号,这种编号称为序号。

　　在 AutoCAD 2008 中可以使用 MLEADER 命令(单击"多重引线"工具栏图标 ♪)方便地创建带下划线形式的零件序号。生成序号后,可以通过 MLEADERALIGN 命令(图标 ﷼)对齐序号。编写图 7-4-1 所示零件序号,具体步骤如下所述。

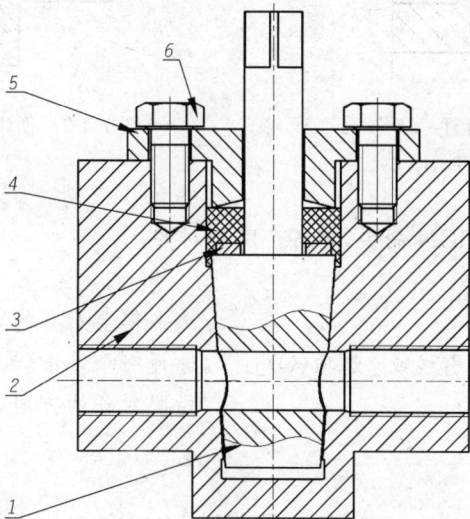

图 7-4-1　编写零件序号

1. 打开附盘文件"7-4.dwg"

2. 设置

单击"多重引线"工具栏的 ♪ 按钮,打开"多重引线样式管理器",设置箭头的大小为:

2.5，设置文字样式为：gbeitc. shx，文字高度：5。

3. 执行 MLEADER 命令

命令：_mleader

指定引线箭头的位置或［引线基线优先(L)/内容

优先(C)/选项(O)］〈选项〉：   //单击图 7-4-2 的 A 处

指定引线基线的位置：   //单击 B 处

在弹出的文本框中输入：1，单击文本框中的"确定"即可。结果如图 7-4-2 所示。

4. 创建其余零件编号

继续执行 MLEADER 命令创建其余零件编号，如图 7-4-3 所示。

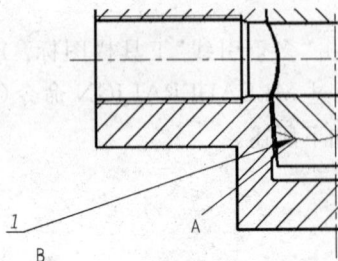

图 7-4-2 创建引线标注

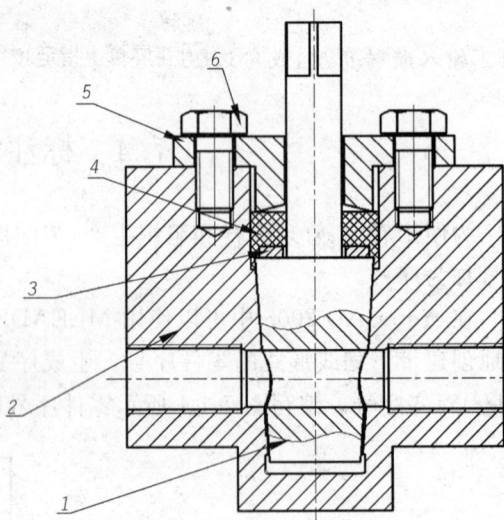

图 7-4-3 创建其余零件编号

5. 对齐

执行 MLEADERALIGN 命令，将各个序号对齐：

命令：_mleaderalign

选择多重引线：   //选择需要对齐的各个引线，选择序号 1-5

选择要对齐到的多重引线或［选项(O)］：//选择一个基准，选择序号 1

指定方向：   //指明对齐的方向，此处为竖直对齐

结果如图 7-4-1 所示。

7.5 填写明细栏

明细栏放在标题栏上方，并与标题栏对齐。由下向上排列。当标题栏上方位置不够时，可在标题栏左方继续列表由下向上排列。在 AutoCAD 2008 中可以使用复制、粘贴、修改文字的方法填写明细栏，也可以以行为单位创建带属性的块来一行行插入明细表。此处，介绍第一种方法。打开文件"7-5. dwg"，填写图 7-5-1 所示明细表，具体步

骤如下所述。

6	螺钉M10×20	2	Q235A	GB/T5782	
5	压盖	1	HT200		
4	填料	若干	石棉		
3	垫圈3	1	Q235A	GB/T97.1	
2	阀体	1	HT200		
1	锥形塞	1	45		
序号	名称	数量	材料	备注	
旋塞			比例	重量	第张
					共张
制图					
审核					

图 7-5-1　填写明细表

1）打开附盘文件"7-5.dwg"。

2）利用偏移命令绘制出明细表。如图 7-5-2 所示。

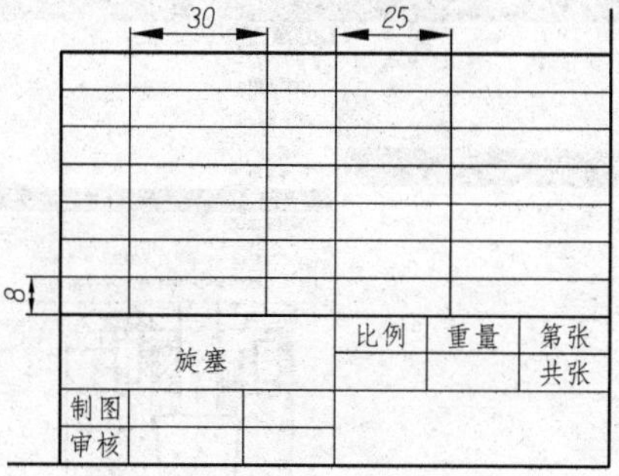

图 7-5-2　绘制明细表

3）在明细表底行，填写序号等信息。如图 7-5-3 所示。

序号	名称	数量	材料	备注

图 7-5-3　序号信息

4）利用复制命令，将底行的文字复制到其他各行。如图 7-5-4 所示。

序号	名称	数量	材料	备注	
序号	名称	数量	材料	备注	
序号	名称	数量	材料	备注	
序号	名称	数量	材料	备注	
序号	名称	数量	材料	备注	
序号	名称	数量	材料	备注	
序号	名称	数量	材料	备注	
旋塞			比例	重量	第张
					共张
制图					
审核					

图 7-5-4　复制文字

5）在需要修改的地方双击文字进行修改即可。多余文字直接选中删除。结果如

图 7-5-1 所示。

7.6　由装配图拆画零件图

当设计人员绘制好机器（或部件）的装配图后，就可以根据装配图拆画出零件图，指导生产了。在 AutoCAD 中，可以利用 AutoCAD 的多文档绘图环境方便的拆画出零件图。

下面以拆画旋塞各零件图为例，介绍由装配图拆画零件图的方法。

分析：可以按照拆卸装配体的顺序来一个个拆画零件图。旋塞装配图的拆卸顺序为：螺钉→压盖→填料→垫圈→锥形塞→阀体。由于螺钉、垫圈为标准件不需要单独绘制成零件图，故只需拆画压盖→锥形塞→阀体即可。

1）打开附盘文件"7-6.dwg"，再单击"文件"→"新建"，创建一个名为"压盖"的新文件。

2）单击"窗口"下拉菜单，选择"垂直平铺"，使文件"7-6.dwg"和"压盖.dwg"处于垂直平铺状态，如图 7-6-1 所示。

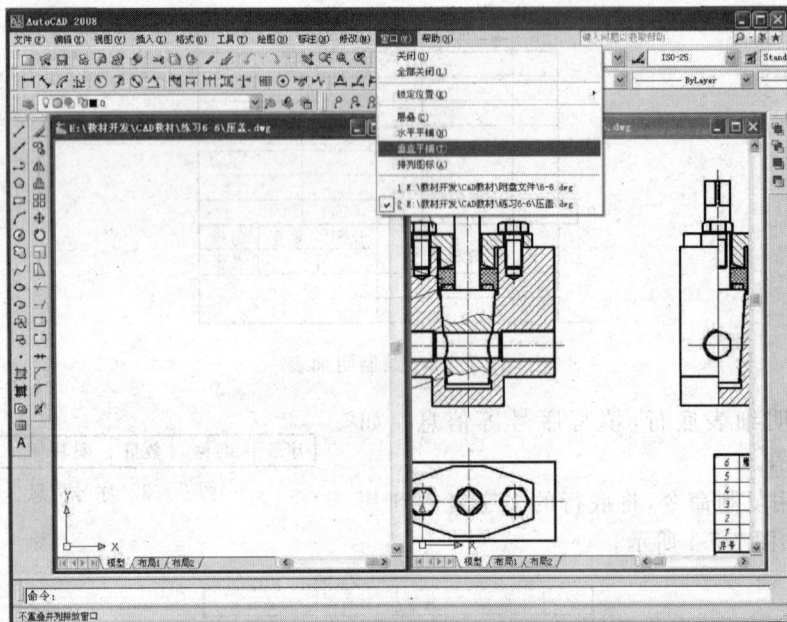

图 7-6-1　垂直平铺两个文件

3）激活文件"7-6.dwg"（在文件内部单击即可激活文件），关闭除了"压盖层"以外的所有图层，如图 7-6-2 所示。选择压盖的三个视图，单击右键，选择"复制"。

4）激活文件"压盖.dwg"，在绘图区单击右键，选择"粘贴"即可，如图 7-6-3 所示。

图 7-6-2　关闭其他图层

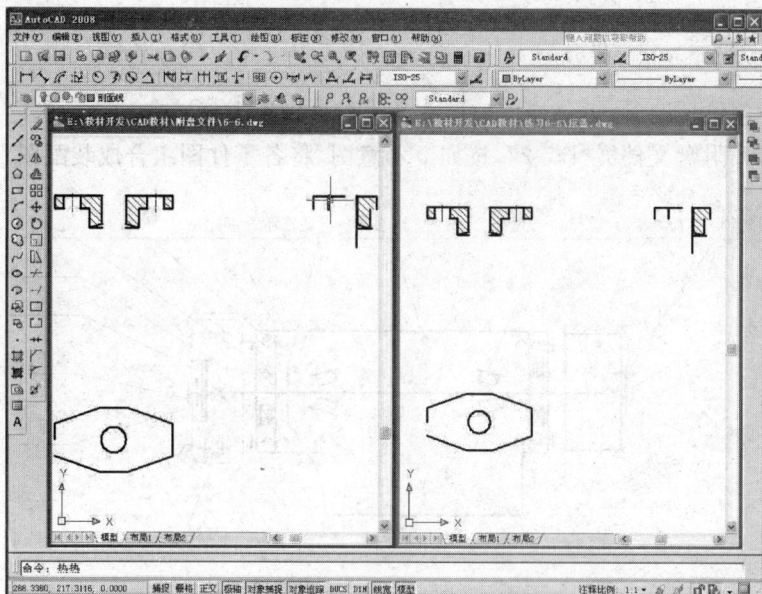

图 7-6-3　复制、粘贴图形

5）对压盖零件进行必要的编辑，结果如图 7-6-4 所示。

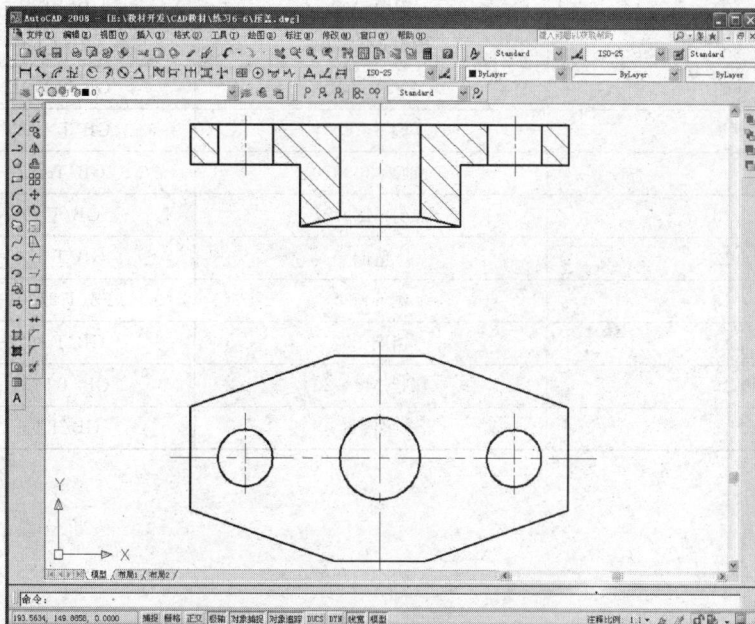

图 7-6-4　编辑"压盖"

6）用上述同样的方法拆画其余零件，这里不再赘述。

习　题

7-1　绘制机械图时,重复使用的标准件如何处理更方便?

7-2　打开附盘文件夹"lx7-2",按如下示意图,将各零件图组合成装配图。

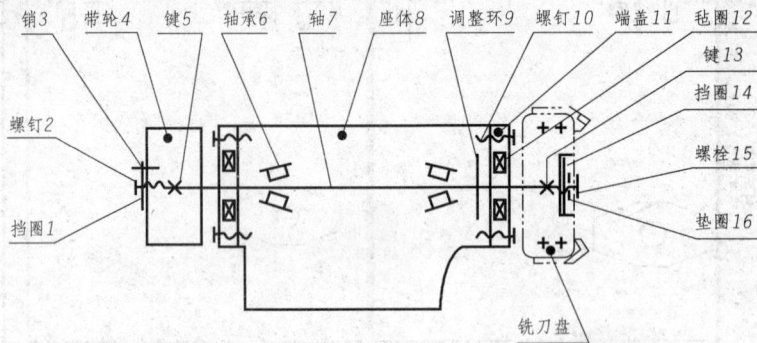

习题 7-2 图　铣刀头装配示意图

铣刀头中的标准件如下表所示。

序号	名称	标准号
1	挡圈 A35	GB/T 891—1986
2	螺钉 M6×18	GB/T 68—2000
3	销 A3×12	GB/T 1191—2000
5	键 8×40	GB/T 1096—2003
6	轴承 30307	GB/T 297—1996
10	螺钉 M8×22	GB/T 70—2000
12	毡圈	GB/T 374—1981
13	键 6×20	FZ/T 25001—1992
14	挡圈 B32	GB/T 892—1986
15	螺栓 M6×20	GB/T 5781—2000
16	垫圈 6	GB/T 93—1987

■■■■ 第 8 章 ■■■■

轴测图的绘制

—— **内容导航** ——————

　　轴测图是用二维图形来反映物体三维特征的一种特殊的图样。轴测图虽然也是二维图形,但它通过独特的视角帮助观察者更快速、清晰、方便地观察立体模型的结构。如果能够把设计图样用富有立体感、真实感的轴测图表现出来,那么即使是非专业人士都能很清楚地想象出工业造型的具体结构。因此,无论在机械设计还是在建筑工程上,轴测图都被广泛地用来表达设计者的设计意图和设计方案

—— **教学目标** ——————

　　理解正等轴测图的绘制方法。

　　理解轴测图绘图模式的打开及绘制轴测面的转换。

　　了解 AutoCAD 有关命令在绘制正等轴测图时的使用。

　　理解轴测图的文字注写和尺寸标注。

8.1　轴测图相关知识及绘制长方体轴测图

　　通过本次学习,读者可以了解轴测图的含义,并能在轴测模式下绘制基本图形。

8.1.1　轴测图

　　为了绘图方便,一般的投影都是使用正交投影。采用正交投影绘制工程图样的优点是投影物体在投影视图上的图样能够反映投影物体的实际形状和实际长度,缺点是不能够直观地反映投影物体在空间上的实际形状,但轴测图却可以通过二维图形表现投影物体的三维效果。轴测图的投影方向与观察者的视觉方向如图 8-1-1所示。

　　正方体的轴测投影最多只有 3 个平面是可以同时看到的。为了便于绘图,在绘制轴测图时,用户可以将右轴测平面、顶轴测平面和左轴测平面作为绘制直线、圆弧等图素的

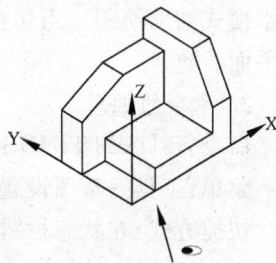

图 8-1-1　视向

基准平面。下图为不同的轴测平面内十字光标的形状,如图 8-1-2 所示

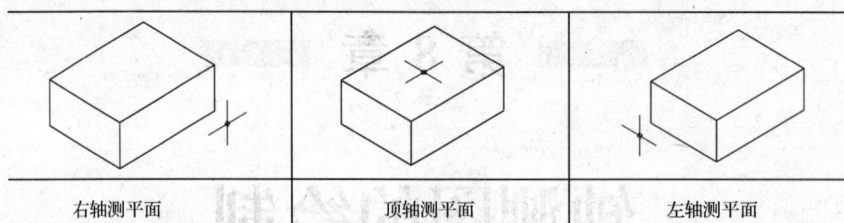

右轴测平面	顶轴测平面	左轴测平面

图 8-1-2　轴测平面

注意

只需要按 F5 键就可以在右轴测平面、顶轴测平面、左轴测平面三个投影面之间依次切换。

如图 8-1-3 所示轴测图中,组合体相互垂直的 3 条边与水平线的夹角分别为 30°、90° 和 150°。在绘制轴测图时可以假设建立一个与投影视图互相平行的坐标系,一般称该坐标系的坐标轴为轴测轴,它们所处的位置如图 8-1-3 所示。

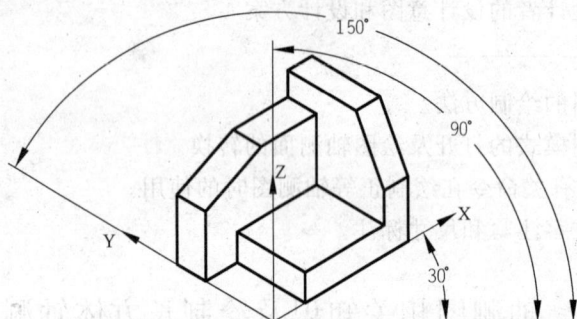

图 8-1-3　轴测轴

8.1.2　切换轴测投影模式

1. 功能

在 AutoCAD 2008 里,系统默认的是正交投影模式,用户可以把投影模式切换成轴测投影模式辅助绘图。当切换到轴测绘图模式后,十字光标将自动变换成与当前指定的绘图平面一致。

2. 命令的调用

命令行:DSETTINGS(缩写:DS)。

菜单:工具→草图设置。

快捷方式:在状态栏"捕捉"按钮处右键单击,在弹出的快捷菜单中单击"设置"。

3．说明

执行命令后打开图 8-1-4 所示的"捕捉和删格"选项卡。在"捕捉和删格"选项卡中进行如下设置：在"捕捉类型"中选择"等轴测捕捉"。

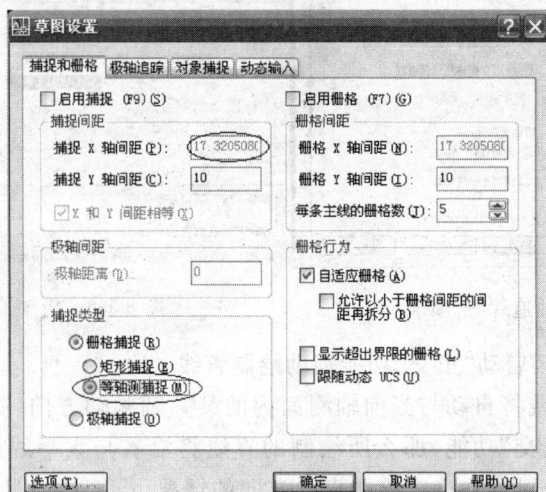

图 8-1-4 "捕捉和删格"选项卡

注意

当系统切换到轴测投影模式后，捕捉和栅格的间距将由 Y 轴间距控制，X 轴间距将变得不可设置。

8.1.3 在轴测投影模式下绘图

切换到轴测投影模式后，仍然可以使用基本的二维绘图命令进行绘图。只是在轴测投影模式下绘图有轴测模式的特点，如水平和垂直的直线将画成斜线，而圆在轴测模式下将画成椭圆。

1．在轴测投影模式下绘制直线

在轴测投影模式下可以通过以下三种方法绘制直线。

（1）利用极轴追踪、自动追踪功能绘制直线

在绘图状态栏启动极轴追踪、对象捕捉和对象追踪功能，并在"草图设置"对话框的"极轴追踪"选项卡中将"增量角"设置为"30°"，如图 8-1-5 所示。可以方便地绘制出与各极轴平行的直线，见图 8-1-6。

（2）通过输入各点的极坐标来绘制直线

当绘制的直线与轴测轴平行时，可以通过输入各点的极坐标来绘制。有以下三种情况。

1）当绘制的直线与 X 轴平行时，极坐标的角度为 30°或者－150°。

2）当绘制的直线与 Y 轴平行时，极坐标的角度为－30°或者150°。

3）当绘制的直线与 Z 轴平行时，极坐标的角度为 90°或者−90°。

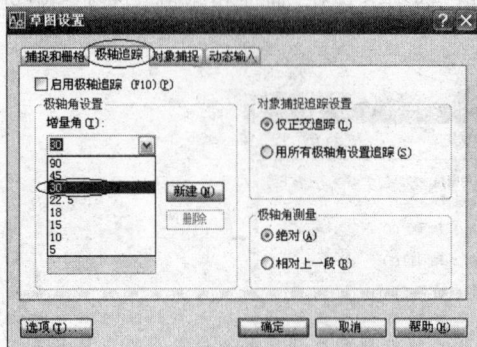

图 8-1-5 "极轴追踪"选项卡

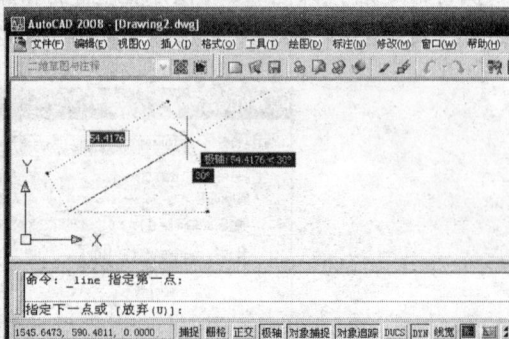

图 8-1-6 极轴追踪绘画

（3）在绘图状态区启动"正交"功能辅助绘制直线

此时所绘制的直线将自动与当前轴测面内的某一轴测轴方向一致。例如，如处于顶轴测面绘图且启动"正交"功能，那么所绘制的直线将沿着与水平线成 30°或者 150°的方向。在此状态下，用户可以在确定绘制直线方向的情况下，直接通过键盘输入数字，确定直线的长度来绘制出直线。

❧ **注意**

当所绘制的直线与任何轴测轴都不平行时，为了绘图方便，应该尽量找出与轴测轴平行的点，然后再将这些点连接起来。

8.1.4 绘制长方体轴测图

【例 8-1】 绘制一个长、宽、高分别为 50、30 和 40 的长方体的轴测图，如图 8-1-7 所示。

解：

1）通过"草图设置"对话框的"捕捉和栅格"选项卡将投影模式设置为轴测投影模式。

2）在绘图状态栏单击"对象捕捉"按钮，启动"对象捕捉"功能，通过输入各点的极坐标，完成长方体上表面的绘制，如图 8-1-8 所示。

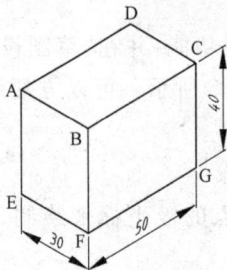

图 8-1-7 长方体轴测图

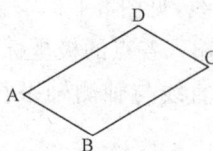

图 8-1-8 绘制上表面

命令：〈等轴测平面 上〉　　　　　　　//按 F5 键切换

命令：_line 指定第一点：　　　　　　//直接在屏幕上点取一点作为 A 点

指定下一点或［放弃(U)］：@30＜−30✓　　//指定 B 点，画出 AB

指定下一点或［放弃(U)］：@50＜30✓　　//指定 C 点，画出 BC

指定下一点或［闭合(C)/放弃(U)］：@30＜150✓//指定 D 点，画出 CD

指定下一点或［闭合(C)/放弃(U)］：@50＜−150✓//指定 A 点，画出 DA

指定下一点或［闭合(C)/放弃(U)］：✓　　//按 Enter 键结束

3）在绘图状态栏单击"正交"按钮，启动"正交"功能，通过"正交"功能和"对象捕捉"功能辅助绘制直线，绘制左侧面，如图 8-1-9 所示。

命令：〈等轴测平面左〉　　　//按 F5 键切换

命令：_line 指定第一点：　　//指定 A 点

指定下一点或［放弃(U)］：40✓　　//光标向下指引，并输入高度 40，画出 AE

指定下一点或［放弃(U)］：30✓　　//光标向右指引，并输入宽度 30，画出 EF

指定下一点或［闭合(C)/放弃(U)］：40✓//光标向上指引，并输入高度 40，画出 FB

指定下一点或［闭合(C)/放弃(U)］：　//点取 A 点，画出 BA

连接 GF，完成长方体右侧表面的绘制。

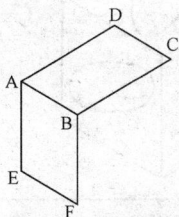

图 8-1-9　左侧面

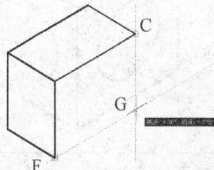

图 8-1-10　右侧表面

4）在绘图状态栏单击"对象追踪"按钮，启动"对象追踪"功能。通过"对象追踪"功能找出 G 点位置，再分别连接 GF 和 GC，完成长方体右侧表面的绘制，如图 8-1-10 所示

命令：〈等轴测平面右〉

命令：_line 指定第一点：　　//分别把光标移动到 F 点、C 点，然后通过"对象追踪"功能找出 G 点位置，如图 8-1-10 所示

指定下一点或［放弃(U)］：　　//点取 C 点，画出 GC

8.2　在轴测模式下绘制圆

平行于坐标面的圆的轴测投影为椭圆。通过本次学习，使读者掌握在轴测模式下绘制圆的方法。

8.2.1　在轴测投影模式下绘制圆

当圆位于不同的轴测面时，投影椭圆长、短轴的位置是不相同的。

在轴测模式下绘制圆的方法:启动轴测模式→选定画圆投影面→椭圆工具→等轴测圆→指定圆心→指定半径→确定完成。

1. 命令的调用

命令行:ELLIPSE(缩写:EL)。

菜单:绘图→椭圆。

图标:"绘图"工具栏 ◯。

2. 格式

命令: _ellipse

指定椭圆轴的端点或 [圆弧(A)/中心点(C)/等轴测圆(I)]:I   //输入 I,等轴测圆

指定等轴测圆的圆心: //指定圆心

指定等轴测圆的半径或 [直径(D)]:   //指定半径

3. 说明

绘制圆的轴测投影之前要利用 F5 键切换轴测面,切换到与圆所在的平面对应的轴测面,这样才能正确的绘制出圆的轴测投影,否则将显示不正确,如图 8-2-1 所示。

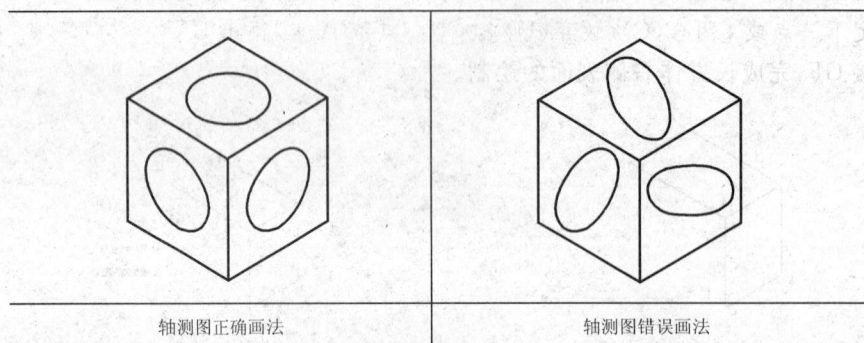

| 轴测图正确画法 | 轴测图错误画法 |

图 8-2-1   不同轴测面内圆的投影

❦ **注意**

在轴测图中经常要画线与线间的圆滑过渡,如倒圆角。此时,过渡圆弧也变为椭圆弧。方法:在相应的位置上画一个完整的椭圆,然后使用修剪工具剪除多余的线段。

4. 应用

【例 8-2】 绘制如图 8-2-2 所示的底板轴测图。

解:

1) 通过"草图设置"对话框的"捕捉和栅格"选项卡将捕捉类型设置为"等轴测捕捉";将"极轴追踪"选项卡的增量角设为 30°,并启用"极轴追踪功能"和"对象捕捉功能"。

2) 在绘图区沿 X、Y、Z 轴输入各点坐标,完成长方体的绘制,如图 8-2-3 所示。

命令: _line

指定第一点: //直接在屏幕上点取一点作为起点(A 点)

指定下一点或 [放弃(U)]:40↙   //沿 Y 轴(150°)方向输入边长 40(B 点)

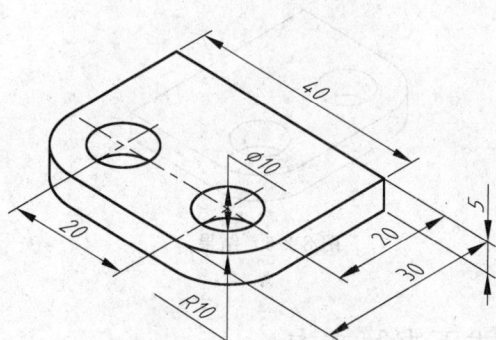

图 8-2-2 底板轴测图

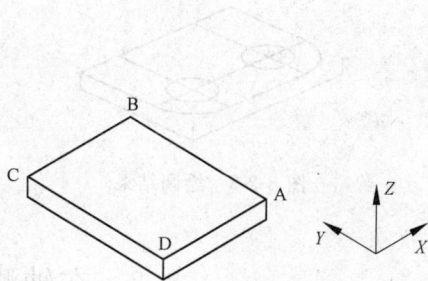

图 8-2-3 绘制长方体

指定下一点或 [放弃(U)]:30✓	//沿－X 轴（－150°）方向输入
	边长 30（C 点）
指定下一点或 [闭合(C)/放弃(U)]:40✓	//沿－Y 轴（－30°）方向输入
	边长 40（D 点）
指定下一点或 [闭合(C)/放弃(U)]:	//点取起点 A 闭合图形

选取边 AD 和 CD,向下复制 5,连接 3 个顶点,完成长方体绘制。

3）绘制圆角和圆孔。

① 确定圆心位置:选择上表面 3 条边 AD、CD、BC,沿轴向复制 10,交点即为圆心 O_1、O_2,如图 8-2-4 所示。

② 绘制等轴测圆:按 F5 键切换到顶轴侧面。

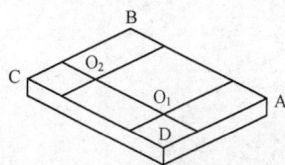

图 8-2-4 确定圆心

命令：_ellipse	
指定椭圆轴的端点或 [圆弧(A)/中心点(C)/	
等轴测圆(I)]:i✓	//选择等轴测圆选项
指定等轴测圆的圆心:	//点取交点 O_1
指定等轴测圆的半径或 [直径(D)]:10✓	//输入半径 10
	//按 Enter 键继续绘制等轴

测圆

命令：ELLIPSE	
指定椭圆轴的端点或 [圆弧(A)/中心点(C)/等	
轴测圆(I)]: i✓	//选择等轴测圆选项
指定等轴测圆的圆心:	//点取交点 O_1
指定等轴测圆的半径或 [直径(D)]:5✓	//输入小圆半径 5

用复制命令绘制另两个以 O_2 为圆心的等轴测圆。

修剪多余线条,结果如图 8-2-5 所示。

4）选择两个等轴测圆和两段圆弧,向下复制 5,修剪、删除多余线条,绘制外切线。完成底板的绘制,结果如图 8-2-6 所示。

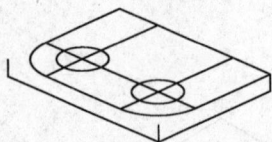

图 8-2-5　绘圆结果　　　　　　　　　　图 8-2-6　结果

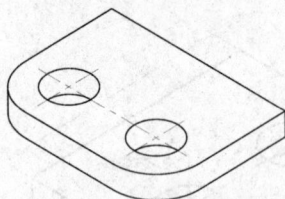

8.3　在轴测模式下书写文本

　　轴测图上的文字有其自身的特点,需与它所在的轴测面协调一致。通过本次学习,使读者掌握在轴测模式下书写文本的方法。

8.3.1　轴测图中的文字

　　为了正确的在轴测面内书写文本,必须根据各轴测面的位置特点将文本倾斜某个角度值,以使它们的外观与轴测图协调一致,如图 8-3-1 所示。

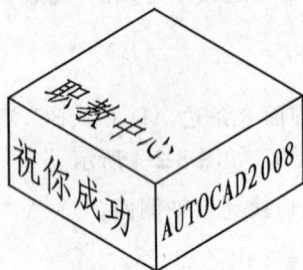

图 8-3-1　书写文本

8.3.2　在轴测图中书写文本

　　1. 命令:TEXT(缩写:DT)

　　用单行文本方式书写文字。

　　2. 设置文字样式

　　创建两种文字样式。

　　1) 30°:对应文字倾斜角度设为 30°。

　　2) -30°:对应文字倾斜角度设为 -30°。

　　3. 各轴测面上文本的倾斜规律

　　1) 在左轴测面上,文本需采用 -30°样式。

　　2) 在右轴测面上,文本需采用 30°样式。

　　3) 在顶轴测面上,平行于 X 轴时(字头向左上方),文本需采用 -30°倾斜角。

　　4) 在顶轴测面上,平行于 Y 轴时(字头向右上方),文本需采用 30°倾斜角。

　　各轴测面上文本倾斜规律如图 8-3-2 所示。

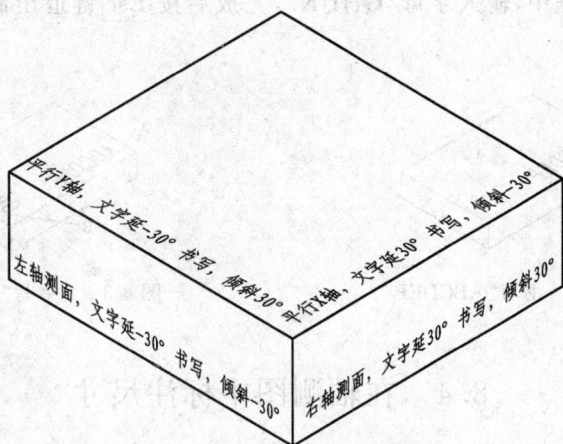

图 8-3-2　轴测图文字

8.3.3　应用

【例 8-3】　打开附盘 8-3.dwg，在长方体上书写图 8-3-3 所示文字。

解：

1）建立倾斜角分别为 30°和－30°的两种文字样式，并在文字样式对话框中设置好字体、高度、宽度因子等参数。在此练习中设置样式名为"文字 30°"的文字样式的倾斜角度为 30°，设置样式名为"文字－30°"的文字样式的倾斜角度为－30°。书写文字时直接调用。

图 8-3-3　书写文字

2）书写字母"ABCDEF"。

命令：_text

当前文字样式："文字 30"　文字高度：5.0000　注释性：否

指定文字的起点或 ［对正(J)/样式(S)］：　　　　//在 A 处单击（见图 8-3-4）

指定文字的旋转角度〈30〉：－30↙　　　　//指定书写方向为－30 度方向

在打开的书写框中，输入字母"ABCDEF"，完成后按 ESC 键退出命令，结果如图 8-3-4所示。

3）书写字母"GHIJK"。

命令：_text

当前文字样式："文字—30"　文字高度：5.0000　　　注释性：否

指定文字的起点或 ［对正(J)/样式(S)］：s↙　　　//更改文字样式

输入样式名或 ［?］〈文字 30〉：文字—30↙　　　//选择文字样式"文字—30"

当前文字样式："文字—30"　文字高度：5.0000　　　注释性：否

指定文字的起点或 ［对正(J)/样式(S)］：　　　　//在 B 处单击（图 8-3-5）

指定文字的旋转角度〈330〉：30↙　　　　//指定书写方向为 30 度方向

在打开的书写框中,输入字母"GHIJK",完成后按 Esc 键退出命令,结果如图 8-3-5 所示。

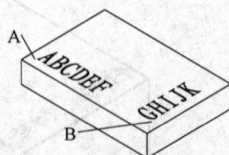

图 8-3-4 书写"ABCDEF"　　　　　　　图 8-3-5 书写"GHIJK"

8.4　在轴测图中标注尺寸

轴测图中的尺寸有其特殊性,用一般的标注平面图形的方法来标注轴测图上的尺寸显然是不合理的。通过本次学习,读者将了解轴测图中尺寸的特点,并掌握它的标注方法。

8.4.1　轴测图中的尺寸

用标注命令在轴测图中创建尺寸后,标注的尺寸看起来与轴测图不协调,如图 8-4-1(a)所示。为了使轴测图上的尺寸与轴测面协调一致,需要将尺寸线、尺寸界线倾斜某一角度,使它们与相应的轴测轴平行。同时,尺寸数字也需要设置成倾斜某一角度的形式,两者结合才能合理的标注出轴测图上的尺寸,如图 8-4-1(b)所示。

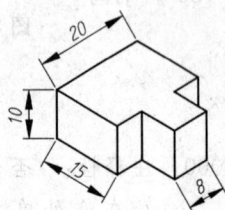
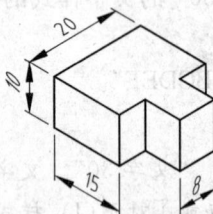

(a) 不合理　　　　　　　　　　　　(b) 合理

图 8-4-1　轴测图尺寸标注

8.4.2　标注轴测图尺寸的步骤

1）创建 3 种尺寸样式,各样式控制的尺寸数字的倾斜角度分别为 0°、30°、-30°。

2）用 0°尺寸样式,用"对齐标注"标注各个尺寸。

3）用 DIMEDIT 命令的"倾斜"选项,修改各个尺寸的尺寸界线方向。

4）根据各个尺寸数字的实际方向,把它们归整到 30°和-30°的尺寸样式下,使尺寸数字字头方向符合轴测面。

8.4.3　应用

【例 8-4】　打开附盘"8-4.dwg"在轴测图上标注图 8-4-2 所示尺寸。

解：

1) 创建 3 种尺寸样式。对应的文字样式如下：

① 0°：字体 gbeitc.shx。

　　字高：5。

　　倾斜角度：0。

② 30°：字体 gbeitc.shx。

　　　字高：5。

　　　倾斜角度：30°。

③ −30°：字体 gbeitc.shx。

　　　字高：5。

　　　倾斜角度：−30°。

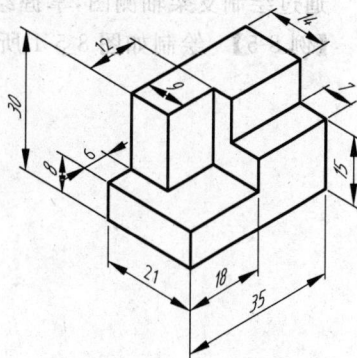

图 8-4-2　在轴测图上标注尺寸

2) 用"0°"尺寸样式，用"对齐标注"标注各个尺寸，如图 8-4-3 所示。

3. 用 DIMEDIT 命令（缩写：DED）的"倾斜"选项，修改各个尺寸的尺寸界线方向，如图 8-4-4 所示。

① 尺寸"7"、"14"、"9"的倾斜角度为 30°（或 −150°）。

② 尺寸"12"、"6"、"8"、"30"、"15"的倾斜角度为 −30°（或 150°）。

③ 尺寸"21"、"18"、"35"的倾斜角度为 90°（或 −90°）。

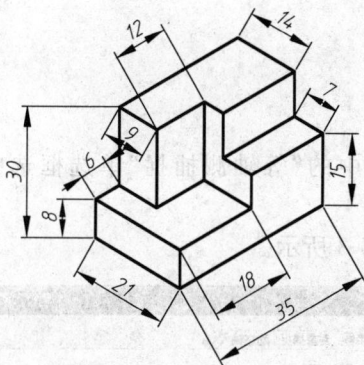

图 8-4-3　用"对齐标注"标注各尺寸

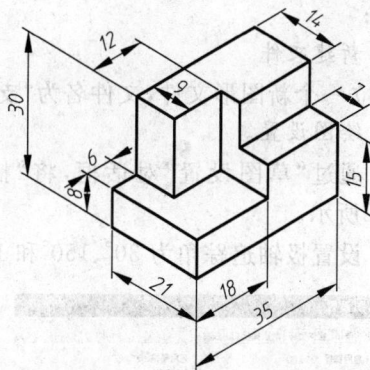

图 8-4-4　修改尺寸界线

4) 根据各个尺寸数字的方向，把它们归整到 30°和 −30°的尺寸样式下，结果如图 8-4-2 所示。

① 尺寸"7"、"14"、"9"、"8"、"30"、"18"、"35"、"15"放在"30°"尺寸样式下。

② 尺寸"12"、"6"、"21"放在"−30°"尺寸样式下。

8.5　绘制支架轴测图

通过绘制支架轴测图,掌握绘制完整的正等轴测图的方法和过程。

【例 8-5】 绘制如图 8-5-1 所示的支架轴测图。

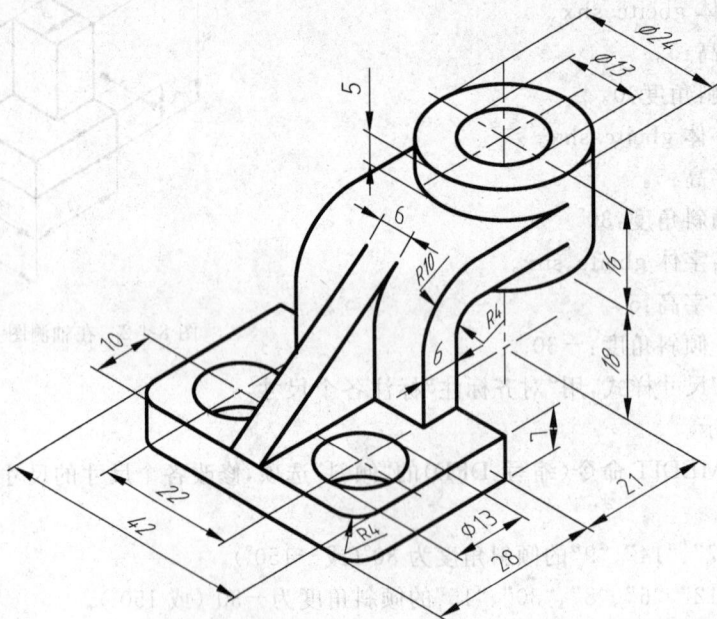

图 8-5-1　支架轴测图

解:

1. 新建文件

建立一个新图形文件,文件名为"支架.dwg"。

2. 绘图设置。

1) 通过"草图设置"对话框,将"捕捉类型"栏中的"等轴测捕捉"单选框选中,如图 8-5-2 所示。

2) 设置极轴追踪角为 30°、150°和 120°,如图 8-5-3 所示。

图 8-5-2　选择等轴测捕捉

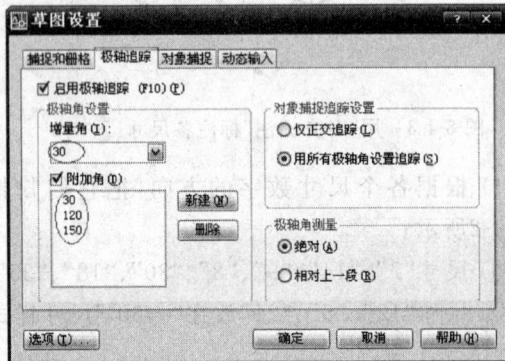

图 8-5-3　设置极轴追踪角

3. 选择作图等轴测面

可用命令 Isoplane、F5 键或 Ctrl＋E 组合键等方法进行绘图轴测平面的切换。

4. 绘制底座

连续按 F5 键，直到命令行显示"〈等轴测平面 上〉"，将等轴测面的上平面设置为当前绘图平面。

1）绘制底面矩形。调用"直线"命令，并在绘图窗口单击任意位置，作为直线的起始点，然后依次输入点((@28＜30)、(@42＜150)、(@28＜210)和 C(闭合)，完成一封闭四边形的绘制，如图 8-5-4 所示。也可设置极轴追踪，将光标放置 30°、150°和 120°，并分别输入线段长度 28、42，来完成四边形的绘制。

2）复制图 8-5-4 所示的图形。选择矩形的一个角点作为基点，沿 90°方向追踪线输入数值 7，连接各可见顶点的连线，完成的图形如图 8-5-5 所示。

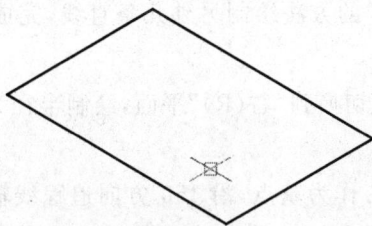

图 8-5-4 绘制底面矩形 · 图 8-5-5 绘制底板

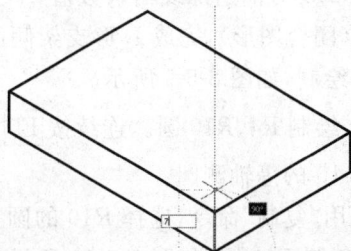

3）绘制等轴测圆。如图 8-5-6 所示，选择边 1 和边 2，沿轴向复制 10，得到交点 O_1，即为 φ13 圆的圆心。调用"椭圆"命令，选择"等轴测圆（Ⅰ）"方式，选择 O_1 为圆心，指定等轴测圆半径为 6.5，得到 φ13 的等轴测圆。

命令：ellipse↙
指定椭圆轴的端点或[圆弧(A)/中心点(C)/等轴测圆(I)]：I↙　//选择等轴测圆方式
指定等轴测圆的圆心：　　　　　　　　　　　　　　//选择 O_1
指定等轴测圆的半径或[直径(D)]：6.5↙　　　　　//输入半径 6.5
完成 φ13 等轴测圆，以同样的方法绘制 φ8 等轴测圆（略）。
绘制结果如图 8-5-6 所示。

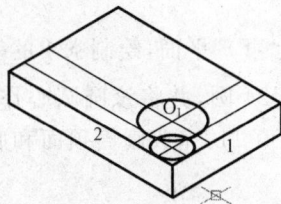

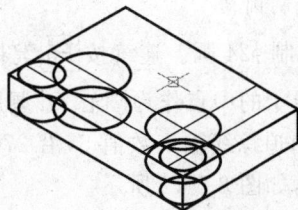

图 8-5-6 绘制 φ4、φ13 圆 · 图 8-5-7 复制各圆

4）复制等轴测圆。调用"复制"命令。选择半径为 4 的圆，并以该圆圆心为基点，沿 150°方向追踪线输入数值 34，复制出 R4 的圆；选择直径 φ13 的圆，并以该圆圆心为基点，

沿 150°方向追踪线输入数值 22,复制出 φ13 的圆;选择 2 个 R4 的圆和 2 个 φ13 的圆,选择任一顶点为基点,沿−90°方向追踪线输入数值 7,完成的图形如图 8-5-7 所示。

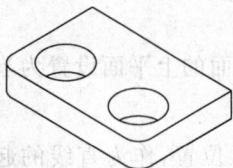

图 8-5-8　编辑各圆

5) 编辑各圆。调用"修剪"命令完成图形的修剪编辑,利用"对象捕捉"的"切点",绘制外公切线,并删除多余的线段,完成的图形如图 8-5-8 所示。

5. 绘制 L 形连接支架。

连续按 F5 键,直到在命令行显示"〈等轴测平面 右〉",将等轴测面的右平面设置为当前平面。

1) 绘制直线。调用"直线"命令,启用"极轴",选择右上角角点 A 为起点,沿 150°方向追踪线输入数值 9(得到 B 点),沿 90°方向追踪线输入数值 17(到 C 点),沿 30°方向追踪线输入数值 21(到 D 点),沿 90°方向追踪线输入数值 7(到 E 点),沿 210°方向追踪线输入数值 27(到 F 点),沿 270°方向追踪线输入数值 22(到 G 点),输入 C(闭合图形),完成 L 形支架侧面轮廓,以同样的方法绘制另外几条直线,完成 L 形支架的绘制,如图 8-5-9 所示。

2) 绘制 R4、R10 圆。连续按 F5 键将绘图平面切换到"右(R)"平面,绘制半径为 4 和半径为 10 的等轴测圆。

调用"复制"命令,选择 R10 的圆,并将该圆圆心作为基点,沿 150°方向追踪线输入数值 24,复制 R10 圆,如图 8-5-10 所示。

3) 编辑 L 形支架。修剪多余线条,完成 L 形支架的绘制,如图 8-5-11 所示。

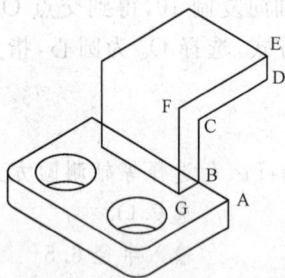

图 8-5-9　绘制 L 形支架　　　图 8-5-10　绘制 R4、R10　　　图 8-5-11　编辑 L 形支架

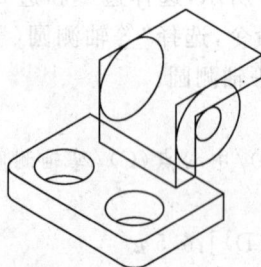

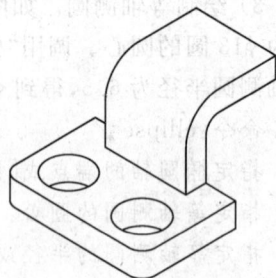

6. 绘制圆筒

1) 绘制 φ24 圆。连续按 F5 键将绘图平面切换到"上(T)"平面,绘制 φ24 的等轴测圆(选择直线 1 的中点作为圆心)。调用"复制"命令,选择 φ24 圆,并将该圆圆心作为基点,沿 90°方向追踪线输入数值 5,沿 270°方向追踪线输入数值 11,完成圆筒顶面和底面圆的轴测投影,如图 8-5-12 所示。

2) 编辑 φ24 圆柱,并绘制 φ12 圆孔。

修剪图形,并绘制等轴测圆的两条公切线(采用"捕捉到象限点"的特殊点捕捉方式)。

绘制 φ12 等轴测圆(圆心捕捉到最上面一个 φ24 圆的圆心),完成的图形如图 8-5-13 所示。

162

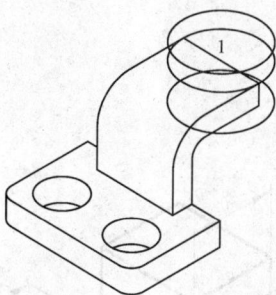

图 8-5-12　绘制 φ24 圆

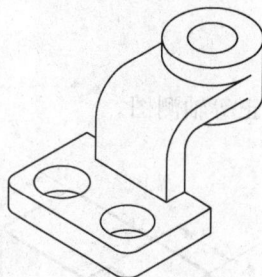

图 8-5-13　编辑 φ24、绘制 φ12

7. 绘制肋板

1) 连续按 F5 键,将绘图平面切换到"右(R)"平面,以 L 形支架的角点 A 为基点,复制该处的直线和与之相连的圆弧,沿 150°方向追踪线输入数值 9,完成的图形如图 8-5-14 所示。

2) 绘制肋板斜线。调用"直线"命令,以复制的直线端点 B 为起始点,沿－150°方向追踪线输入数值 22,然后用"捕捉到切点"捕捉复制的圆弧的切点,完成图形绘制,如图 8-5-15 所示。

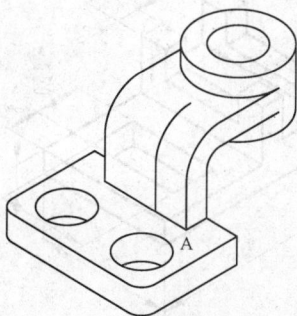

图 8-5-14　复制线条

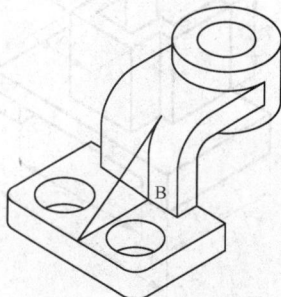

图 8-5-15　绘制肋板斜线

3) 复制斜线。调用"复制"命令,选择斜线,以斜线的端点为基点,沿 150°方向追踪线输入数值 7,复制斜线。修剪多余的线条,完成图形,如图 8-5-16 所示。

8. 检查整体图形

9. 标注尺寸

具体步骤略,完成支架轴测图绘制。

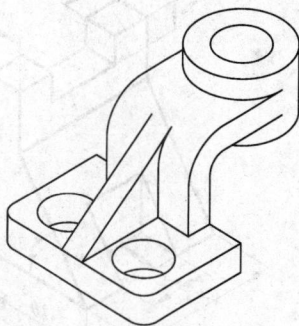

图 8-5-16　复制斜线、编辑图形

习　　题

绘制正等轴测图。

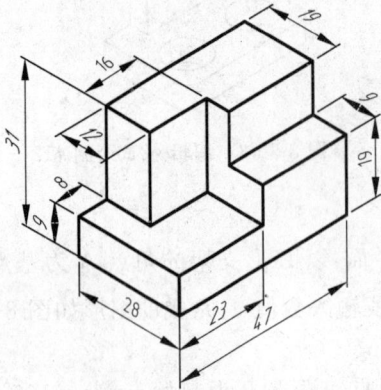

(1)

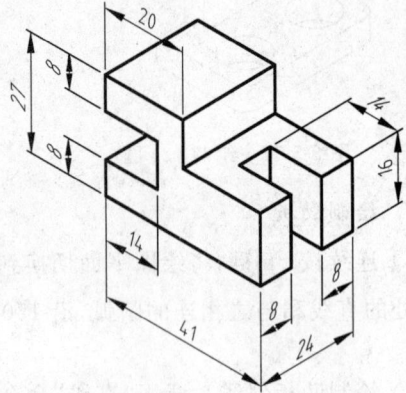

(2)

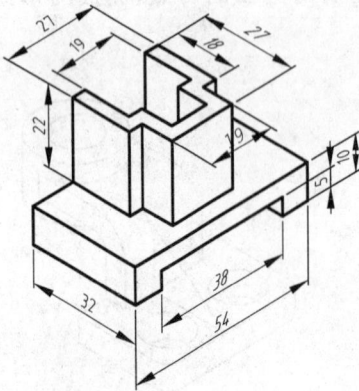

(3)

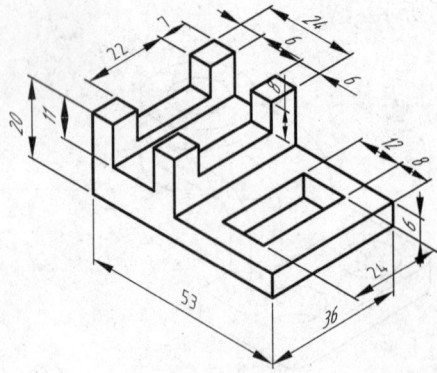

(4)

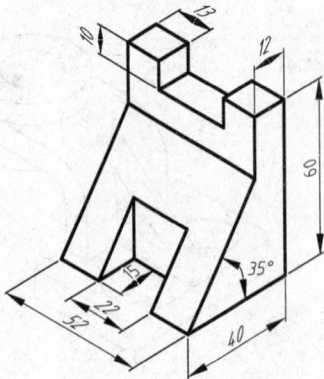

(5)

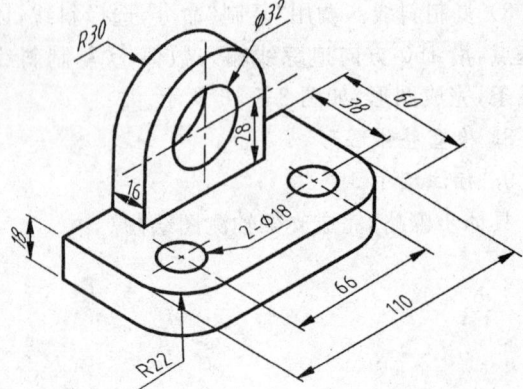

(6)

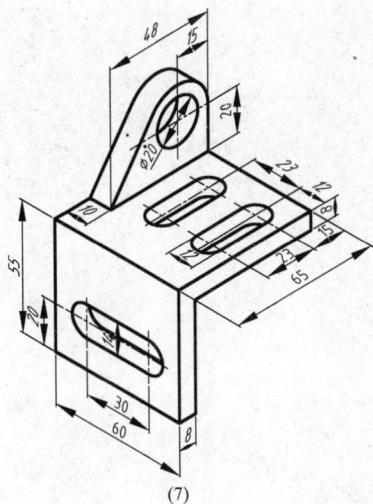

(7)

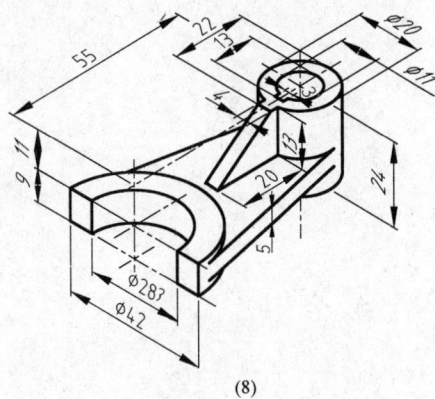

(8)

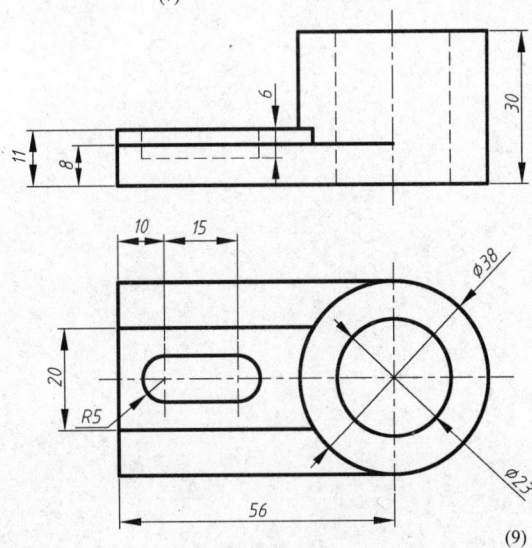

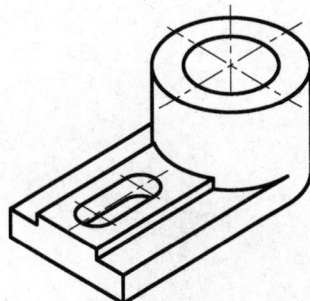

(9)

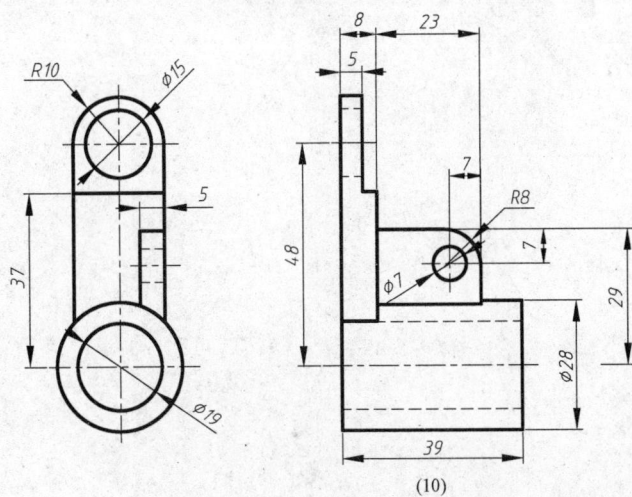

(10)

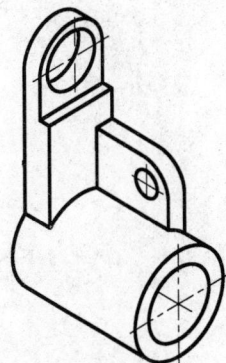

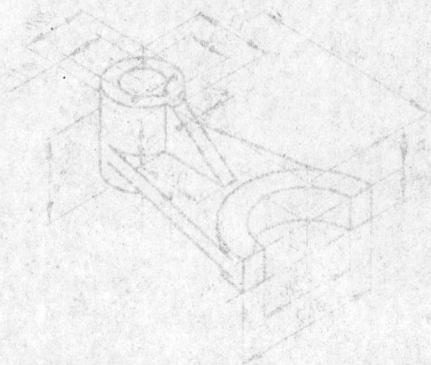

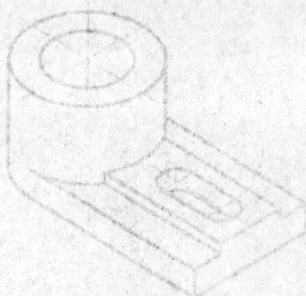

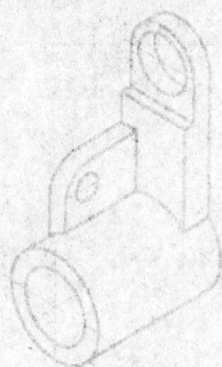

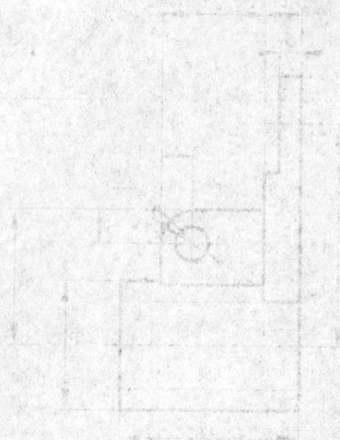

第三篇　三维绘图及出图

第 9 章

创建 3D 实体

—— 内容导航 ——

前面的各个章节主要学习了二维图形的创建和编辑，在 AutoCAD 2008 中还可以创建三维模型。虽然三维模型的创建比二维模型复杂，但其具有自身的优势。如用户在绘制产品图纸的过程中，用多个平面图形来全面反映产品的信息，但有时还需要观察这个产品的全局，以便得到更直观的效果，这时就需要绘制产品的三维立体图。由于三维图形的逼真效果，使得计算机三维设计越来越受到工程技术人员的青睐。

—— 教学目标 ——

了解三维绘图基本知识。

掌握创建简单三维实体的方法。

了解三维实体的编辑。

9.1　三维绘图基本知识

AutoCAD 2008 专门提供了用于三维绘图的工作界面，并提供了三维绘图控制台，从而方便了三维绘图的操作。UCS 是三维绘图的基础，利用其可使用户方便地在空间任意位置绘制各种二维或三维图形。对于三维模型，通过设置不同的视点，能够从不同的方向观看模型，能够控制三维模型的视觉样式，即控制模型的显示效果等。

9.1.1　三维绘图工作界面

AutoCAD 2008 专门提供了用于三维绘图的工作界面，即三维建模工作空间。从经典工作界面切换到三维绘图工作界面的方法：选择"工具"→"工作空间"→"三维建模"命令，或在"工作空间"工具栏的对应下拉列表中选择"三维建模"项。图 9-1-1 是 AutoCAD 2008 的三维绘图工作界面，其中界面启用了栅格功能，并关闭了工具选项板。

三维绘图工作界面由坐标系图标（三维图标）、控制台等组成。控制台用于执行 AutoCAD 2008 的常用三维操作。用户可以像二维绘图一样，通过工具栏或菜单执行 Auto-

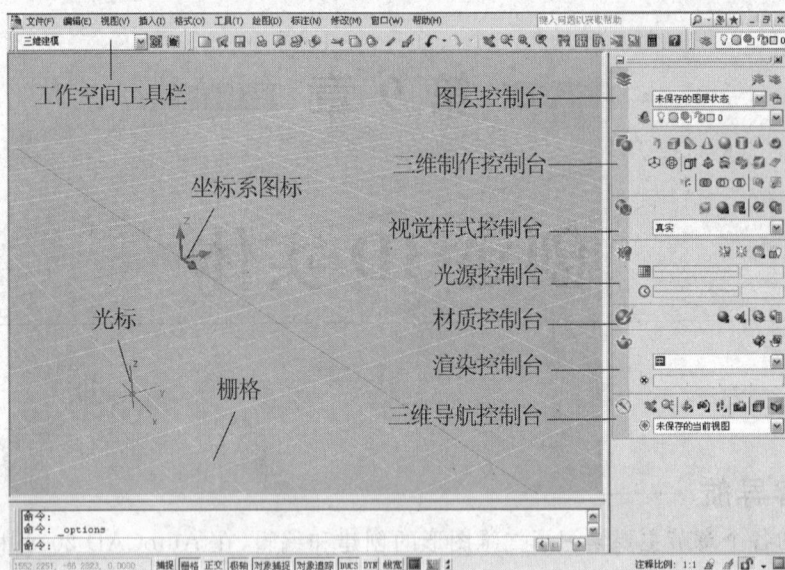

图 9-1-1　三维绘图界面

CAD 2008 的三维命令,但利用控制台则能够方便地执行 AutoCAD 2008 的大部分三维操作。

9.1.2　视觉样式

用于设置视觉样式的命令是 VSCURRENT,利用"视觉样式控制台"下拉列表、"视觉样式"菜单或"视觉样式"工具栏,可以方便地设置视觉样式。"视觉样式控制台"下拉列表是一些图像按钮,从左到右、从上到下依次为二维线框、三维隐藏、三维线框、概念以及真实 5 种视觉样式的图像按钮,见图 9-1-2。5 种视觉样式的显示效果如图 9-1-3 所示。

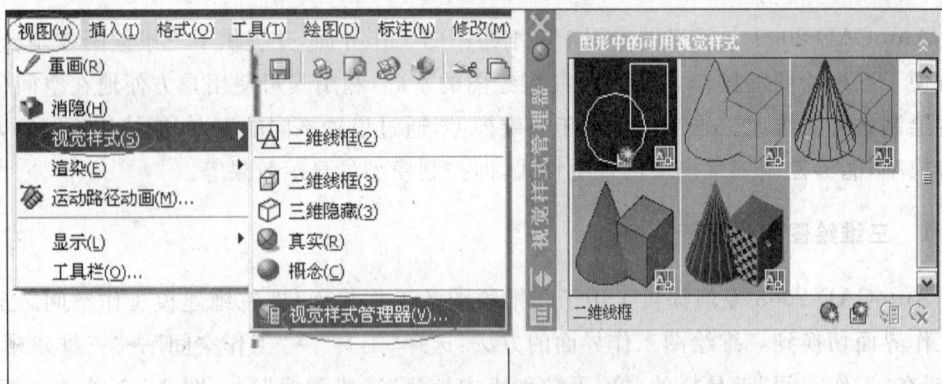

图 9-1-2　视觉样式

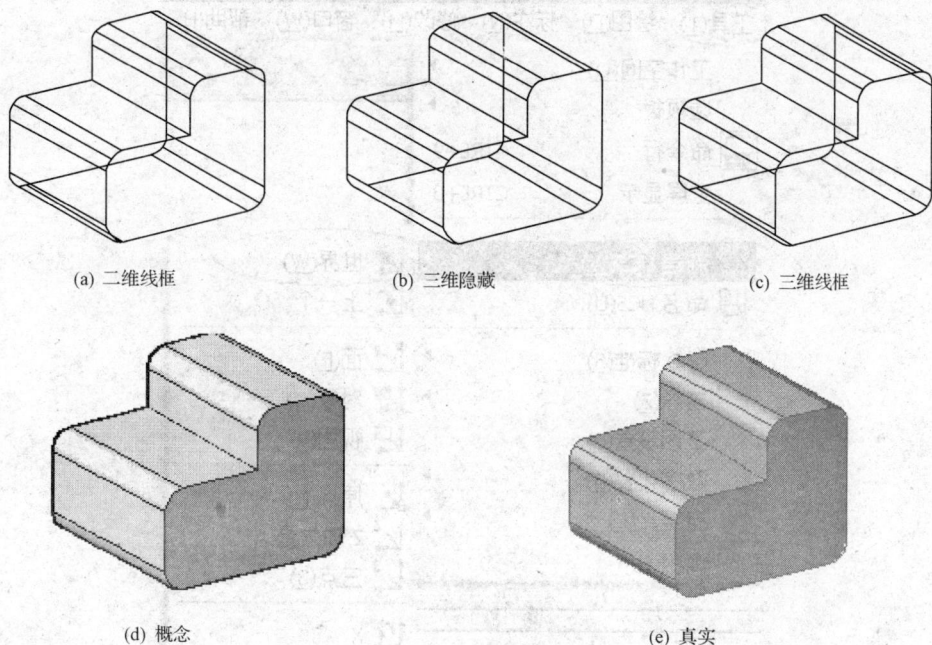

(a) 二维线框　　　　　　　　(b) 三维隐藏　　　　　　　　(c) 三维线框

(d) 概念　　　　　　　　　　　　　　　　(e) 真实

图 9-1-3　5 种视觉样式

9.1.3　AutoCAD 2008 坐标系

用 AutoCAD 2008 绘制二维图形时,通常是在一个固定坐标系,即世界坐标系(World Coordinate System,WCS)中完成的。在 AutoCAD 2008 中,世界坐标系又叫通用坐标系或绝对坐标系,其原点以及各坐标轴的方向固定不变。对于 AutoCAD 2008 的二维绘图来说,世界坐标系已足以满足要求。

为便于绘制三维图形,AutoCAD 允许用户定义自己的坐标系,用户定义的坐标系称为用户坐标系(User Coordinate System,UCS)。

建立 UCS 的命令是"UCS"。但在实际绘图中,利用 AutoCAD 2008 提供的下拉菜单或工具栏可方便地创建 UCS。见图 9-1-4。

9.1.4　视点

一旦用 AutoCAD 2008 创建出三维模型,就可以从任意方向观察它。AutoCAD 2008 通过视点来确定观察三维对象的方向,如图 9-1-5 所示。

1. 设置视点

命令行:VPOINT。

菜单:视图→三维视图→视点。

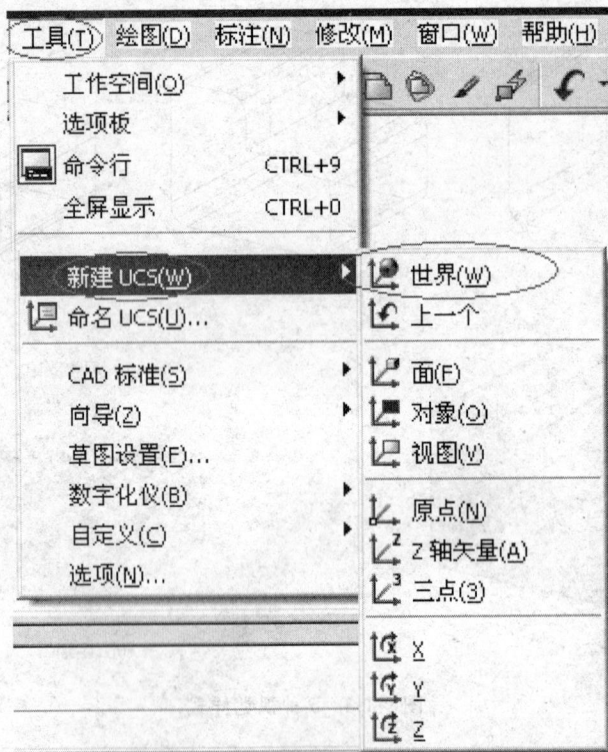

图 9-1-4 坐标系菜单命令

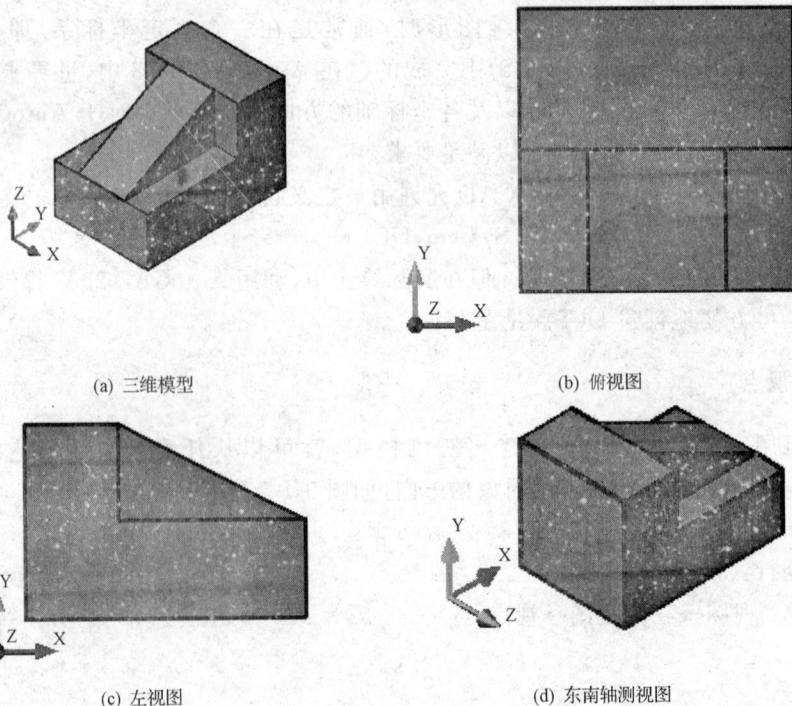

(a) 三维模型

(b) 俯视图

(c) 左视图

(d) 东南轴测视图

图 9-1-5 常见视图

2. 设置 UCS 平面视图

UCS 的平面视图是指用视点(0,0,1)观察图形时得到的效果,也就是使对应 UCS 的 *XY* 面与绘图屏幕平行。平面视图在三维绘图中非常有用,因为三维绘图一般是在当前 UCS 的 *XY* 面或与 *XY* 面平行的平面上进行的。当根据需要建立了新的 UCS 后,利用平面视图可使用户方便地进行绘图操作。

除可以通过执行 VPOINT 命令,用"0,0,1"响应来设置平面视图外,还可以用专门的命令 PLAN 设置平面视图。

执行 PLAN 命令,AutoCAD 2008 提示:"输入选项[当前 UCS(C)/UCS(U)/世界(W)]〈当前 UCS〉:"其中,"当前 UCS(C)"选项表示生成相对于当前 UCS 的平面视图;"UCS(u)"选项表示恢复命名保存的 UCS 的平面视图;"世界(W)"选项则生成相对于 WCS 的平面视图。此外,也可以用与"视图"→"三维视图"→"平面视图"菜单对应的子菜单设置对应的平面视图。

3. 利用对话框设置视点

通过"视点预置"对话框,用户可以形象、直观地设置视点。打开"视点预置"对话框的命令是 DDVPOINT,利用"视图"→"三维视图"→"预置视点"命令也可启动此命令。执行 DDVPOINT 命令,AutoCAD 2008 弹出如图 9-1-6 所示的"视点预置"对话框。

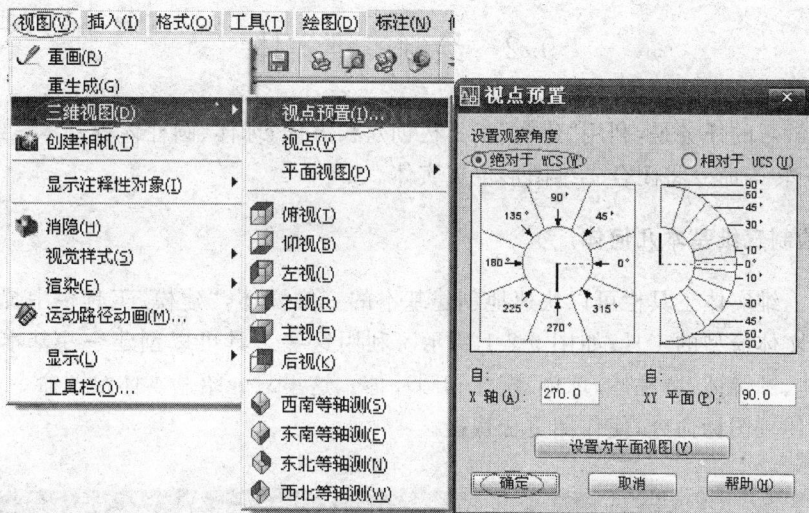

图 9-1-6　视点预置

4. 三维空间观察

在三维作图过程中,要经常观察实体的各部位及其相互之间的关系,可以通过执行"视图"菜单中的"三维动态观察器"命令,或者单击"三维动态观察器"工具栏上的图标来实现。执行命令后,屏幕出现一个回转圈,光标也变成转型的样式,如图 9-1-7 所示。读者也可以采用选按下 Shift 键再按下鼠标中键(滚轮)并拖曳的快速方式进行全方位的观察。

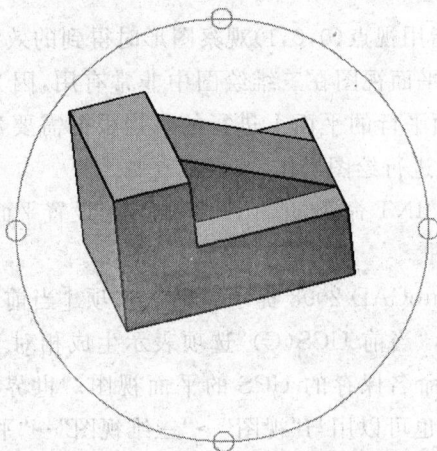

图 9-1-7　三维动态观察

观察完毕后,执行缩放中的返回命令🔍或按 Esc 键,恢复到原来的作图状态,保证继续作图的规范性。

9.2　绘制三维实体

本次学习的任务是,利用"建模"工具栏创建长方体、球体、圆柱体等基本三维形体;通过拉伸、旋转等命令将闭合二维图形生成实体。

9.2.1　绘制三维基本几何体

利用三维实体工具栏可以快速地创建基本的三维实体,"建模"工具栏中提供了一些创建三维实体模型的工具,如图 9-2-1 所示。利用这些工具可以创建一些基本的三维实体:长方体、圆锥体、圆柱体、球体、楔体和圆环体。这里只介绍基本体绘图命令,建议读者在练习时使用图标命令,使作图更加快捷。

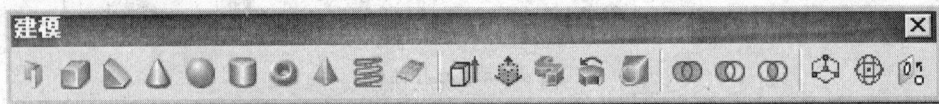

图 9-2-1　"建模"工具栏

表 9-2-1"建模"工具栏基本图标的含义。

表 9-2-1　"建模"工具栏基本图标含义

按钮	功能	操作方法
	创建长方体	指定长方体的一个角点,再输入另一个角点的相对坐标
	创建球体	指定球心,输入球半径
	创建圆柱体	指定圆柱体底面的中心点,输入圆柱体半径及高度
	创建圆锥体及圆锥台	指定圆锥体底面的中心点,输入锥体底面半径及锥体高度 指定圆锥台底面的中心点,输入锥台底面半径、顶面半径及锥台高度
	创建楔形体	指定楔形体的一个角点,再输入另一个对角点的相对坐标
	创建圆环	指定圆环中心点,输入圆环体半径及圆管半径
	创建棱锥体及棱锥台	指定棱锥体底面边数及中心点,输入锥体底面半径及锥体高度 指定棱锥台底面边数及中心点,输入棱锥台底面半径、顶面半径及棱锥台高度

1．长方体

长方体命令用于创建实体长方体。

（1）命令的调用

命令行：BOX。

菜单：绘图→建模→长方体。

图标："建模"工具栏 。

（2）应用

【例 9-1】　创建如图 9-2-2 所示的长方体。

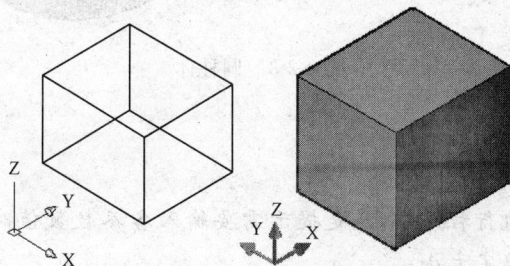

图 9-2-2　长方体

解：

命令：_box

指定长方体的角点：　　　　　　　　//在绘图区任意位置单击鼠标确定一点

指定角点或：[立方体(C)/长度(L)]：C✔　//选择长、宽、高方式

指定长度：7✔　　　　　　　//给定长度 7

指定宽度：6✔　　　　　　　//给定宽度 6

指定高度：5✔　　　　　　　//给定高度 5

在绘图区生成如图 9-2-2 所示的图形。（若只看到长方形,则执行"视图"→"三维视图"→"东南等轴测"命令,可以看到生成的长方体）

2. 圆柱体

圆柱体命令用于以圆或椭圆作为底面创建圆柱体。

（1）命令的调用

命令行：CYLINDER。

菜单：绘图→建模→圆柱体。

图标："建模"工具栏 。

（2）应用

【例 9-2】 创建如图 9-2-3 所示的圆柱体。

解：

命令：_cylinder

指定圆柱体底面的中心点：   //在绘图区单击鼠标确定中心

指定圆柱体底面的半径:3✓   //输入半径 3

指定圆柱体高度:6✓   //输入半径 6。

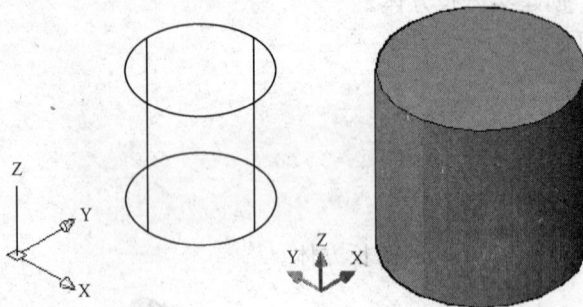

图 9-2-3 圆柱体

✿ **注意**

在每个实体命令执行程序中,凡是提示需要输入各参数数值时,也可以使用鼠标在屏幕上任意点取两点确定大小。

---

3. 楔体

楔体命令用于沿 X 轴创建具有倾斜面锥体形式的三维实体。

（1）命令的调用

命令行：WEDGE。

菜单：绘图→建模→楔体。

图标："建模"工具栏 。

（2）应用

【例 9-3】 创建如图 9-2-4 所示的楔体。

解：

命令：_wedge

指定楔体的第一角点：   //在绘图区任意位置单击鼠标确定一点

指定角点或:[立方体(C)/长度(L)]:1　　　//选择长、宽、高方式
指定长度:4↙　　　　　　　　　　//给定长度 4
指定宽度:3↙　　　　　　　　　　给定宽度 3
指定高度:5↙　　　　　　　　　　//给定高度 5

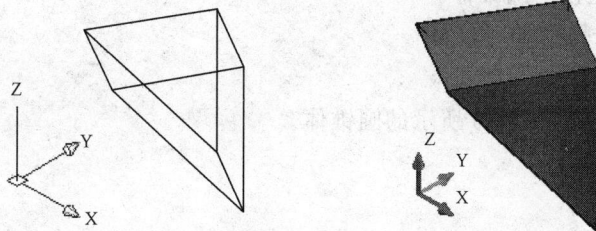

图 9-2-4　楔体

4．球体

球体命令用于创建三维实体球体。

（1）命令的调用

命令行：SPHERE。

菜单：绘图→建模→球体。

图标:"建模"工具栏 🔵

（2）应用

【例 9-4】　创建如图 9-2-5 所示的球体。

解:

命令:_sphere

指定中心点或 [三点(3P)/两点(2P)/相切、相切、半径(T)]：　//在绘图区任意位置
　　　　　　　　　　　　　　　　　　　　　　　　　　单击鼠标确定中心

指定半径或 [直径(D)]〈2.4049〉:10↙　　　　　　//输入半径 10

图 9-2-5　球体

❖　**注意**

　　球体上每个面的轮廓线的数目太小（为默认数值 4），可以通过 ISOLINES 变量来改变每个面的轮廓线的数目。在命令行中输入 ISOLINES，按 Enter 键，输入数值 15。

5. 圆锥体

圆锥体命令用于创建三维实体圆锥或椭圆锥。

(1) 命令的调用

命令行：CONE。

菜单：绘图→建模→圆锥体。

图标："建模"工具栏 。

(2) 应用

【例9-5】 创建如图9-2-6所示的圆锥体。

解：

命令:_cone

指定底面的中心点或[三点(3P)/两点(2P)/相切、   //在绘图区任意位置单击
相切、半径(T)/椭圆(E)]:   鼠标确定中心

指定底面半径或[直径(D)]〈10.0000〉:10✓   //输入底面半径10

指定高度或[两点(2P)/轴端点(A)/顶面半径(T)]:15✓ //给定高度15

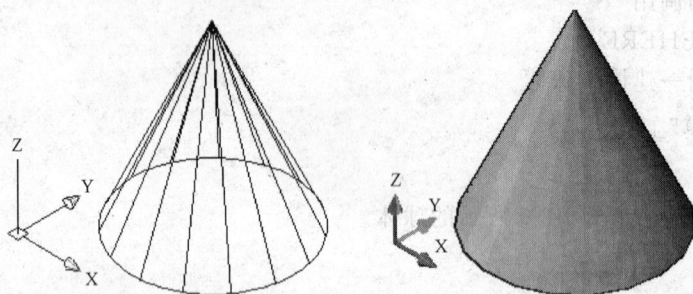

图 9-2-6　圆锥体

6. 圆环体

圆环体命令用于创建圆环形实体。

(1) 命令的调用

命令行:TORUS。

菜单:绘图→建模→圆环体。

图标:"建模"工具栏 。

(2) 应用

【例9-6】 创建如图9-2-7所示的圆环体。

解：

命令:_torus

指定圆环体中心: //在绘图区任意位置单击鼠标确定中心

指定圆环体半径:3✓   //输入圆环半径3

指定圆管半径:1✓   输入圆管半径1

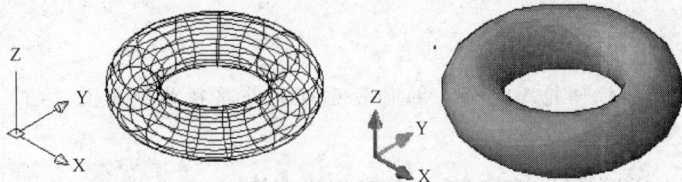

图 9-2-7　圆环体

9.2.2　间接生成三维实体

1. 拉伸体

（1）命令的调用

命令行：EXTRUDE（缩写：EXT）。

菜单：绘图→建模→拉伸。

图标："建模"工具栏 ▣

（2）拉伸方法

1）指定高度值拉伸。首先在俯视图中绘制如图 9-2-8 所示的封闭图形。然后单击"建模"工具栏中的"拉伸"工具图标 ▣，选择所有图形，按 Enter 键，命令行提示"指定拉伸高度"，输入数值 20，按两次 Enter 键，得到拉伸后的三维实体，如图 9-2-9 所示。

2）指定高度和倾斜角度值拉伸。以图 9-2-8 所示的图形为基础，执行拉伸命令，输入拉伸高度为 40，拉伸的倾斜角度为 10，得到的拉伸结果如图 9-2-10 所示。

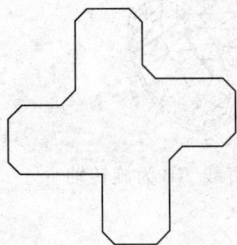

图 9-2-8　二维闭合图形

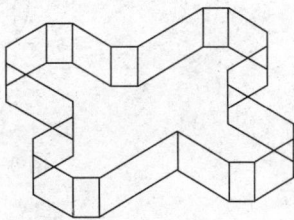

图 9-2-9　拉伸一

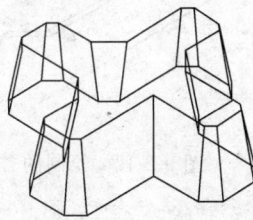

图 9-2-10　拉伸二

3）指定路径拉伸。路径拉伸方式如图 9-2-11 所示。

图 9-2-11　沿路径曲线拉伸

✤ **注意**

路径曲线不能和拉伸轮廓共面。拉伸轮廓处处与路径曲线垂直。

2. 旋转体

旋转命令用于通过绕轴旋转二维对象来创建实体。

(1) 命令的调用

命令行:REVOLVE(缩写:REV)。

菜单:绘图→建模→旋转。

图标:"建模"工具栏 ⊘。

(2) 应用

1) 绘制出如图 9-2-12 所示的图形。

2) 单击"建模"工具栏中的"旋转"工具图标 ⊘,选择闭合多段线,按 Enter 键,捕捉直线 AB 的两端点作为旋转轴,输入旋转角度 360°,得到旋转后的图形如图 9-2-13 所示。

3) 以直线 CD 作为旋转轴旋转图形,将得到如图 9-2-14 所示的效果。

4) 以直线 AB 作为旋转轴旋转图形,此时输入旋转角度为 90°,将得到如图 9-2-15 所示的效果。

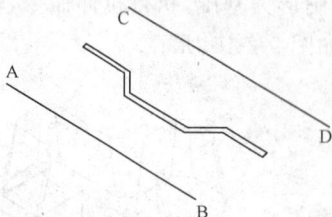

图 9-2-12　绘制的二维图形

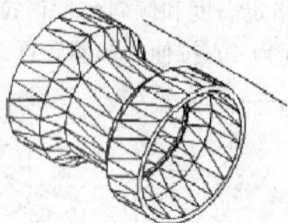

图 9-2-13　以直线 AB 为旋转轴

图 9-2-14　以直线 CD 为旋转轴

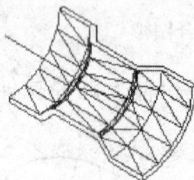

图 9-2-15　以直线 AB 为旋转轴,旋转 90°

9.3　三维图形的编辑

将最基本的三维几何体加以编辑和组合,便可以创建出复杂的三维图形。在二维绘图中介绍过的图形编辑命令,大多数也适用于三维图形,且操作步骤基本相同,只是操作方式不同而已,如圆角、倒角、镜像、阵列、复制等。另外,三维图形还有其特有的编辑方法,可以通过求并集、差集、交集创建实体;可以将一个实体进行剖切成几部分;可以拉伸、移动、偏移、删除、旋转、复制以及着色三维实体的面;复制与着色三维实体的边等。灵活运用各种三维实体编辑命令可以制作出各种三维实体模型。

9.3.1   三维实体编辑

1. 并集

并集命令用于对所选择的三维实体进行求并运算,可将两个或两个以上的实体进行合并,从而形成一个整体。

(1) 命令的调用

命令行:UNION(缩写:UNI)。

菜单:修改→实体编辑→并集。

图标:"实体编辑"工具栏 ◎。

(2) 应用

1) 利用三维实体工具栏创建一个大圆柱体和 8 个小圆柱体,如图 9-3-1 所示。

2) 在命令行中输入命令"Union",选择所有圆柱体,按 Enter 键确认,得到合并后的三维实体,如图 9-3-2 所示。

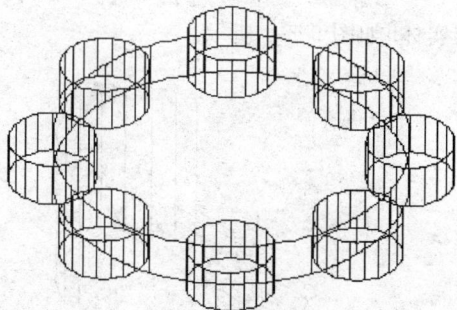

图 9-3-1   原图

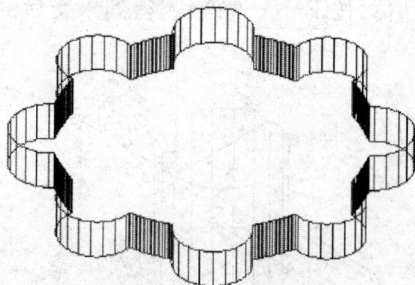

图 9-3-2   合并后的三维实体

2. 差集

差集命令用于对三维实体或面域进行求差运算,实际上就是从一个实体中减去另一个实体,最终得到一个新的实体。

(1) 命令的调用

命令行:SUBTRACT(缩写:SU)。

菜单:修改→实体编辑→差集。

图标:"实体编辑"工具栏 ◎。

(2) 应用

以图 9-3-1 所示的图形为基础,在命令行中输入命令"Subtract",单击选择大圆柱体,如图 9-3-3 所示。按 Enter 键确认,然后单击选择 8 个小圆柱体,按 Enter 键确认,得到求差后的三维实体,如图 9-3-4 所示。

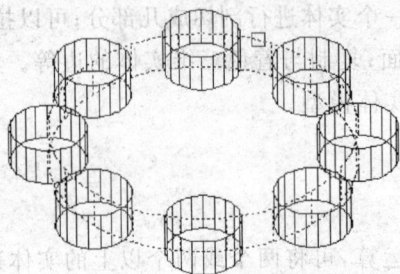

图 9-3-3　选择大圆柱体

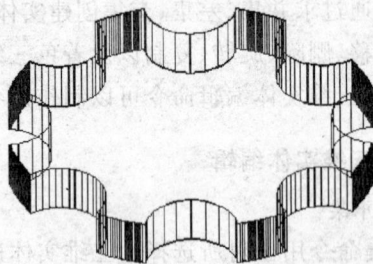

图 9-3-4　求差后的三维实体

3. 交集

交集命令用于对两个或两上以上的实体进行求交运算,将会得到这些实体的公共部分,而每个实体的非公共部分便会被删除。

(1) 命令的调用

命令行:INTERSECT(缩写:IN)。

菜单:修改→实体编辑→交集。

图标:"实体编辑"工具栏 ⑩。

(2) 应用

以图 9-3-5 所示的图形为基础,在命令行中输入命令"Intersect",然后选择立方体和大圆柱体,按 Enter 键确认,得到求交后的三维实体,如图 9-3-6 所示。

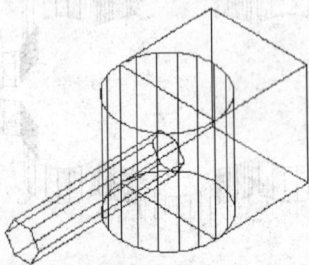

图 9-3-5　基础三维实体

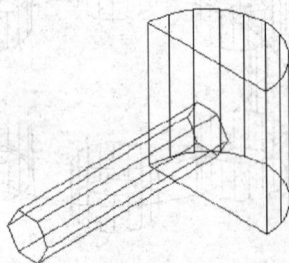

图 9-3-6　求交后的三维实体

4. 圆角和倒角实体

在前面内容中已经学习了用圆角与倒角命令编辑二维图形的方法,其实这些命令同样适用于三维图形。图 9-3-7 为将一个长方体的棱边修圆角后的效果;图 9-3-8 为将其修倒角后的效果。

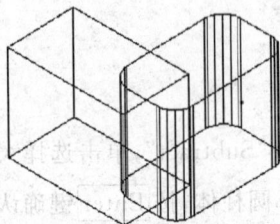

图 9-3-7　修圆角后的效果

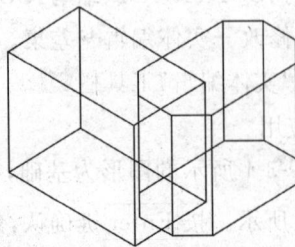

图 9-3-8　修倒角后的效果

9.3.2 实例

创建效果如图 9-3-9 所示的联轴器三维实体。

分析:首先使用圆柱体工具制作轴身;然后对其进行倒角;再通过绘制草图拉伸制作平键,再作差集处理;最后对图形进行渲染。具体步骤如下所述。

1) 新建文件。执行"文件"→"新建"命令,创建一个新图形。

2) 作圆柱实体。单击"建模"工具栏图标█或输入命令"cylinder",创建直径为 φ35,高度为 30 的圆柱体,如图 9-3-10 所示。

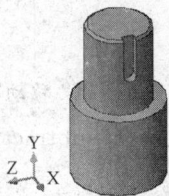

图 9-3-9 联轴器实体   图 9-3-10 创建大圆柱体

3) 创建新的坐标平面。单击"UCS"工具栏图标█,选择圆柱的上顶面为新的坐标平面。

4) 单击"建模"工具栏图标█,在当前坐标平面内,以平面内圆的圆心为新圆柱的圆心,作直径为 φ25、高度为 36 的圆柱。

5) 倒角处理。单击"修改"工具栏图标█或输入命令"chamfer"(输入倒角距离为 1),将圆柱上顶面的边进行倒角处理,如图 9-3-11 所示。

6) 单击"视图"工具栏图标█,将图形切换到主视图,在该视图中绘制平键草图,如图 9-3-12 所示。

图 9-3-11 创建小圆柱并倒角   图 9-3-12 绘制平键草图

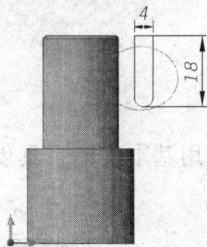

7) 编辑多段线,单击"修改Ⅱ"工具栏图标█,将所作的草图合并为一个闭合的图形。

8) 拉伸实体。单击"建模"工具栏图标█或输入命令"extrude",选择草图为拉伸对象,高度 4。

9) 旋转处理。单击"修改"工具栏图标█,将实体旋转,如图 9-3-13 所示。

10) 单击"视图"工具栏图标█,将图形切换到俯视图,执行"移动"命令,借助辅助线,将实体移动,保证平键底面与轴线的距离为 22.5,如图 9-3-14 所示。

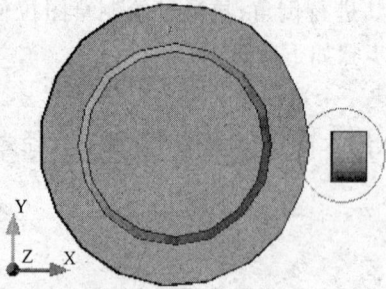

图 9-3-13　旋转平键实体

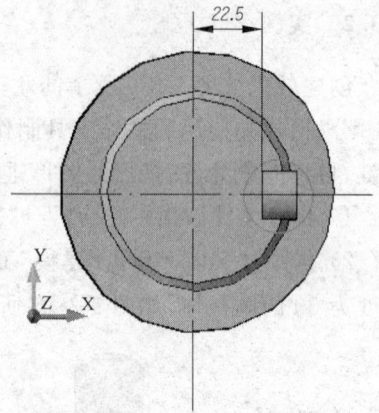

图 9-3-14　移动平键实体

11）差集处理。单击"实体编辑"工具栏图标 ⊙ 或输入命令"subtract"，选中轴为保存对象，选中平键实体为消去对象，结果如图 9-3-15 所示。

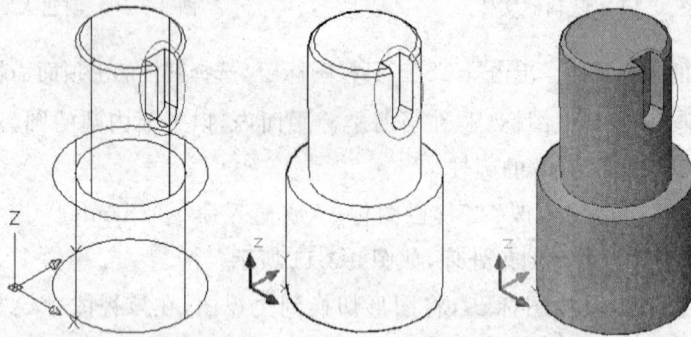

图 9-3-15　三种视觉显示

习　　题

9-1　用基本实体工具创建以下模型。

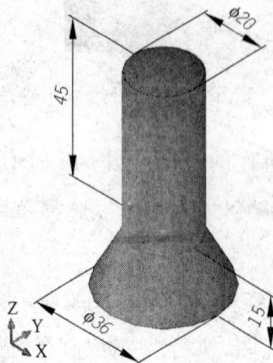

(1)

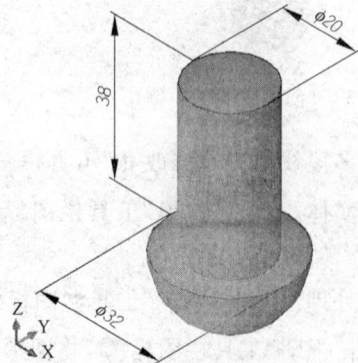

(2)

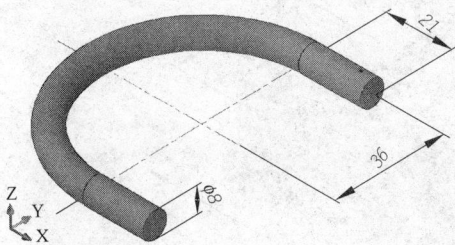

(3)

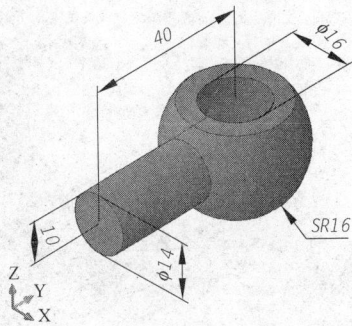

(4)

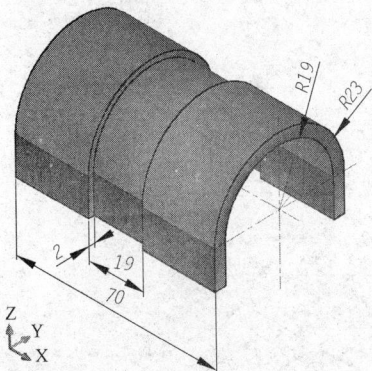

(5)

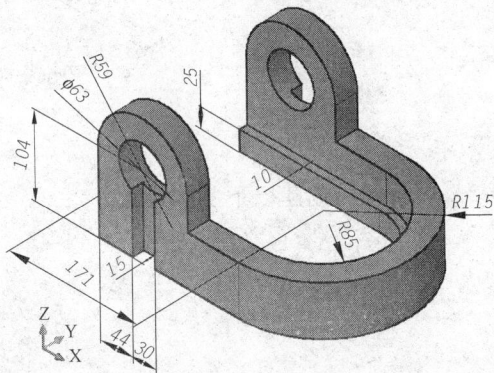

(6)

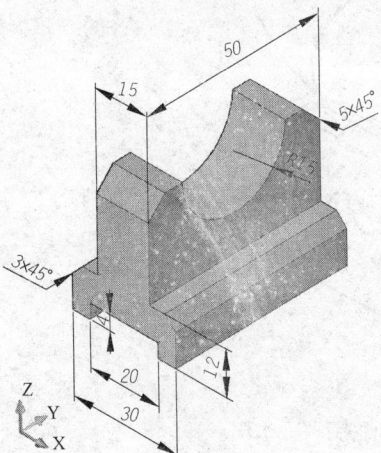

(7)

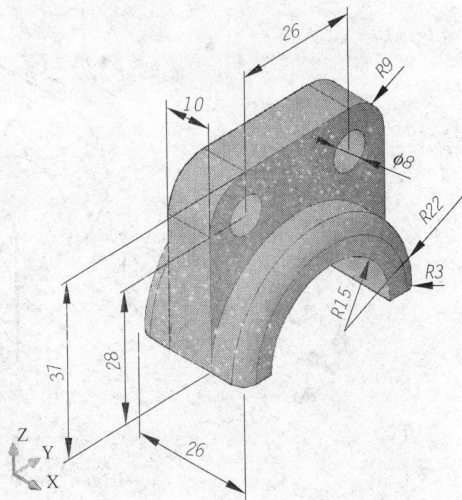

(8)

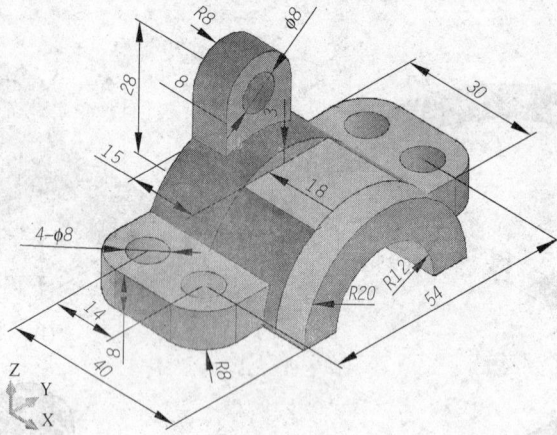

(9)

9-2　用拉伸体创建以下实体模型。

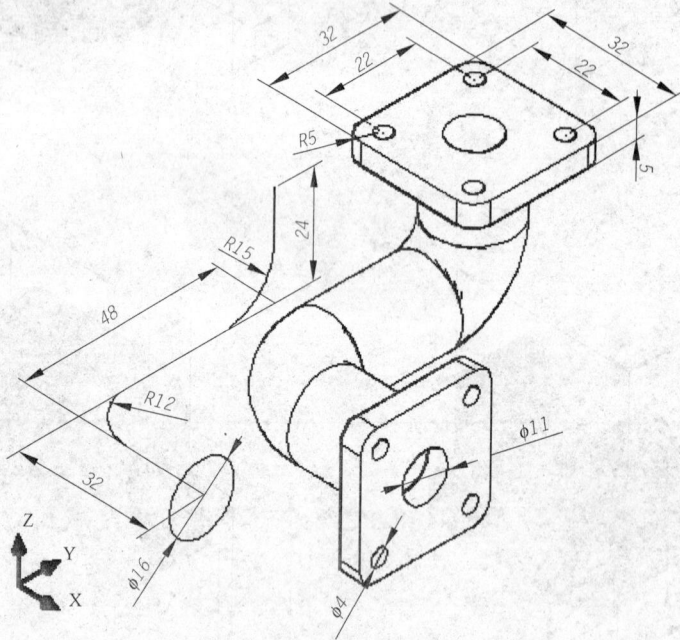

沿路径拉伸平面图形

9-3　用三维实体编辑绘制以下实体模型。

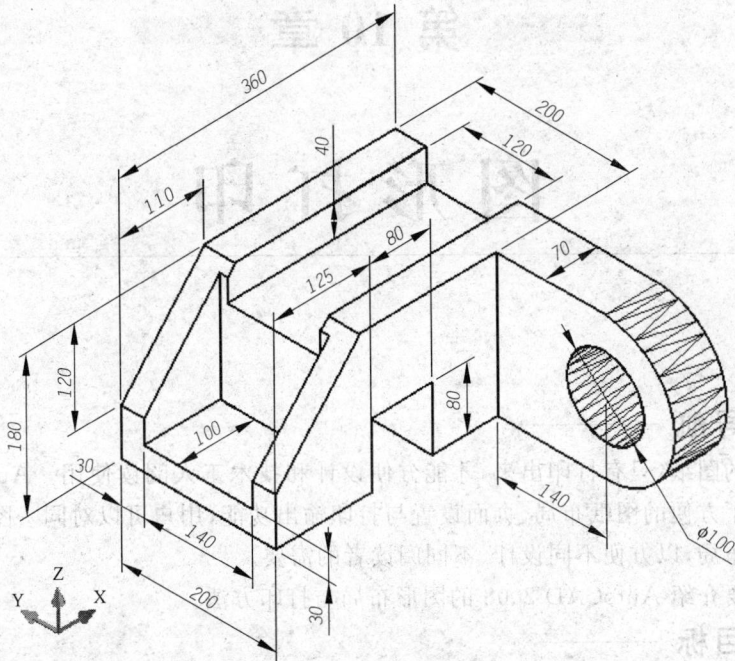

(1)

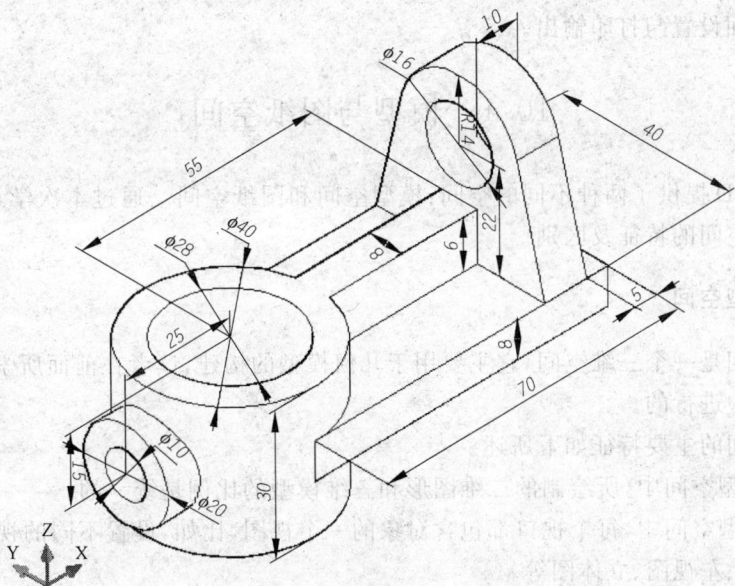

(2)

■ 第 10 章 ■

图形打印

── 内容导航 ───────

设计好的图纸，只有打印出来，才能方便设计和技术工人阅读使用。AutoCAD 2008 为我们提供了方便的图纸布局、页面设置与打印输出功能，用户可以对同一图形对象进行多种不同的布局，以方便不同设计、不同阅读者的需要。

本项主要介绍 AutoCAD 2008 的图形布局与打印方法。

── 教学目标 ───────

了解模型与图纸空间。

了解布局与视口操作。

了解页面设置与打印输出。

10.1 模型与图纸空间

AutoCAD 提供了两种不同的空间：模型空间和图纸空间。通过本次学习，读者将了解两种不同空间的特征及区别。

10.1.1 模型空间

模型空间是一个三维空间，它主要用于几何模型的构建，读者在前面所学的内容都是在模型空间中进行的。

模型空间的主要特征如下所述。

1）在模型空间中，所绘制的二维图形和三维模型的比例是统一的。

2）在模型空间中，每个视口都包含对象的一个视图，比如，设置不同的视口会得到主视图、俯视图、左视图、立体图等。

3）用 Vports 命令创建视口和设置视口，还可以保存起来以备后用。

4）视口是平铺的，他们不能重叠，总是彼此相邻。

5）当前视口只有一个，十字光标只能出现在该视口中，只能编辑该视口。

6）只能打印活动的视口。

7）系统变量 maxactvp 决定了视口的范围是 2～64。

10.1.2　图纸空间

在 AutoCAD 中，图纸的空间是以布局的形式来表现的。一个图形文件中可包含多个布局，每个布局代表一张单独的打印输出图纸，主要用于创建最终的打印布局，而不用于绘图或设计工作。在绘图区域底部选择"布局"选项卡，就能查看相应的布局。

图纸空间的主要特征如下所述。

1）只有激活了 ms 命令后，才可以平移、缩放图形文件。

2）视口的边界是实体。可以删除、移动、缩放和拉伸视口。

3）视口的形状没有限制。

4）视口不是平铺的，可以用各种方法将它们重叠、分离。

5）每个视口都在自定的图层上，视口边界和当前层的颜色相同，但线型为实线。

6）可以同时打印多个视口。

7）十字光标可以不断延伸，处于任一视口中。

8）可通过 mview 命令打开或关闭视口；通过 solview 命令创建视口或者用 vports 命令恢复在模型空间中保存的视口。

9）系统变量 maxactvp 决定了活动状态下的视口数最多是 64。

10.2　布局与视口

在图纸空间可以进行不同的布局及创建新布局、设置多个视口、视口的调整等操作。

10.2.1　创建布局

在建立新图形的时候，AutoCAD 会自动建立一个"模型"选项卡和两个"布局"选项卡。其中"模型"选项卡不能删除也不能重命名；而"布局"选项卡可以删除、重命名，且个数没有限制。

在 AutoCAD 2008 的"插入"→"布局"子菜单下，有 3 种创建布局的方法：新建布局、来自样板的布局和创建布局向导，如图 10-2-1 所示。

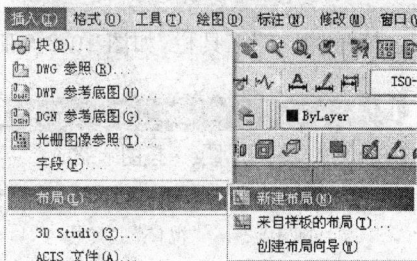

图 10-2-1　创建布局

1. 新建布局

命令：_layout

输入布局选项［复制（C）/删除（D）/新建（N）/样板（T）/重命名（R）/另存为（SA）/设置（S）/?］〈设置〉：n↙　　　//新建布局

输入新布局名〈布局 3〉：　　　　　　　　　　　　　//输入新布局名

也可以用鼠标在任一"布局"选项卡上单击右键，在弹出的快捷菜单中选择"新建布局"命令。这种方式创建的新布局无需输入布局的名称，系统自动按"布局 3"、"布局 4"依次命名。如有需要，可通过"重命名"更改布局名字。

2. 使用布局样板

可以利用系统提供的样板来创建布局,如图 10-2-2 所示。

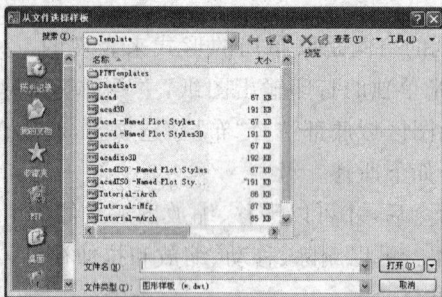

图 10-2-2　从文件选择样板布局

3. 利用向导创建

AutoCAD 2008 为用户提供了简单明了的布局创建方法。如图 10-2-3 所示。

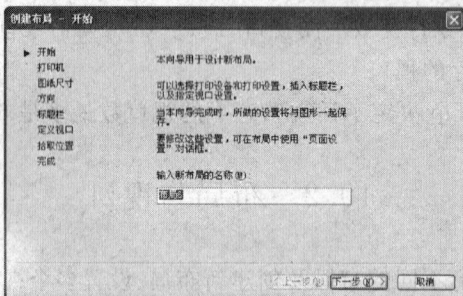

图 10-2-3　创建布局向导

10.2.2　视口操作

打开"视口"工具栏,如图 10-2-4 所示。

图 10-2-4　"视口"工具栏

用户创建的布局,默认情况下只有一个视口,通过"视口"工具栏的相关命令可以创建多个视口、多边形视口和将对象转换为视口等。

1) 编辑图形对象:当需要在图纸空间中编辑模型空间中的对象时,利用 ms 命令激活视口(激活的视口将以粗边框显示),进行编辑。若要取消编辑,用 ps 命令取消即可。

2) 删除视口:单击需要删除的视口边界,此时视口被选中(显示夹点),然后选择"删除"命令即可。

3) 新建视口:选择"视图"→"视口"→"新建视口"命令(或单击"视口"工具栏的 ⊞ 按钮),打开"视口"对话框,根据需要设置视口的数量和排列方式,在布局视口中指定对角点,确定新建视口的大小即可。

4）新建多边形视口：选择"视图"→"视口"→"多边形视口"命令，然后在布局视口中根据需要，与绘制多边形的方法一样依次指定角点。

5）将对象转换为视口：选择"视图"→"视口"→"对象"命令，然后在布局视图中选择封闭的图形对象，将其设置为新的视口。（需要注意的是，要转换的对象需为一个整体。）

6）调整视口形状与大小：选中视口，利用夹点编辑视口的大小。

10.2.3　布局的管理

在"布局"选项卡处单击右键，弹出快捷菜单，如图 10-2-5 所示。

当用户新建一个布局，或者对布局的视口进行了调整后，同样可以对其进行删除、重命名、移动和复制等操作。在图 10-2-5 中选择对应的命令即可。

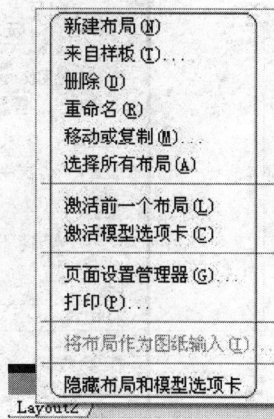

图 10-2-5　"布局"快捷菜单

| 新建布局 (N) |
| 来自样板 (T)… |
| 删除 (D) |
| 重命名 (R) |
| 移动或复制 (M)… |
| 选择所有布局 (A) |
| 激活前一个布局 (L) |
| 激活模型选项卡 (C) |
| 页面设置管理器 (G)… |
| 打印 (P)… |
| 将布局作为图纸输入 (I) |
| 隐藏布局和模型选项卡 |

Layout2

10.3　打印设置与出图

通过本次学习，读者将了解从模型空间和图纸空间出图的两种出图方法。

10.3.1　从模型空间出图

特点：只能以单一比例进行打印。

1. 命令的调用

命令行：POLT。

菜单：文件→打印。

图标："标准"工具栏 。

执行命令后打开"打印—模型"对话框，如图 10-3-1 所示。

2. 说明

下面对"打印—模型"对话框的主要功能进行说明。

（1）打印机/绘图仪

在"名称"下拉列表中选择相应的打印机，选中后，在"名称"下拉列表下方显示设备的名称、连接端口及其他注释信息。若想修改当前打印设置，可单击 特性 (R)… 按钮。

（2）图纸尺寸

在下拉列表中选择图纸尺寸，该下拉列表中包含了已选打印设备可用的标准图纸尺寸。

（3）预览框

显示当前的打印设置，如图纸尺寸等。

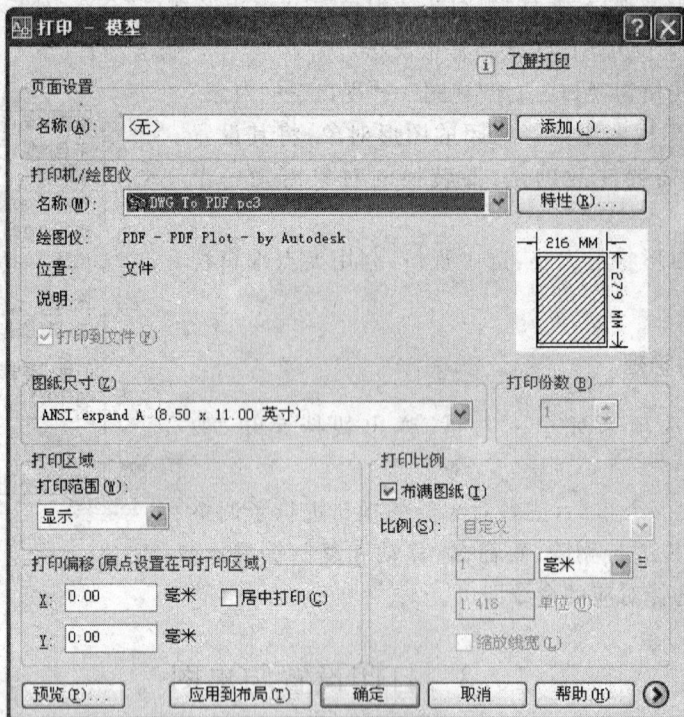

图 10-3-1 "打印—模型"对话框

（4）打印区域

该区域的"打印范围"下拉列表中包含了 4 个选项，我们利用图 10-3-2 所示的图形说明这些选项的区别。请读者注意图形在窗口中的位置。

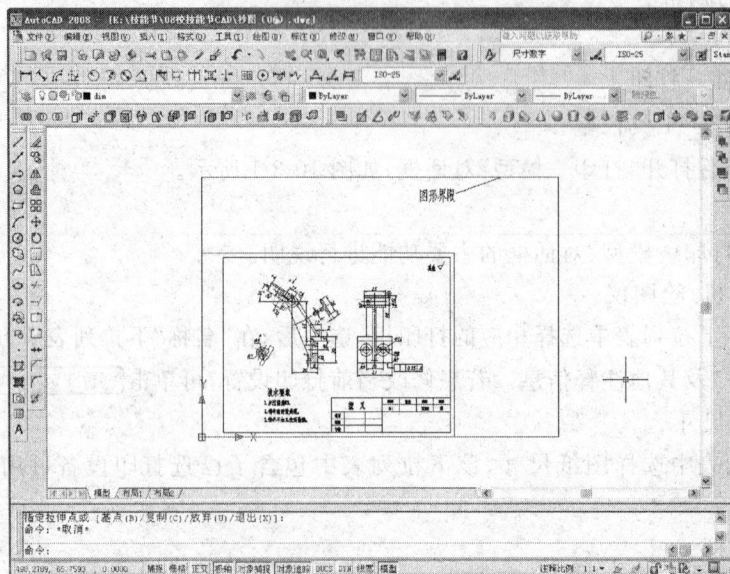

图 10-3-2 设置打印区域

"显示"：打印整个图形窗口，打印结果如图 10-3-3 所示。

"图形界限"：打印设定的图形界限（用 limits 命令设定的界限），打印结果如图 10-3-4 所示。

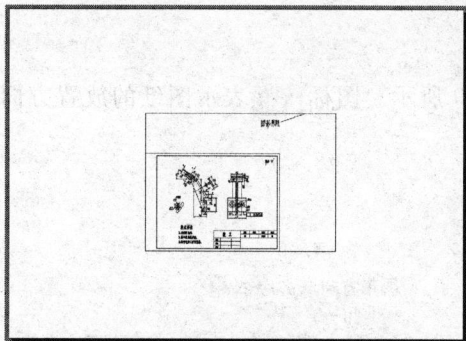

图 10-3-3　"显示"选项

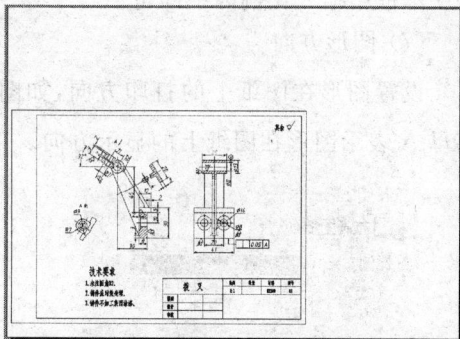

图 10-3-4　"图形界限"选项

"范围"：打印文件中的所有图形对象，打印结果如图 10-3-5 所示。

"窗口"：打印自己设定的区域（需根据提示指定两个对角点），同时显示按钮 ▊窗口(0)<▊，单击此按钮可重新设定打印区域。如图 10-3-6 所示。

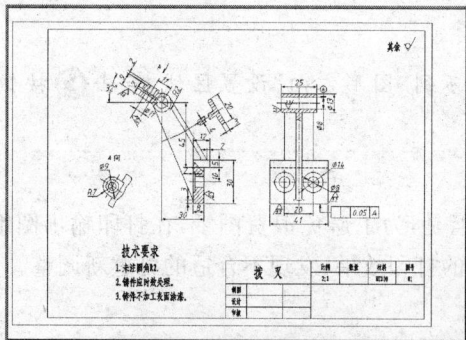

图 10-3-5　"范围"选项

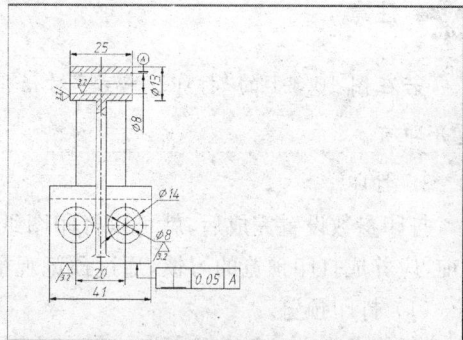

图 10-3-6　"窗口"选项

（5）打印偏移

图形在图纸上的打印位置由"打印偏移"确定，如图 10-3-7 所示。默认情况下，AutoCAD 从图纸左下角打印图形。左下角的坐标为（0，0），即打印的原点在图纸的左下角。我们可以利用"打印偏移"对话框中的选项来重新设定打印原点。

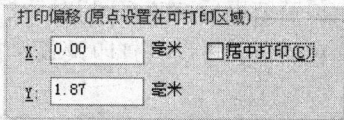

图 10-3-7　"打印偏移"的选项

1）Y：指定打印原点在 Y 方向的偏移量。

2）X：指定打印原点在 X 方向的偏移量。

3）居中打印：在图纸的正中间打印图形（X、Y 的偏移量由系统自动计算）。

（6）打印比例

设置图形的出图比例，如图 10-3-8 所示。

1）布满图纸：按图纸空间自动缩放图形。

2）比例：在下拉列表中选择需要的打印比例，或选择"自定义"自定打印比例，在下方的文本框中输入比例因子即可。

（7）图形方向

设置图形在图纸上的打印方向，如图 10-3-9 所示。图标 $\boxed{\text{A}}$ 表示图纸的放置方向，字母 A 表示图形在图纸上的显示方向。

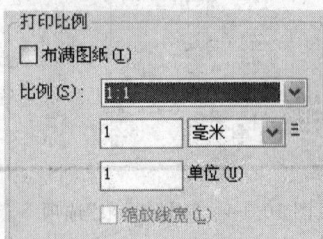

图 10-3-8　"打印比例"的选项　　　　　图 10-3-9　"图形方向"的选项

反向打印：使图形颠倒打印，与纵向、横向结合使用。

注意

若在图 10-3-1 的"打印—模型"对话框中找不到"图形方向"设置区域，点击 ⊙ 按钮展开即可。

3. 打印

打印参数设置完成后，就可以打印图纸了。但是，为了避免浪费图纸，在打印输出图纸之前，应养成打印预览的习惯，通过预览观察图形的打印效果，发现不合适的可重新调整。

（1）打印预览

单击"打印"对话框左下角的 预览(P)… 按钮，AutoCAD 显示实际的打印效果。查看完毕后，按 Esc 键或 Enter 键返回"打印"对话框。

（2）保存打印设置

预览结束后，在"打印"对话框中单击"确定"按钮，将打开图 10-3-10 所示的保存打印设置对话框。可以将打印设置保存起来已备后用。

（3）打印

保存好后自动打印文件。

10.3.2　从图纸空间出图

特点：可以将不同绘图比例的图纸放在一起打印。

单击"布局"选项卡，切换到图纸空间，屏幕左下角的图标变为 ◸。图纸空间可以认为是一张"虚拟的图纸"，在模型空间绘制好图形后，切换到图纸空间，把模型空间的图样按所需的比例布置在"虚拟图纸"上，最后从图纸空间以 1:1 的出图比例将"图纸"打印出来。

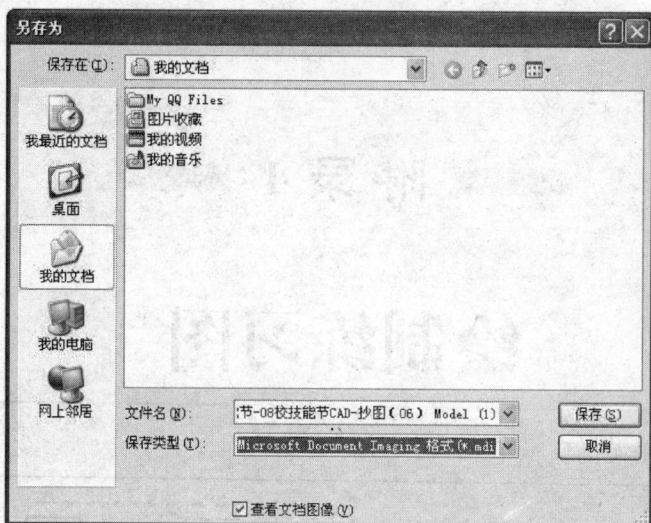

图 10-3-10 保存打印设置

习　　题

10-1　试述模型空间与图纸空间的区别？

10-2　打印图纸时，一般应设置哪些打印参数？如何设置？

10-3　当设置完成打印参数后，应如何保存以便以后再次使用？

绘制练习图

1. 绘制二维平面图形

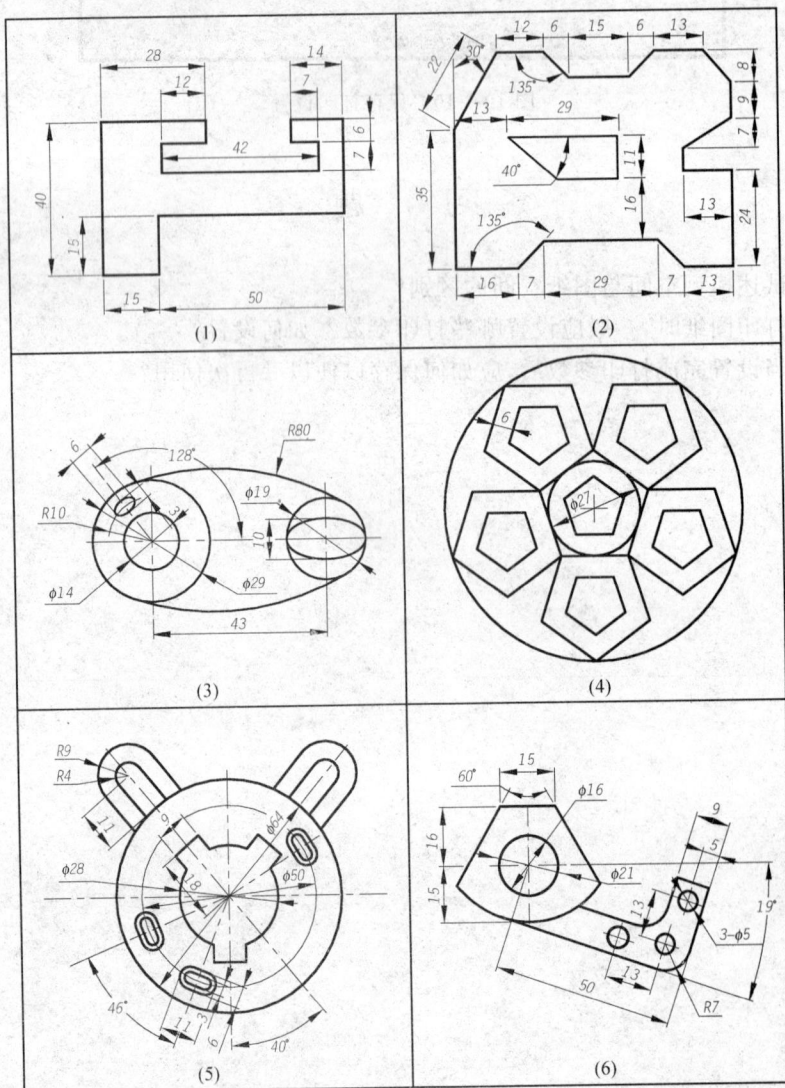

(1)

(2)

(3)

(4)

(5)

(6)

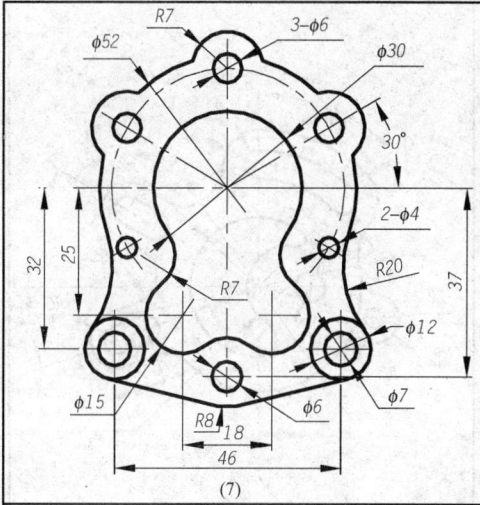

(7)

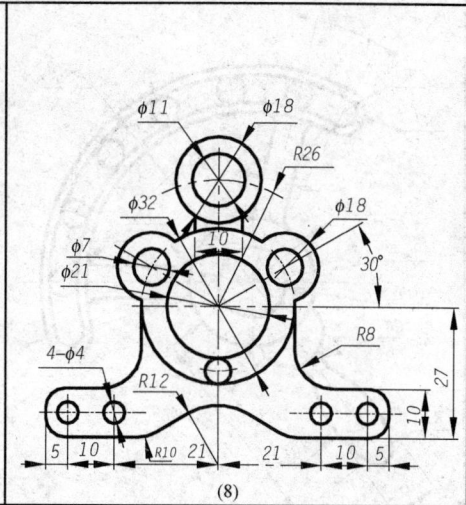

(8)

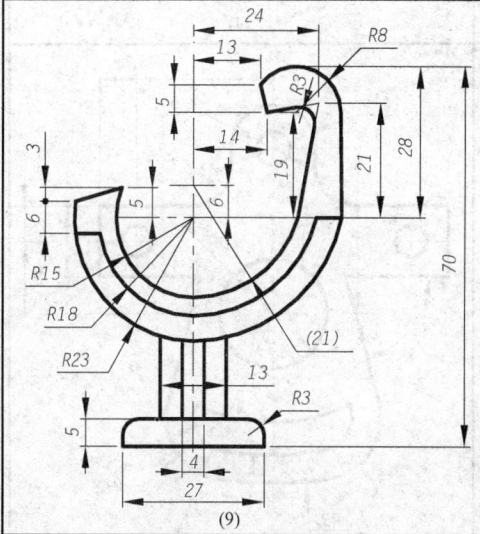

(9)

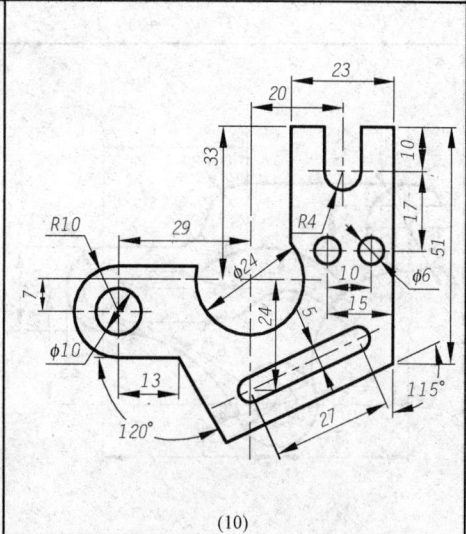

(10)

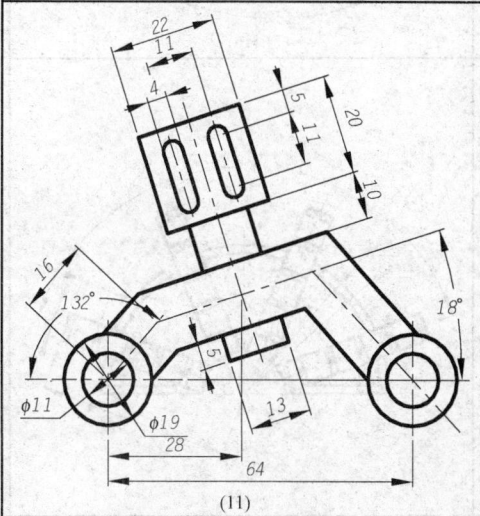

(11)

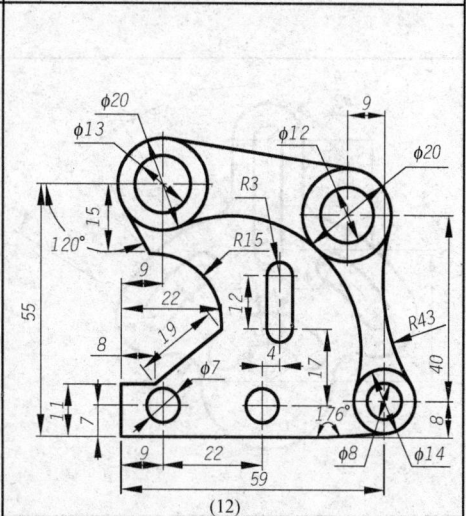

(12)

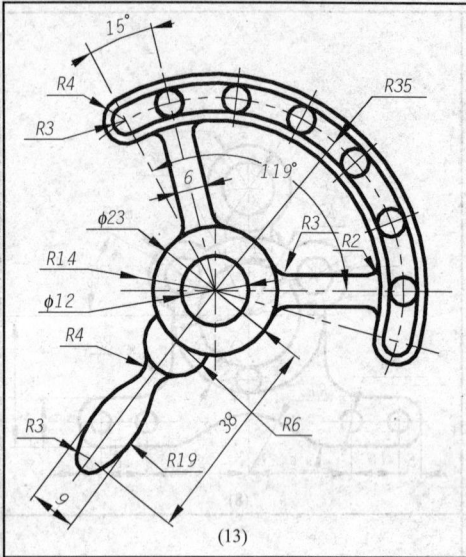

(13)

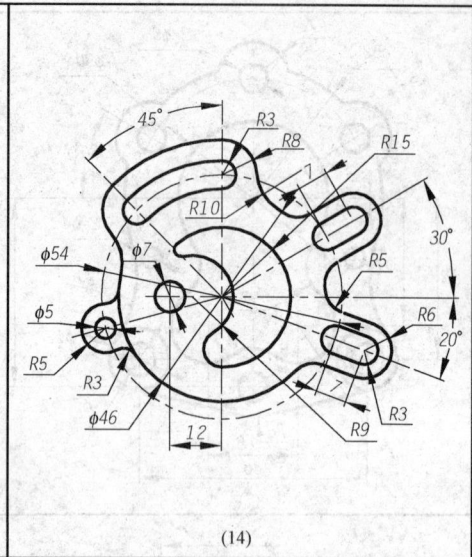

(14)

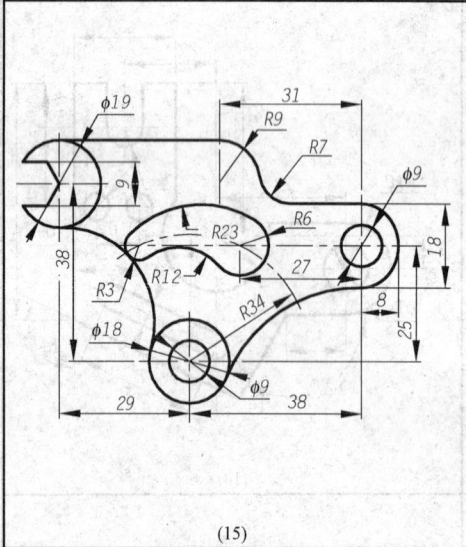

(15)

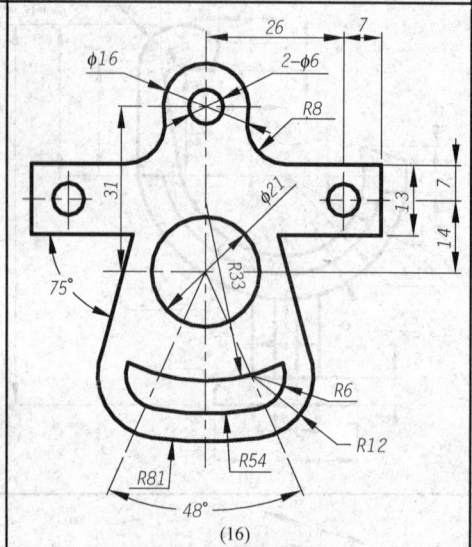

(16)

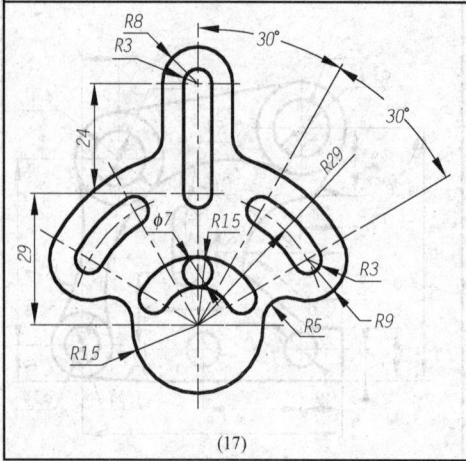

(17)

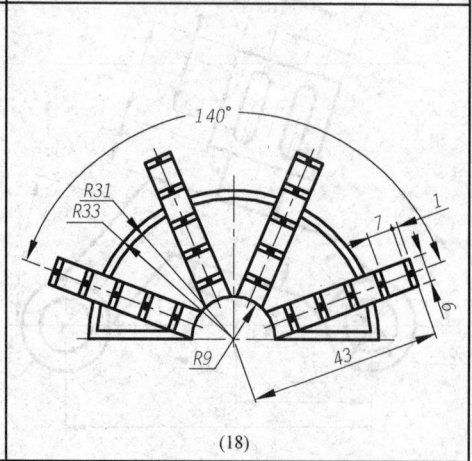

(18)

(19)

(20)

(21)

(22)

(23)

(24)

(25)

(26)

(27)

(28)

(29)

(30)

2. 画轴套类零件图

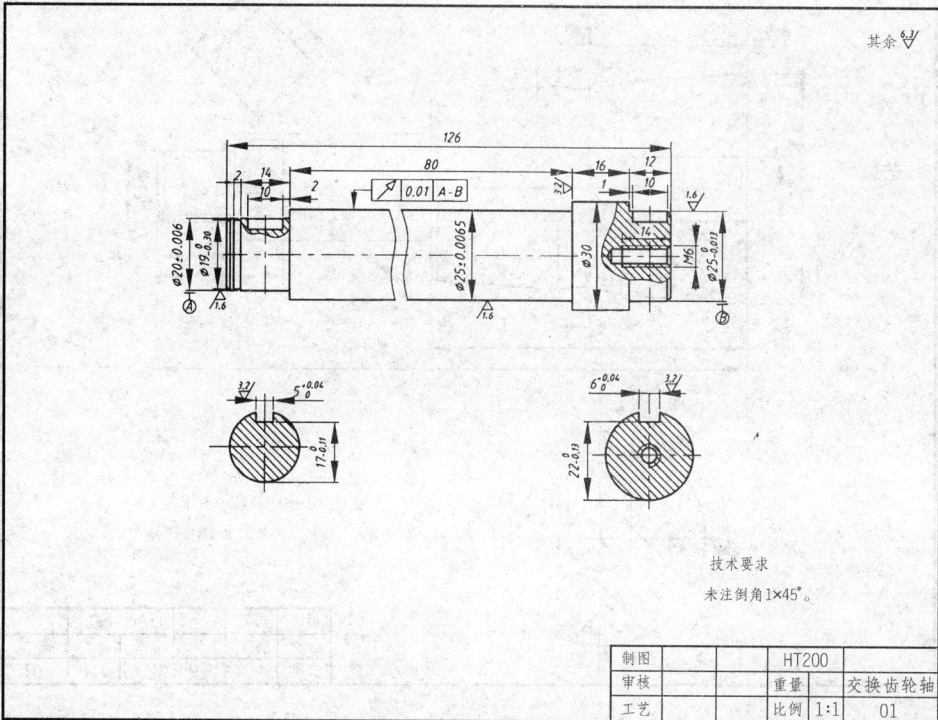

技术要求
未注倒角1×45°。

制图		HT200	
审核		重量	交换齿轮轴
工艺		比例 1:1	01

(1)

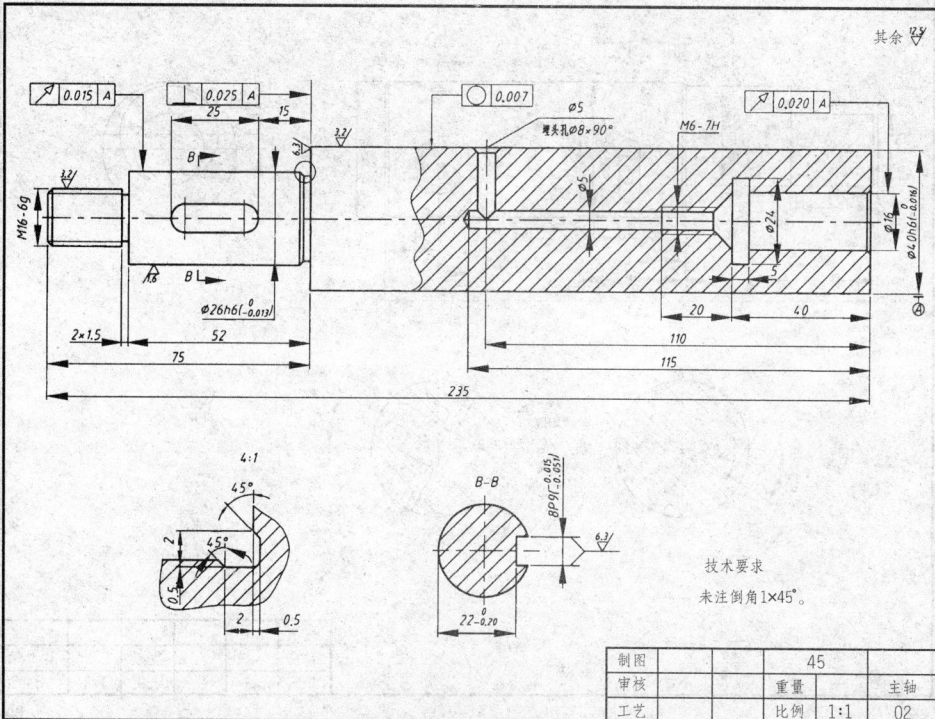

技术要求
未注倒角1×45°。

制图		45	
审核		重量	主轴
工艺		比例 1:1	02

(2)

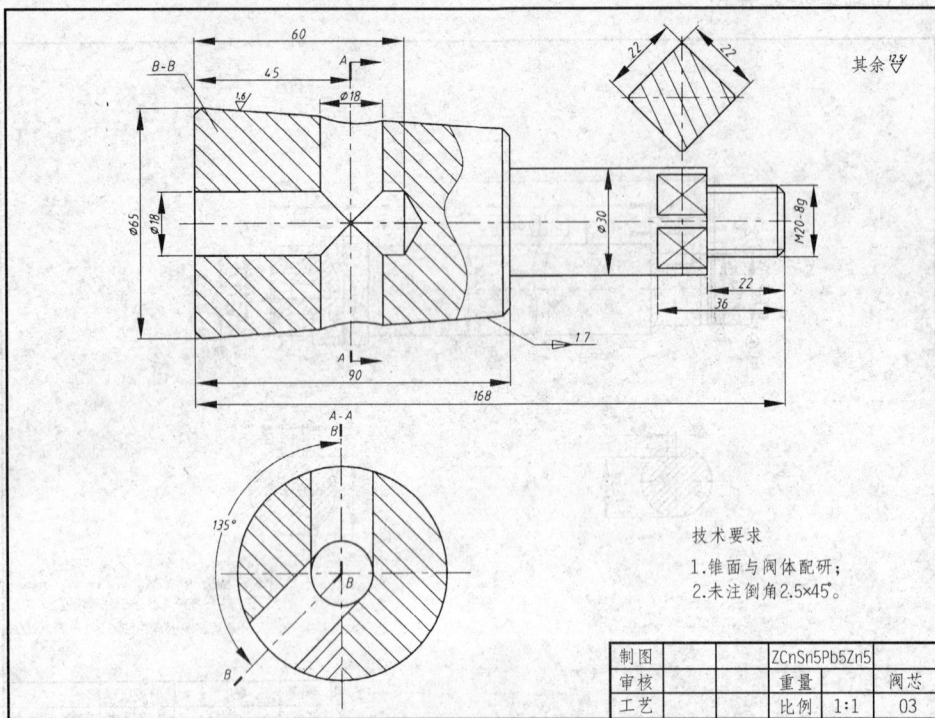

技术要求
1.锥面与阀体配研;
2.未注倒角2.5×45°。

制图		ZCnSn5Pb5Zn5	
审核		重量	阀芯
工艺		比例 1:1	03

(3)

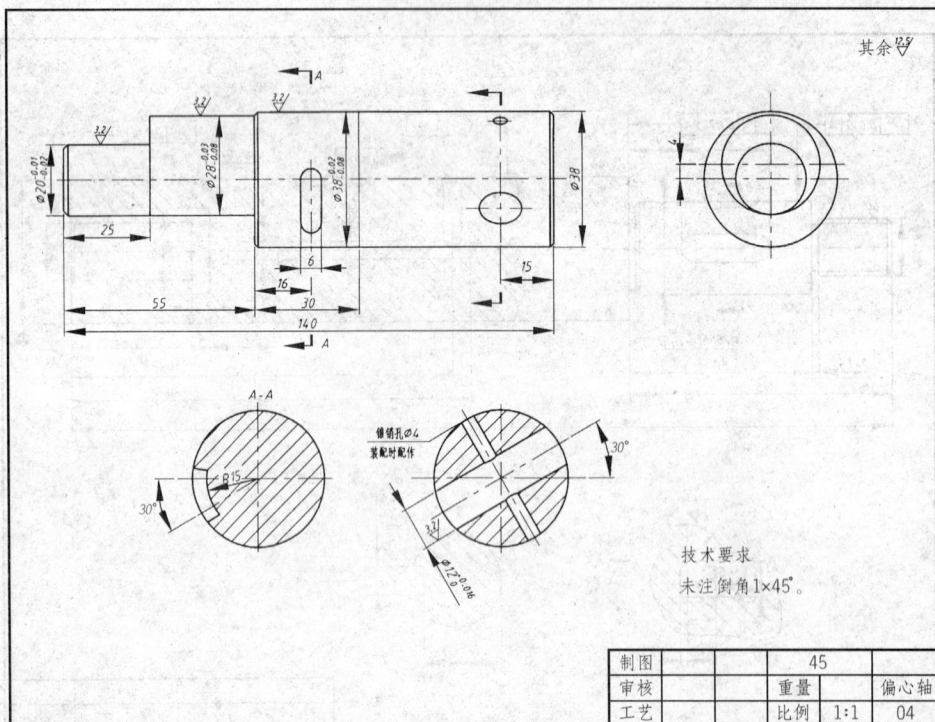

技术要求
未注倒角1×45°。

制图		45	
审核		重量	偏心轴
工艺		比例 1:1	04

(4)

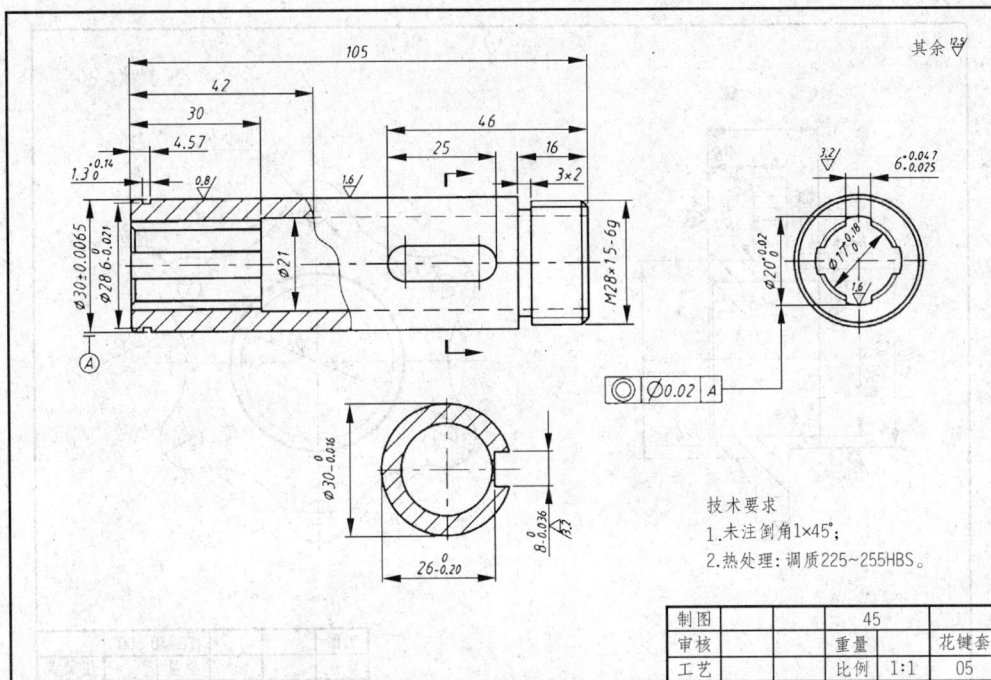

其余 ▽

技术要求
1. 未注倒角1×45°；
2. 热处理：调质225~255HBS。

制图		45	
审核		重量	花键套
工艺		比例	1:1	05

(5)

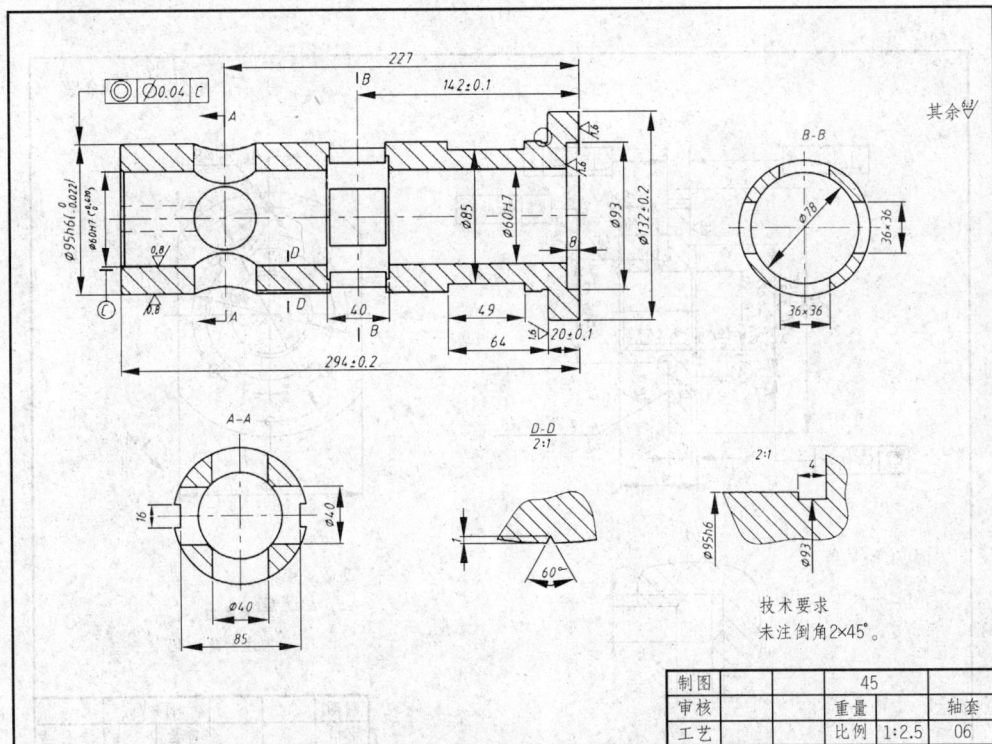

其余 ▽

技术要求
未注倒角2×45°。

制图		45	
审核		重量	轴套
工艺		比例	1:2.5	06

(6)

3. 抄画轮盘类零件图

(1)

(2)

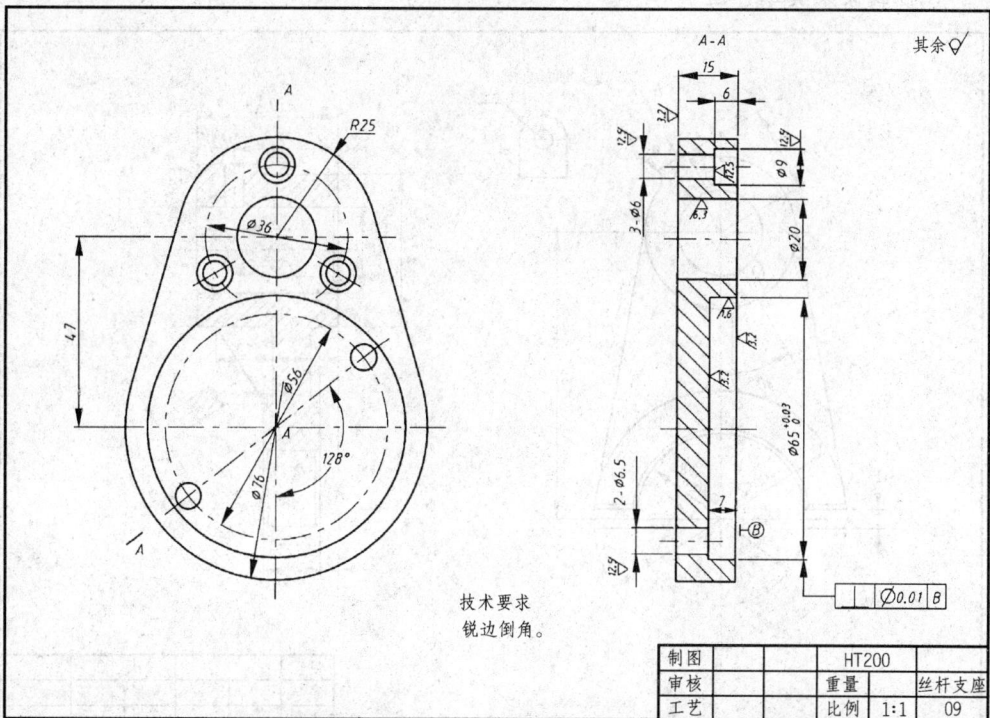

技术要求
锐边倒角。

制图		HT200		
审核		重量		丝杆支座
工艺		比例	1:1	09

(3)

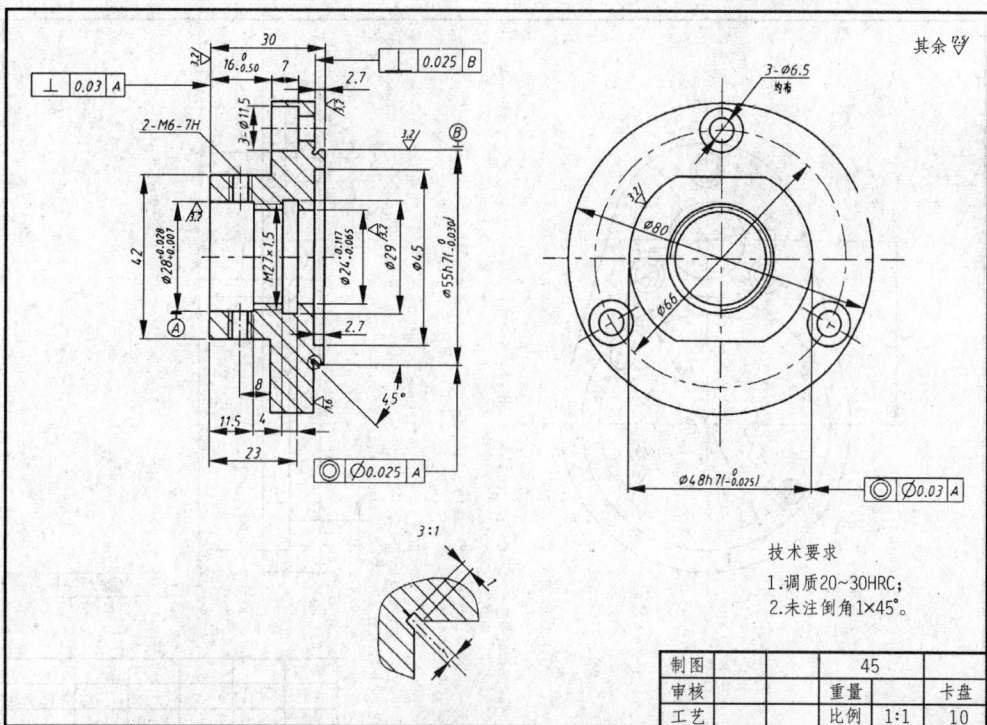

技术要求
1.调质20~30HRC；
2.未注倒角1×45°。

制图		45		
审核		重量		卡盘
工艺		比例	1:1	10

(4)

4. 抄画叉架类零件图

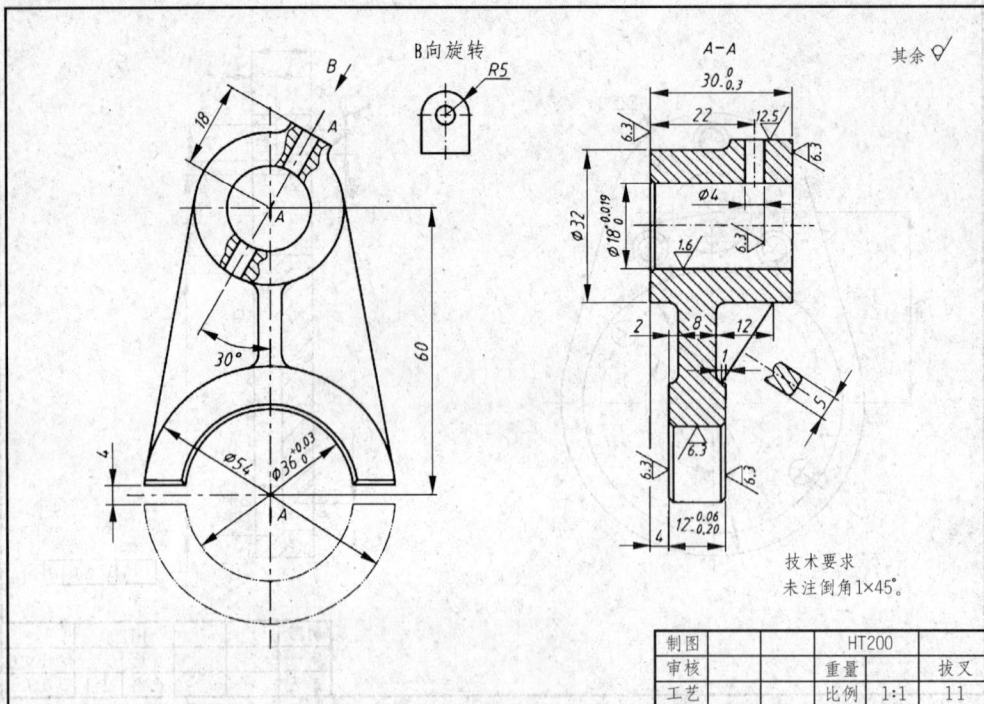

(1)

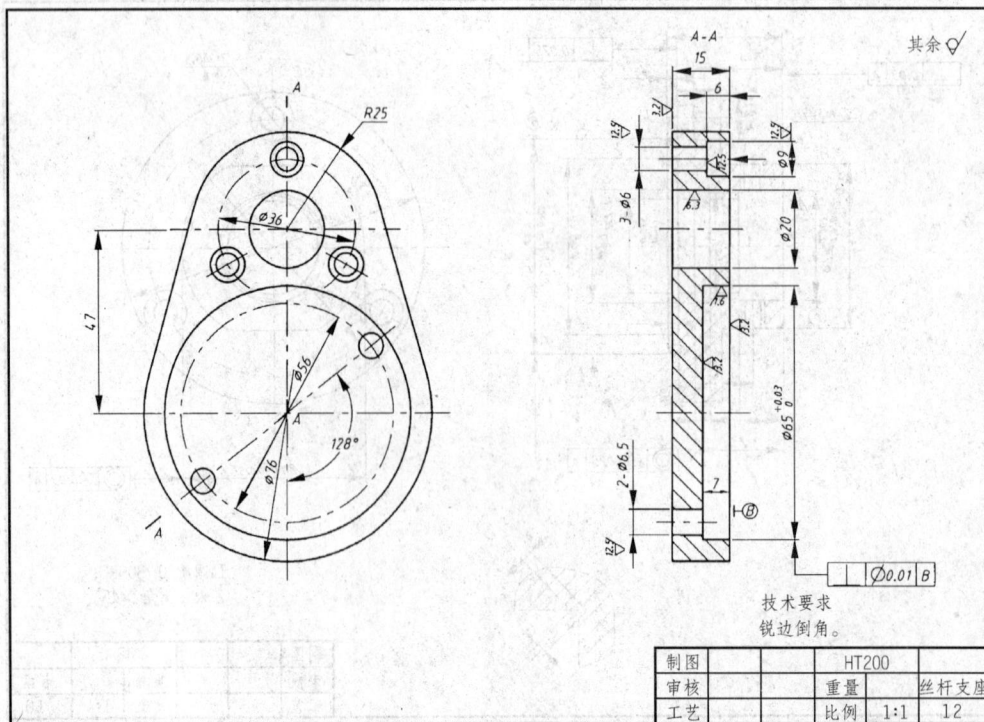

(2)

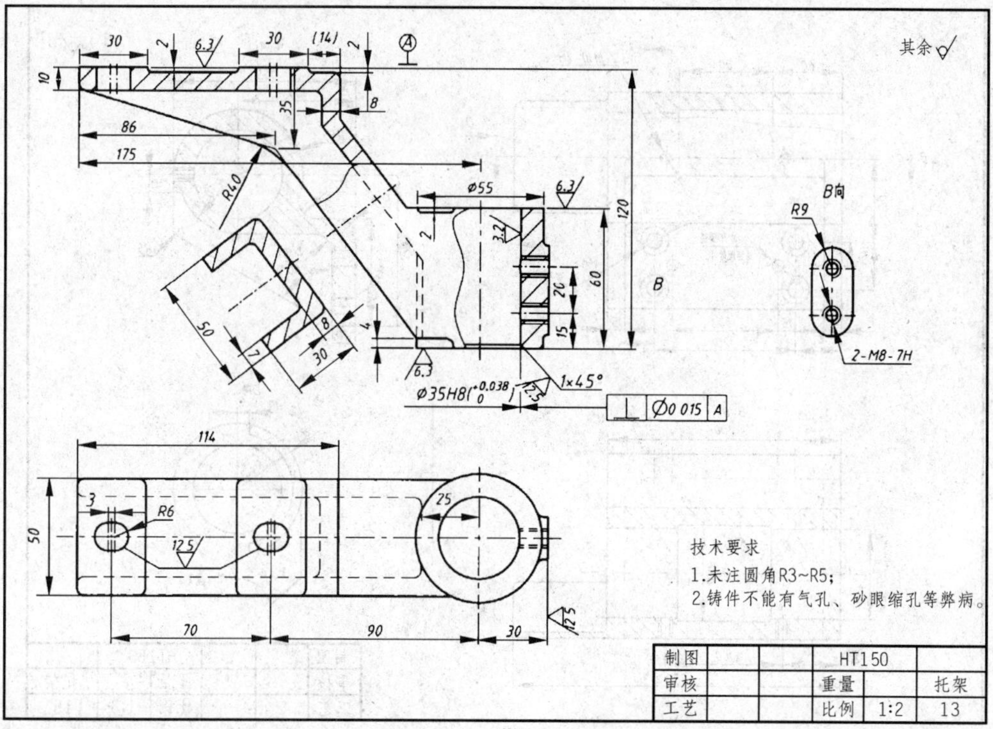
其余
B向
R9
2-M8-7H
B
Ø55
Ø35H8($^{+0.038}_{0}$)
1×45°
Ø0.015 A
R40
R6
114
50
70
90
30
技术要求
1.未注圆角R3~R5;
2.铸件不能有气孔、砂眼缩孔等弊病。
制图
HT150
审核
重量
托架
工艺
比例
1:2
13

(3)

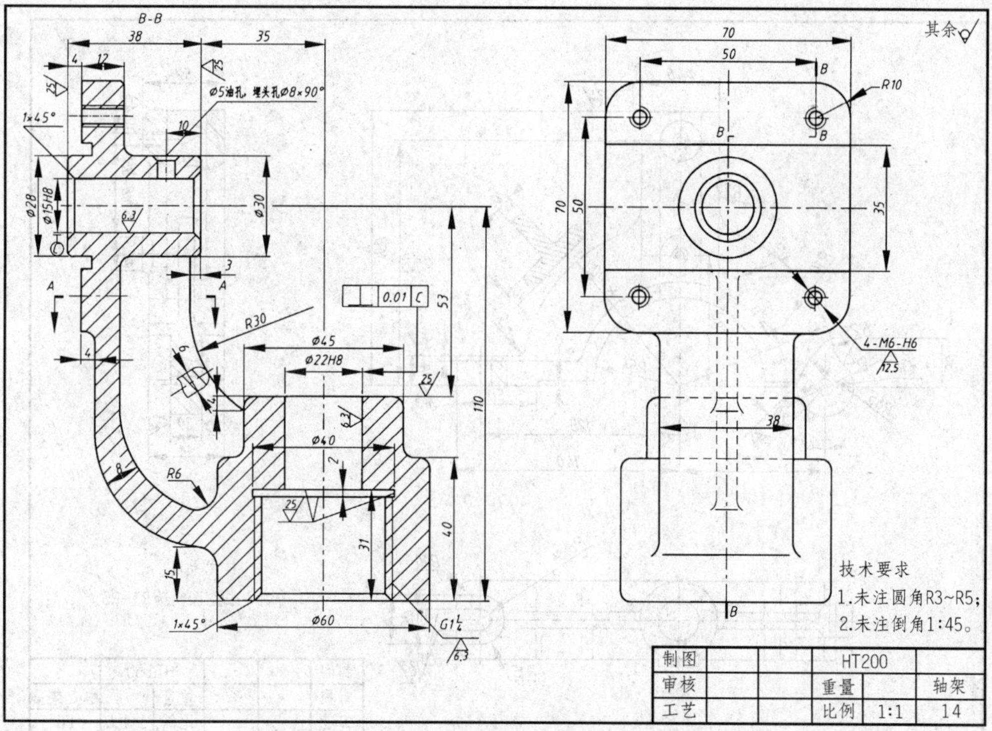
B-B
38
35
Ø5油孔、埋头孔Ø8×90°
1×45°
Ø28
Ø15H8
Ø30
R30
0.01 C
Ø45
Ø22H8
Ø40
R6
Ø60
G1¼
110
53
40
31
其余
70
50
R10
35
4-M6-H6
38
技术要求
1.未注圆角R3~R5;
2.未注倒角1:45。
制图
HT200
审核
重量
轴架
工艺
比例
1:1
14

(4)

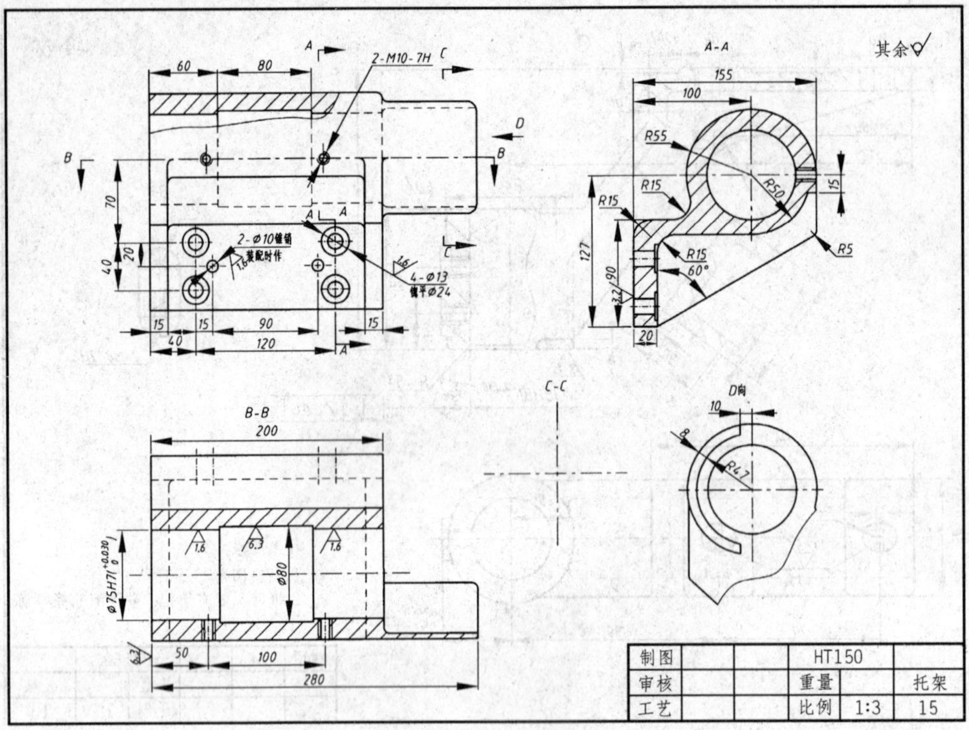

(5)

技术要求

未注圆角为R3~R5。

制图		HT150		
审核		重量		中心架盖
工艺		比例	1:1.5	16

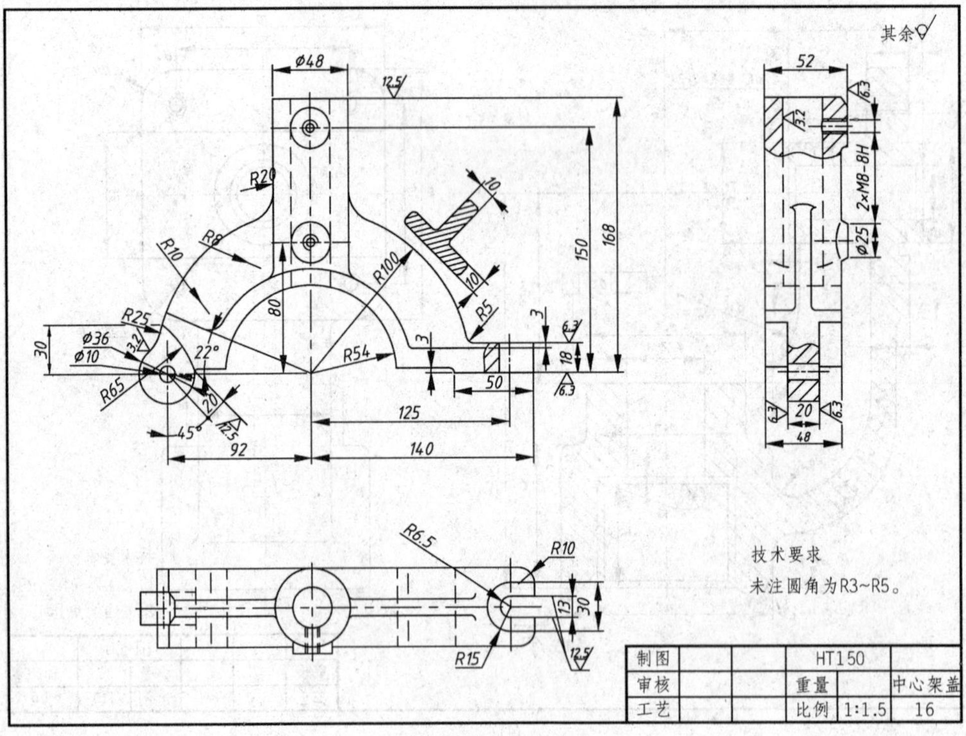

(6)

其余 ▽

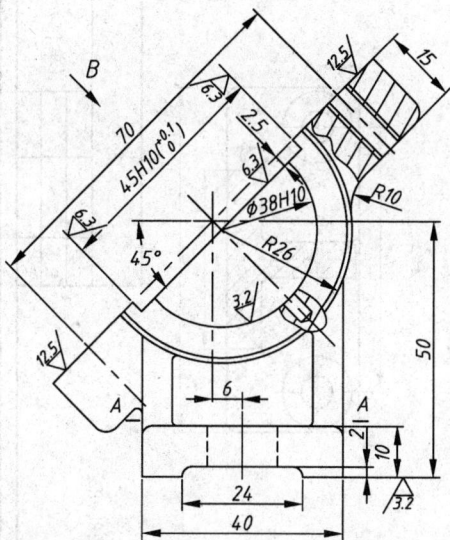

B向

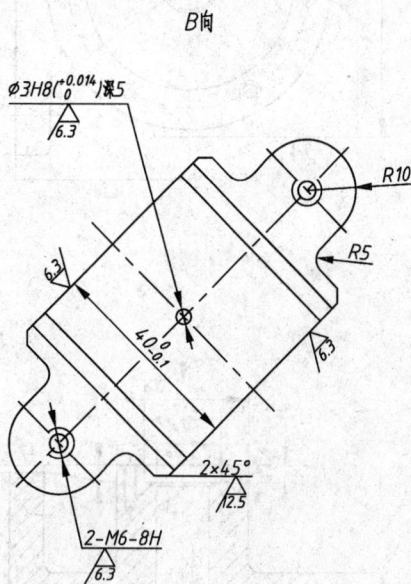

A-A

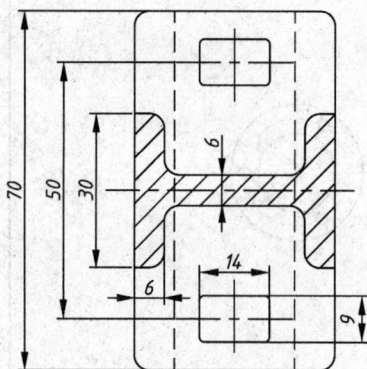

技术要求

1.零件须时效处理;

2.未注圆角为R3~R5。

制图		HT200		
审核		重量		轴承座
工艺		比例	1:1.5	17

(7)

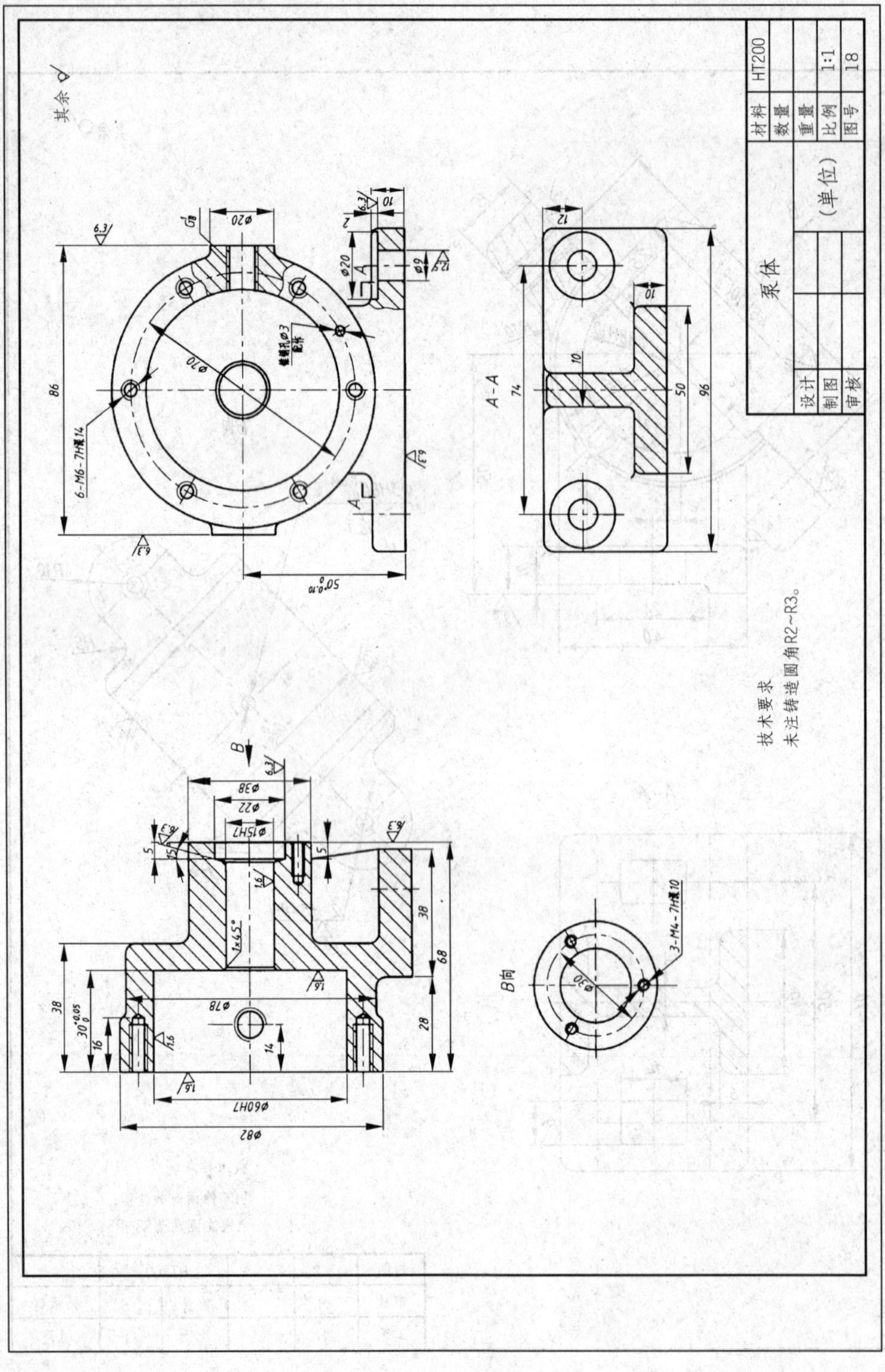
其余
泵体
材料 HT200
数量
重量
比例 1:1
图号 18
（单位）
设计
制图
审核
A-A
B向
技术要求
未注铸造圆角R2~R3。
(1)

5. 抄画箱类零件图

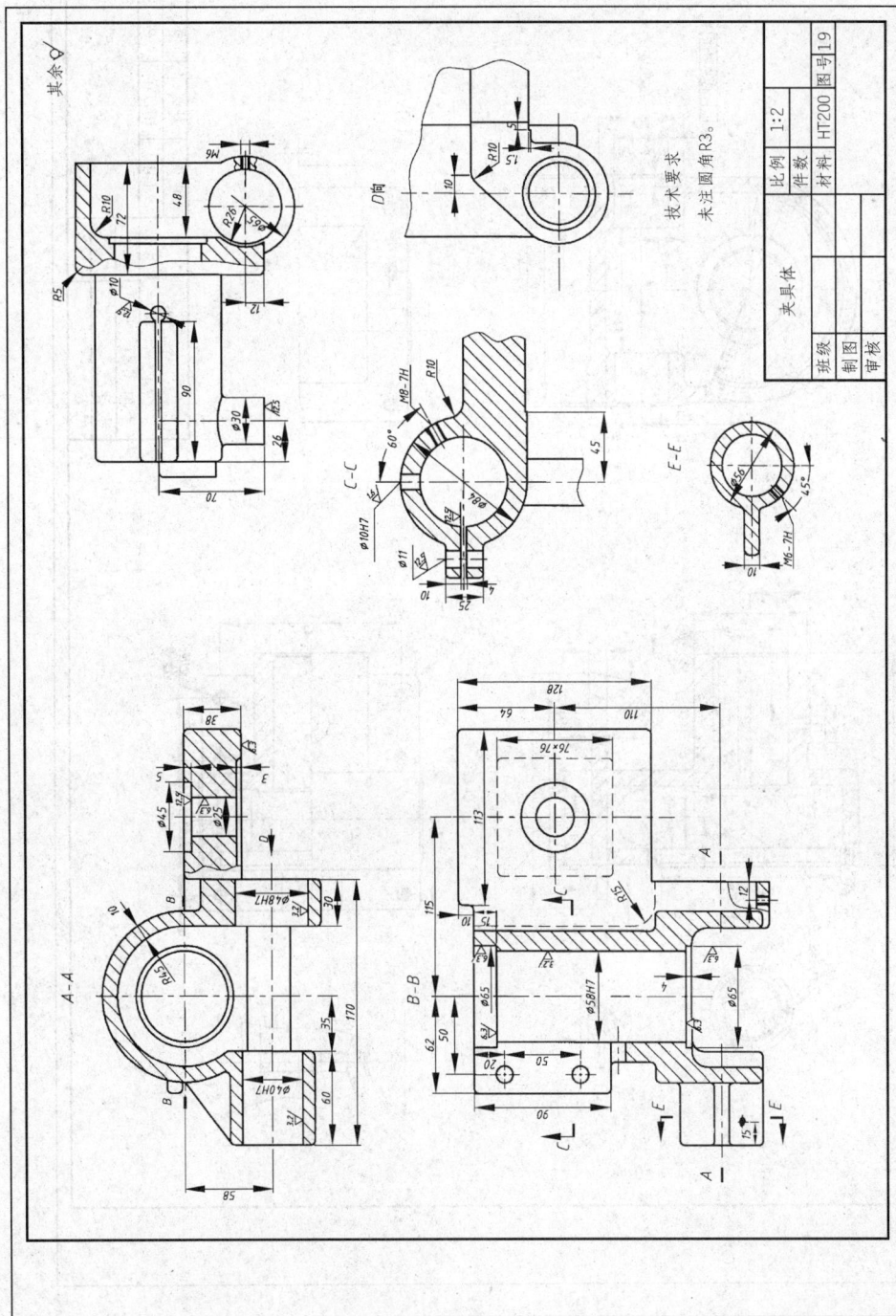

技术要求
铸造圆角R5。

比例	材料	图号
1:4	HT200	20

箱 体

制图		
设计		
审核		

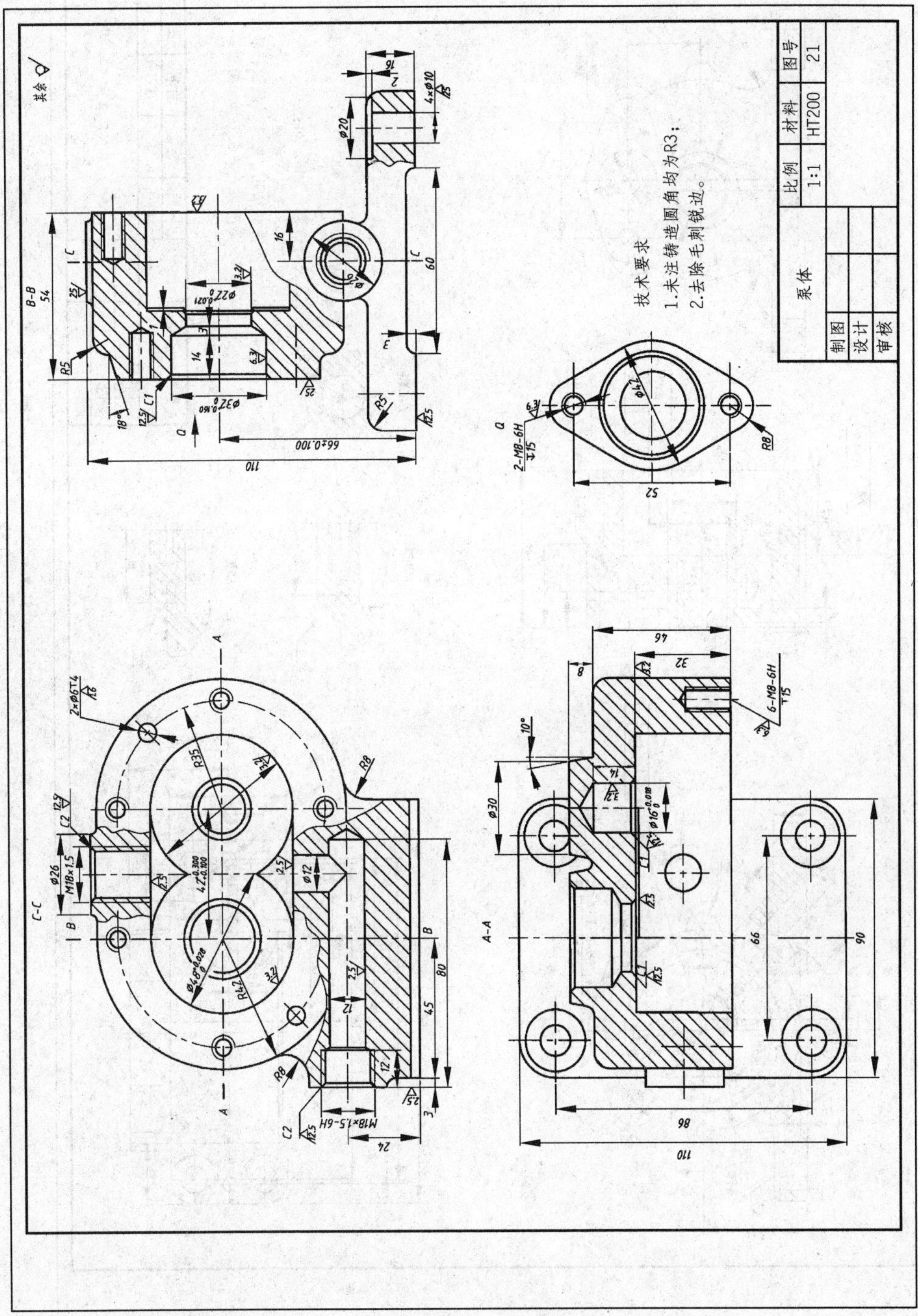

(4)

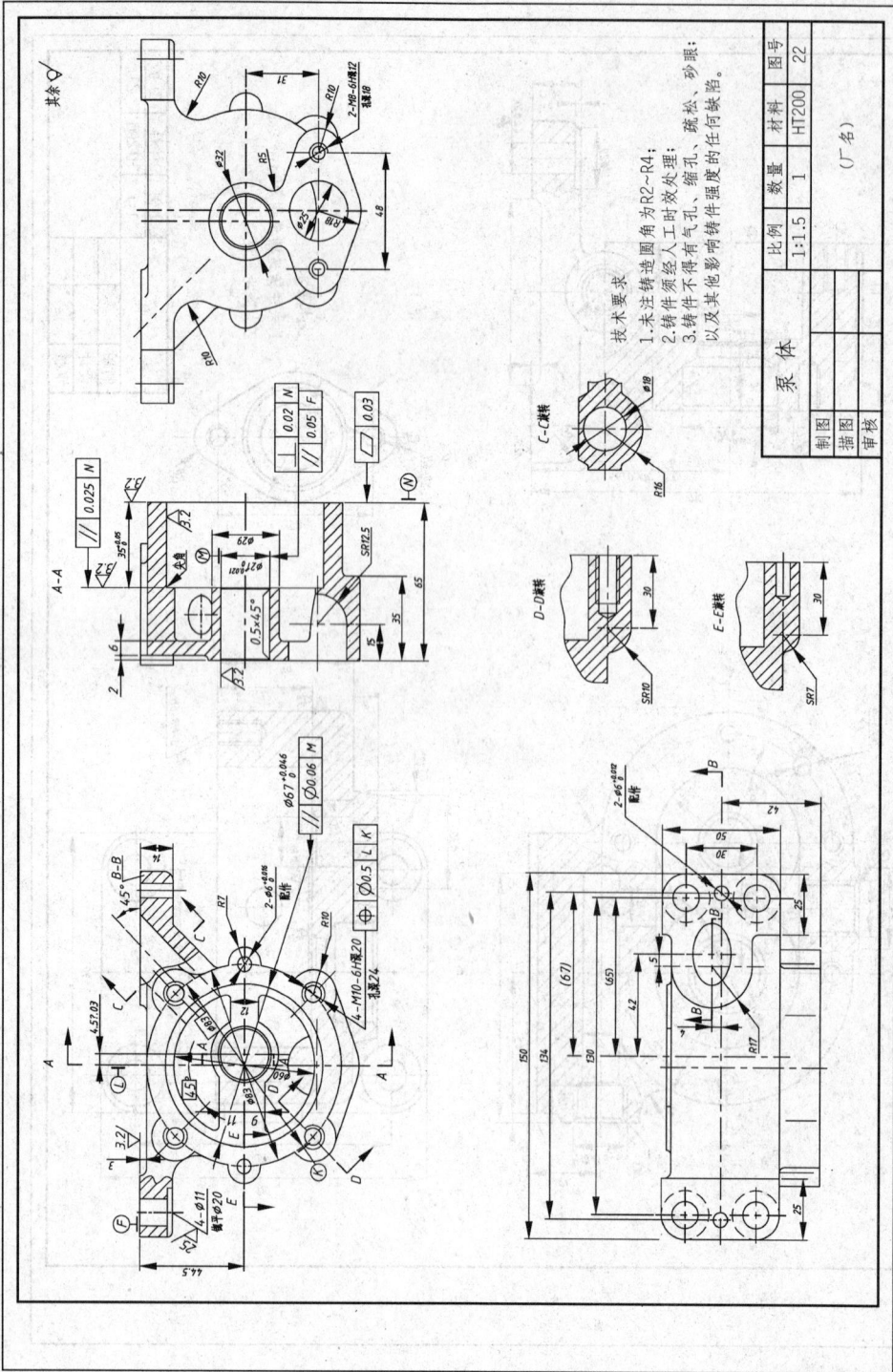

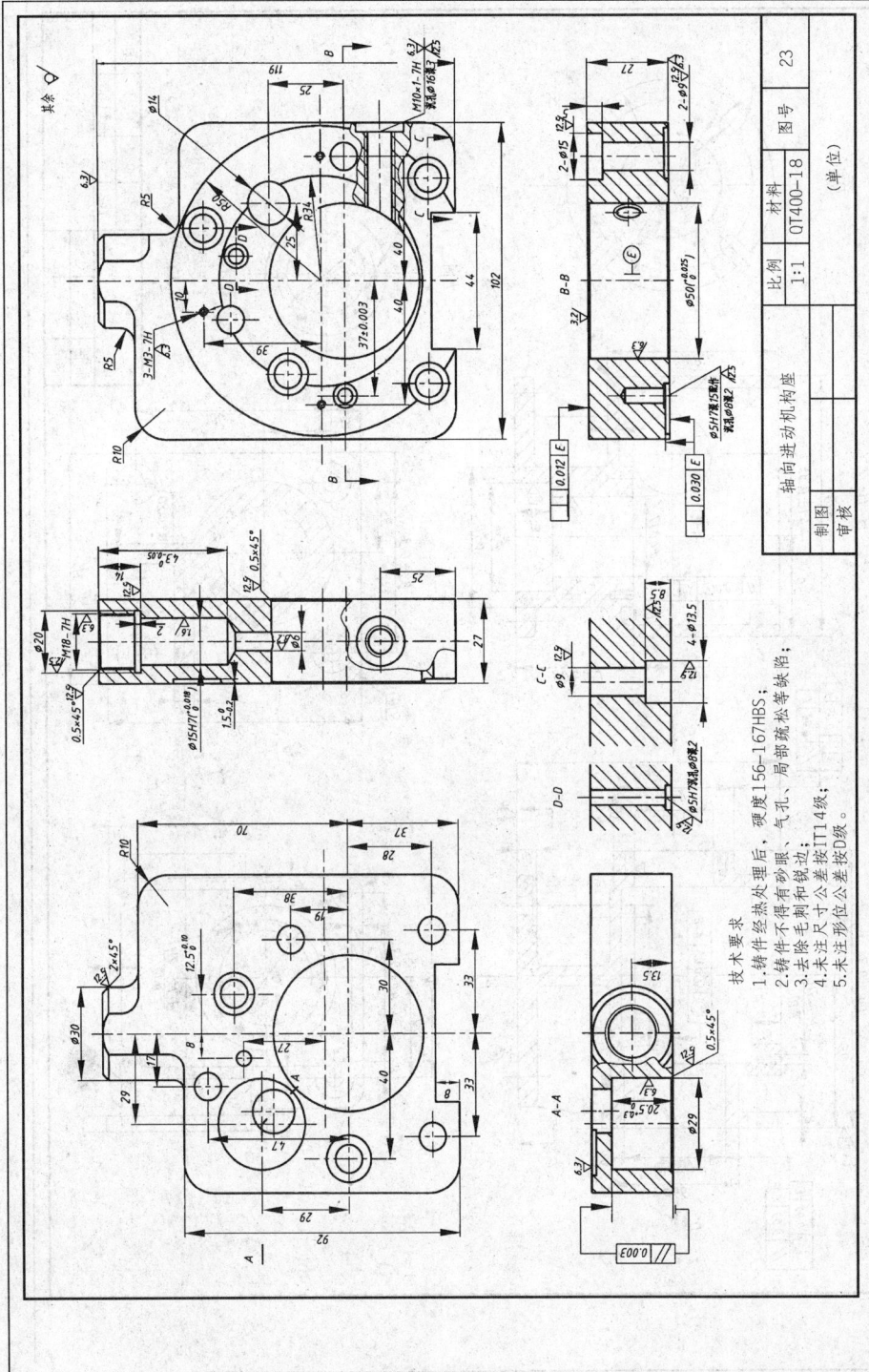

技术要求
1. 铸件经热处理后，硬度156~167HBS；
2. 铸件不得有砂眼、气孔、局部疏松等缺陷；
3. 去除毛刺和锐边；
4. 未注尺寸公差按IT14级；
5. 未注形位公差按D级。

比例	材料	图号
1:1	QT400-18	23
轴向进动机构座		
制图		
审核	(单位)	

(6)

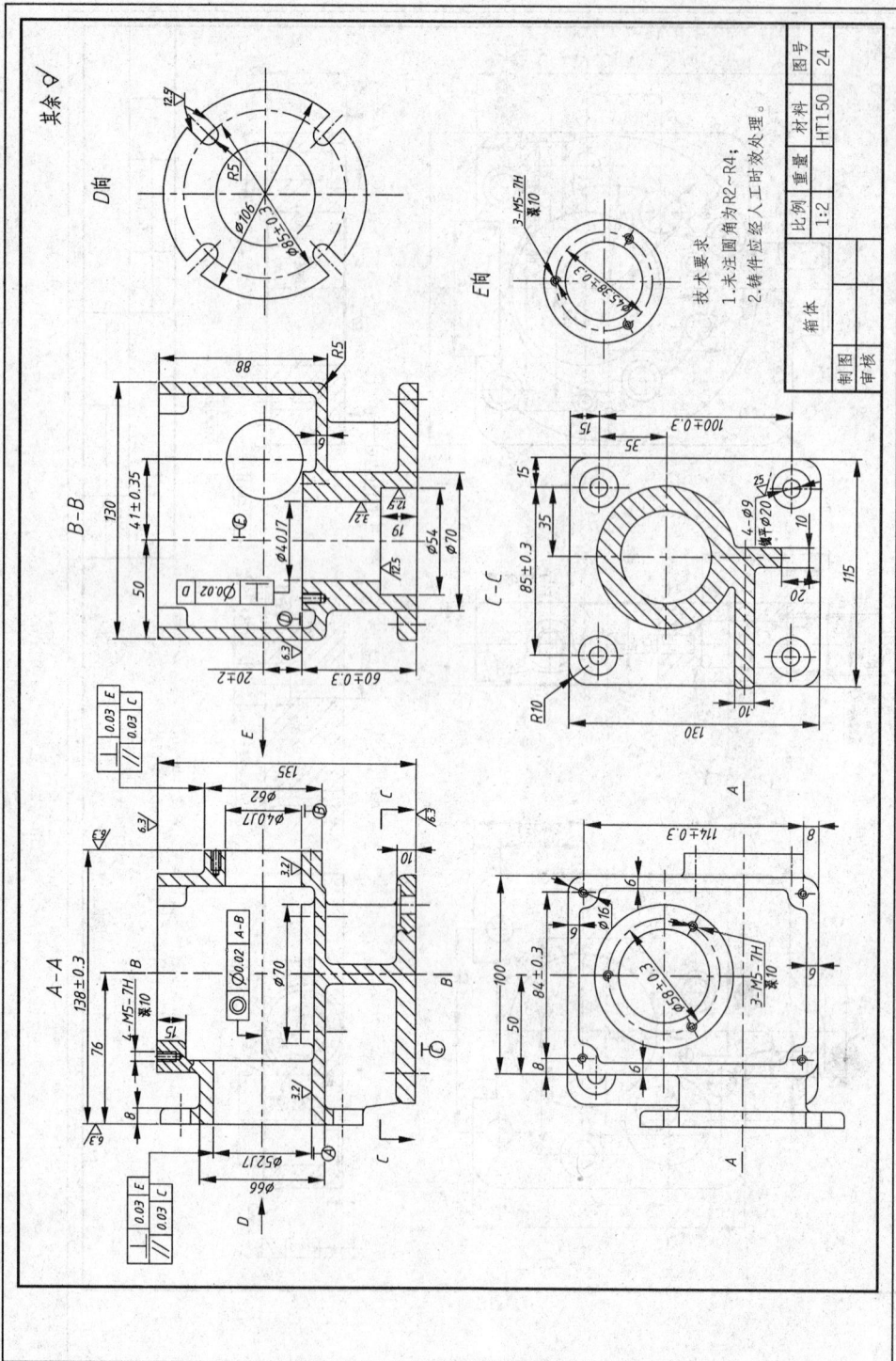

技术要求
1.未注圆角为R2~R4；
2.转件应经人工时效处理。

比例	1:2	材料	HT150	图号	24
重量					

箱体

制图
审核

其余 ∇

D向

E向

B—B

C—C

A—A

(7)

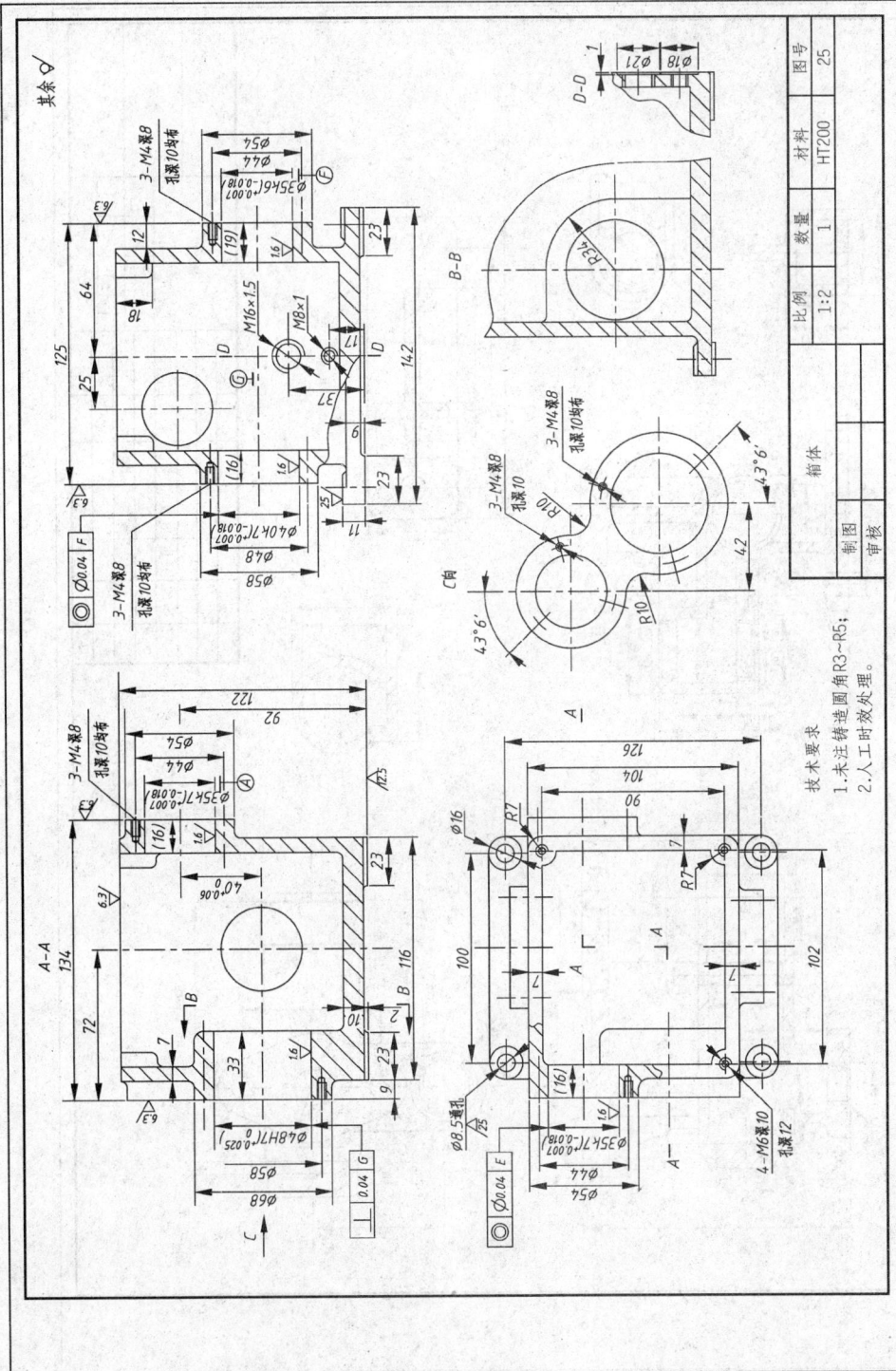

其余 √

3-M4螺8
孔深10均布

Ø35f6(⁻0.007⁻0.018)
Ø44
Ø54

12
64
125
25
18
142
23

M16×1.5
M8×1
17
37
6
9
D
D
E

(19)
(16)
16
16

Ø40K7(+0.007⁻0.018)
Ø48
Ø58
11
23
25

3-M4螺8
孔深10均布

◎ Ø0.04 F
F

B-B
R34

D-D
Ø21
Ø18

3-M4螺8
孔深10均布
R10
43°6′
42
43°6′
R10
C向

3-M4螺8
孔深10

122
92
Ø54
Ø44
Ø35H7(+0.007⁻0.018)
Ø25
23
(16)
16
A-A
134
72
7
33
B
B
2
10
16
9
23
40(+0.06,0)
116
6.3

3-M4螺8
孔深10均布

⊥ 0.04 G
Ø48H7(+0.025,0)
Ø58
Ø89
C
6.3

Ø16
R7
R7
7
7
90
104
126
100
102
A
A
A

Ø8.5通孔
Ø35H7(+0.007⁻0.018)
Ø44
Ø54
(16)
16
4-M6螺10
孔深12

◎ Ø0.04 E
E

技术要求
1.未注铸造圆角R3~R5;
2.人工时效处理。

箱体		比例	1:2	材料	HT200	图号	
				数量	1		25
		制图					
		审核					

(8)

技术要求
铸造圆角R为5。

	HT200		阀体
			图号 26

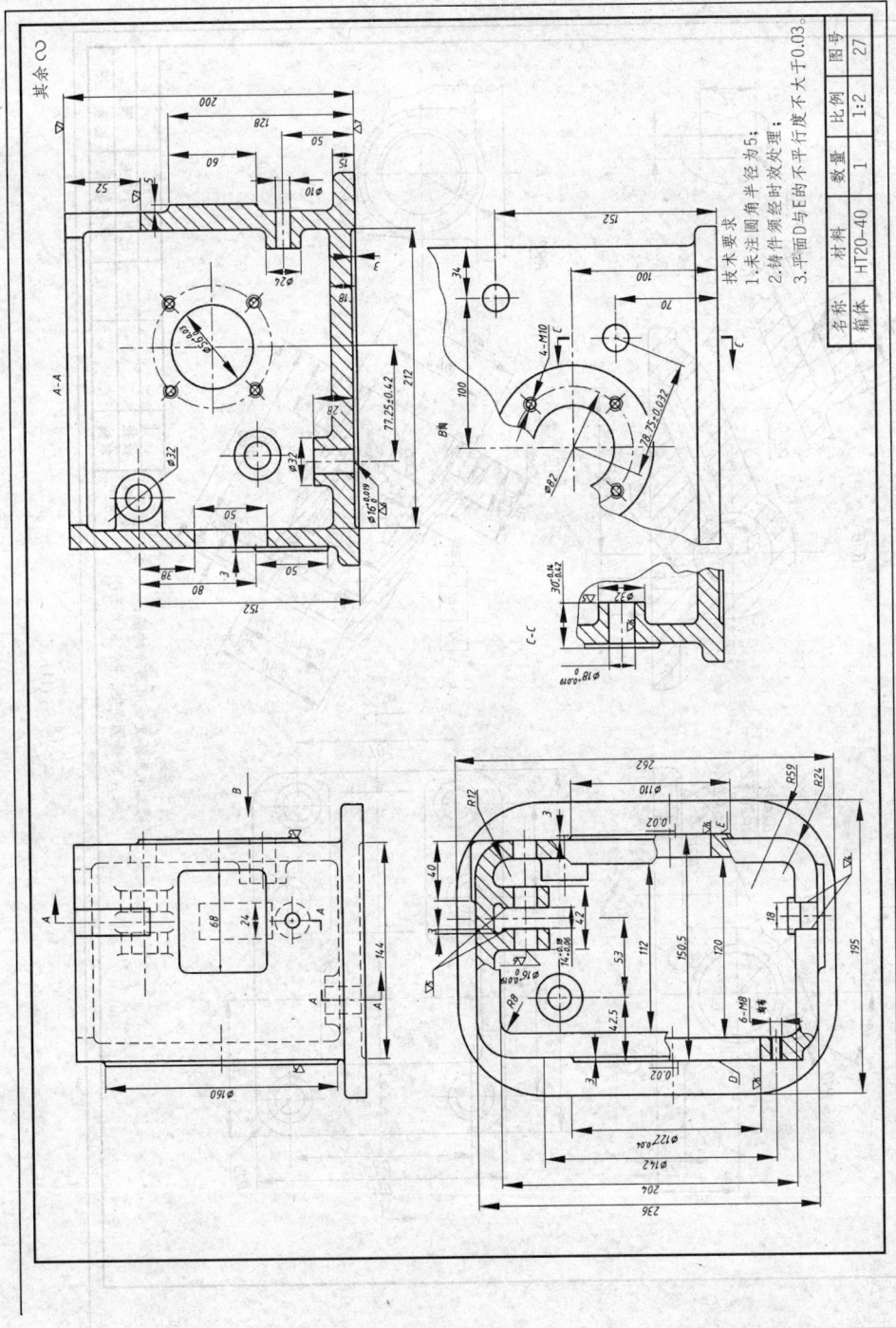

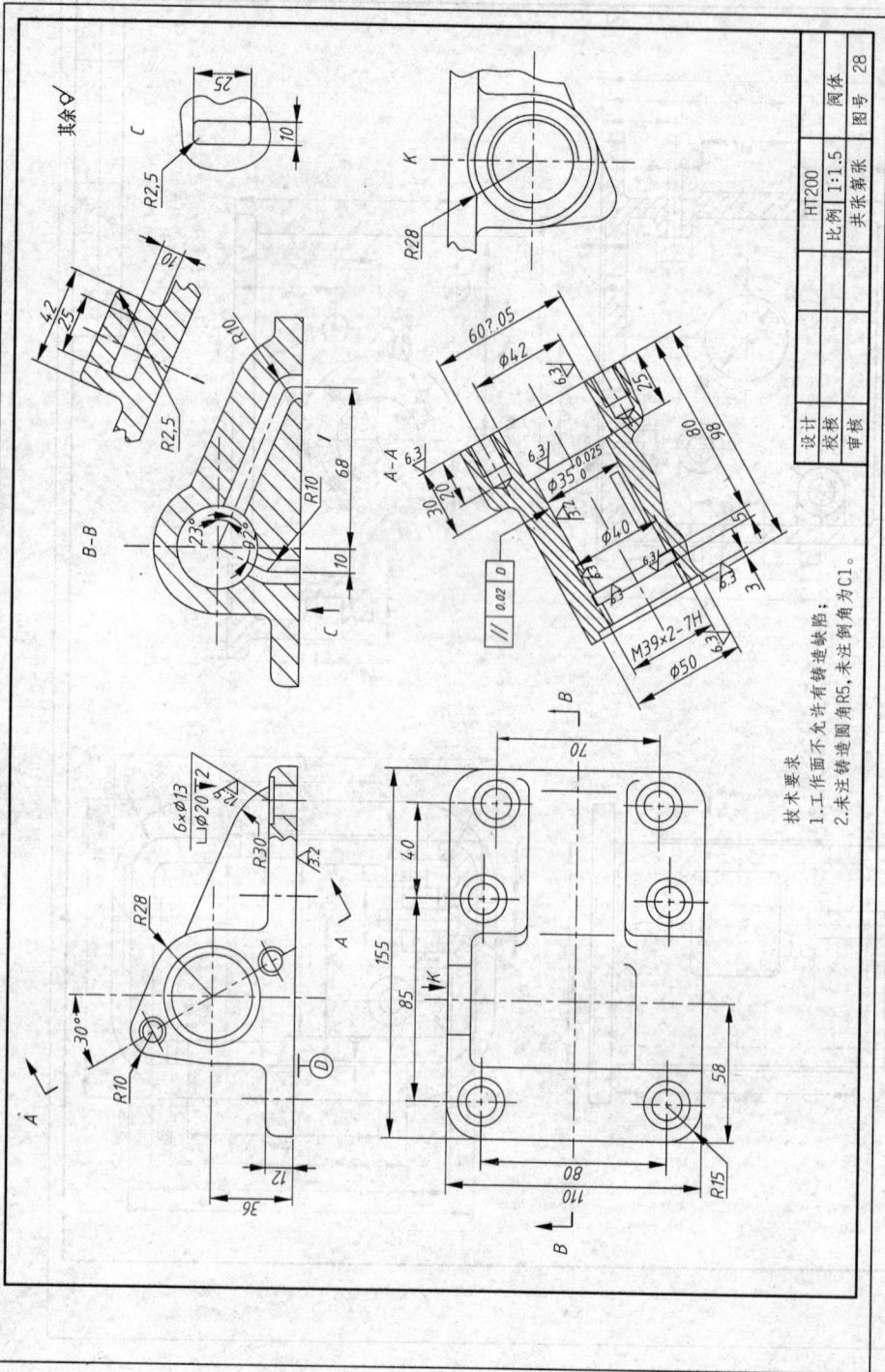

技术要求
1.工作面不允许有铸造缺陷；
2.未注铸造圆角R5，未注倒角为C1。

(11)

设计		HT200	阀体
校核		比例 1:1.5	图号 28
审核		共 张 第 张	

技术要求
1. 上两轴孔(φ52±0.012)的同轴度公差不大于0.02；
下两轴孔(φ55±0.022和φ62±0.018)的同轴度公差不
大于0.02；上下轴孔轴线的平行度公差不大于0.02。
2. 不得有裂纹、气孔、缩孔。
3. 拔模斜度5~10°；
4. 铸造圆角R3~5。

材料	HT150		
数量	1		
重量	1		
		比例	1:2
		图号	29
	箱体		
设计			
制图			
审核			

(12)

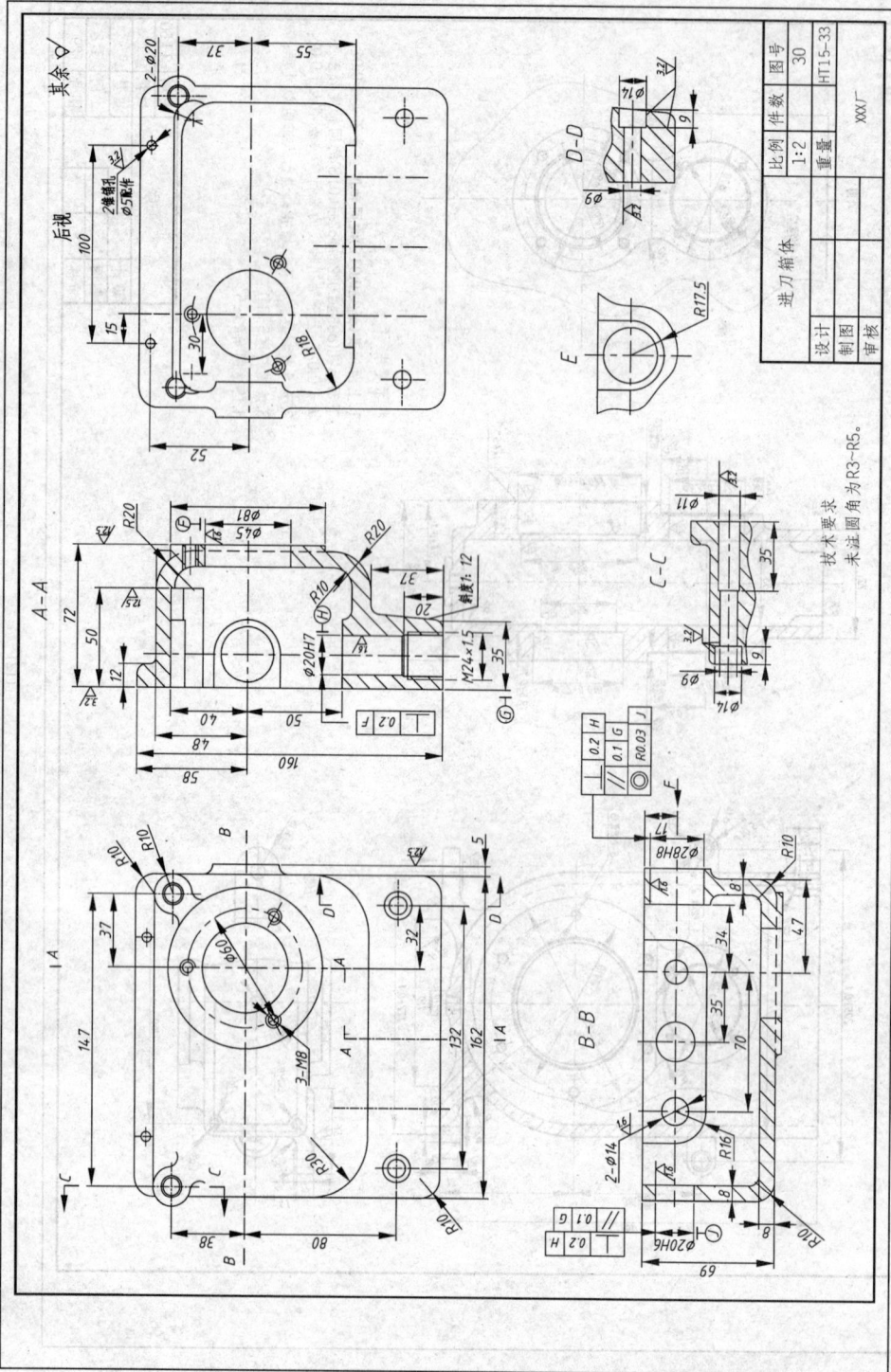

进刀箱体

技术要求
未注圆角为R3~R5。

中职学生 AutoCAD 技能竞赛 规程与试题

附 2.1 浙江省职业学校学生第二届 AutoCAD 技能竞赛规程

一、竞赛内容:①抄画零件图 60 分;②补画视图 30 分;③根据提供的文字要求进行标注 10 分。

二、竞赛时间:180 分钟。得分在 90 分以上(含 90 分)的分每提前 5 分钟加 2 分。

三、文件保存:请将绘图文件保存在本机硬盘,文件取名为"考生编号 . dwg"。

四、竞赛版本:AutoCAD2002 中文版。

五、评分标准

1. 抄画零件图 60 分

(1)绘图环境设置(5 分)

① 图幅设置:按 A3 标准尺寸设置绘图界限;

② 图层设置:需要安装的线型 center(点划线)、dash(虚线)。

粗实线层(白色 white—7)

细实线层(红色 red—1)

点划线层(青色 cyan—4)

虚　线层(黄色 yellow—2)

尺寸线层(紫色 magenta—6)

文字、粗糙度、其他标注(蓝色 blue—5)

(2)图形绘制(35 分)

① 视图配置:按照样图;

② 视图绘制:图形绘制准确;

③ 螺纹绘制:为便于看图,内螺纹的大径可以适当加大;

④ 相　贯　线:用圆弧替代;

⑤ 剖切符号:按照样图;

⑥ 投射方向:按照样图;

⑦ 剖 面 线:按照样图。

(3) 标注(15 分)

① 尺寸标注:按照样图;

② 表面粗糙度:按照样图;

③ 公差与配合:按照样图;

④ 形 位 公 差:按照样图。

(4) 文字及图框(5 分)

① 文字标注设置:按照样图;

② 图框及标题栏:按照样图。

2. 补画视图 30 分

(1) 技术要求

① 补画视图必须与题目要求一致,不能有漏画、错画等;

② 不同线型放在不同图层上。

(2) 评分要求

① 正确(25～30);

② 图形完整,无明显错误(18～24);

③ 图形基本正确(10～17);

④ 有较大错误(0～9)。

3. 根据提供的文字要求进行标注 10 分。

(1) 技术要求

① 尺寸严格按照国家标准标注;

② 表面粗糙度严格按照国家标准标注;

③ 形位公差大小适中,位置正确。标注符合国标。

(2) 评分要求

标注错一处扣 2 分,漏标注一处扣 4 分,扣完为止,不倒扣分。

附 2.2　浙江省职业学校学生第二届 AutoCAD 技能竞赛试题

1. 抄画零件图

题 01(15分) 抄画零件图(A3幅面)

技术要求
未注圆角为R3~R5。

阀体

05101

题 01

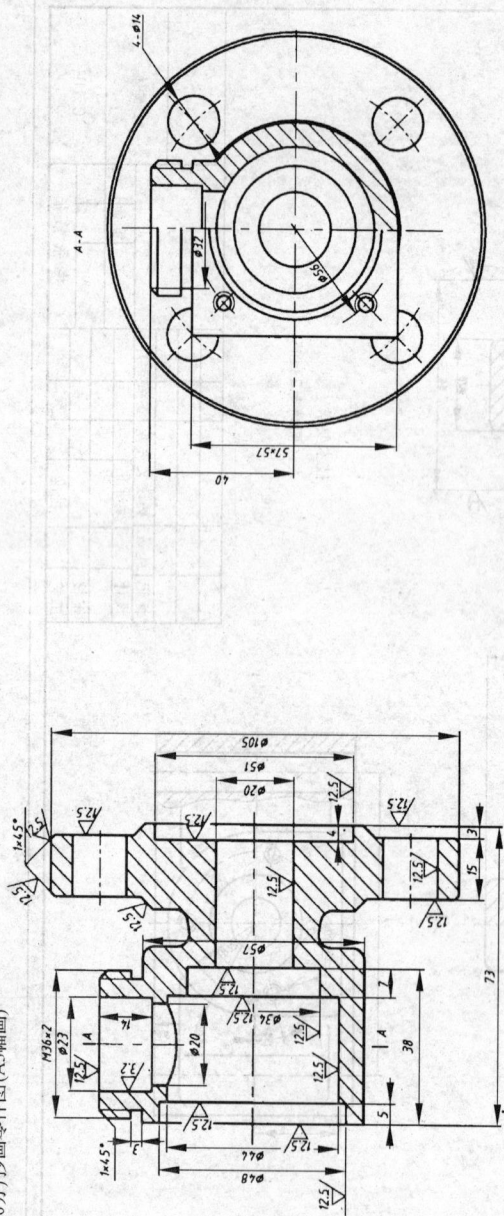

题02 (20分) 抄画零件图 (A3幅画)

技术要求
1. 未注圆角为R3;
2. 铸件不得有气孔、裂纹等缺陷。

题02

题 03（25分）抄画零件图（A3幅画）

技术要求
1. 未注圆角为 R2~R3;
2. 铸件不得有气孔、裂纹等缺陷。

阀体

2. 补画三视图

题04 (10分) 已知主视图和左视图，补画俯视图。(不注尺寸，不画图框，A4幅面)

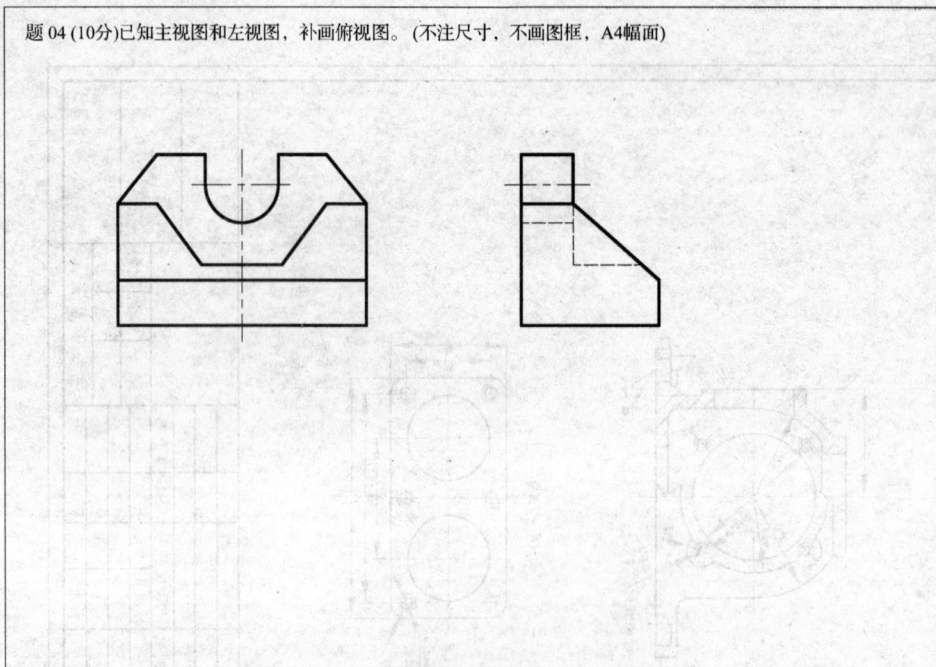

题04

题05 (20分) 完成半剖视的主视图，补画全剖视的左视图。(不注尺寸，不画图框，A4幅面)

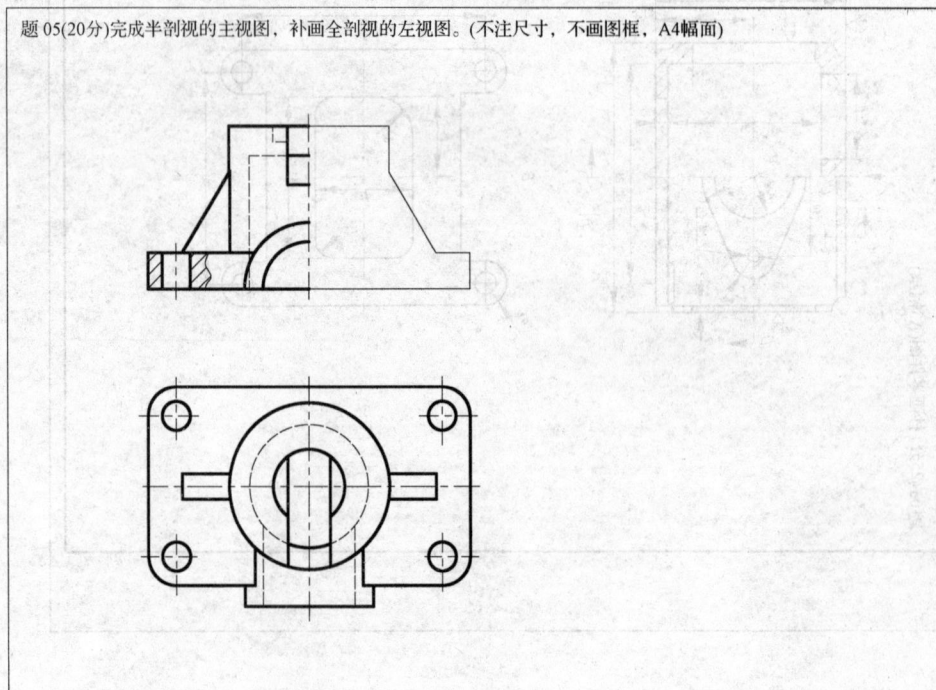

题05

3. 根据提供的文字要求进行标注

题06(10分)　标注(A4幅面，不必输入题目文字)
1. 标注零件图尺寸，尺寸数值由图量取，并取整数。图中螺纹为粗牙普通螺纹。
2. 孔Ⓐ为基准孔，公差等级为7级，其表面粗糙度Ra为6.3。
3. 孔Ⓑ、零件底面、顶面、前后端面、Ⓒ、倒角处等表面粗糙度12.5；其余√。
4. Ⓐ孔轴线对于底面的平行度公差为0.02。

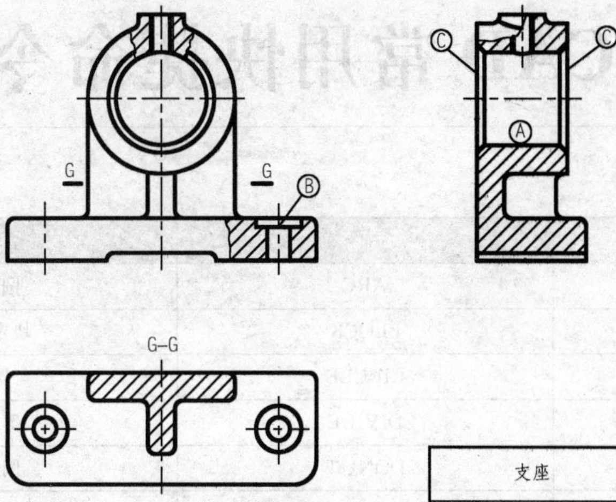

支座	比例		材料	
	数量			
制图				
审核				

题06

附 录 3

AutoCAD 常用快捷命令

1. 绘图命令

快捷键	命令	含义
A	ARC	圆弧
B	BLOCK	块定义
C	CIRCLE	圆
DIV	DIVIDE	等分
DO	DONUT	圆环
DT	TEXT	单行文本
EL	ELLIPSE	椭圆
H	BHATCH	填充
I	INSERT	插入块
L	LINE	直线
ML	MLINE	多线
PL	PLINE	多段线
PO	POINT	点
POL	POLYGON	正多边形
REC	RECTANGLE	矩形
SPL	SPLINE	样条曲线
T	MTEXT	多行文本
W	WBLOCK	定义外部块

2. 修改命令

快捷键	命令	含义
AR	ARRAY	阵列
BR	BREAK	打断
CHAMEER	CHAMFER	倒角
CO	COPY	复制
E	ERASE	删除

快捷键	命令	含义
ED	DDEDIT	修改文本
EX	EXTEND	延伸
F	FILLET	倒圆角
LEN	LENGTHEN	直线拉长
M	MOVE	移动
MI	MIRROR	镜像
O	OFFSET	偏移
PE	PEDIT	编辑多段线
RO	ROTATE	旋转
S	STRETCH	拉伸
SC	SCALE	比例缩放
TR	TRIM	修剪
U	UNDO	取消修改
X	EXPLODE	分解

3. 对象特性

快捷键	命令	含义
ATE	ATTEDIT	编辑属性
ATT	ATTDEF	属性定义
LA	LAYER	图层操作
LT	LINETYPE	线型
LTS	LTSCALE	线型比例
LW	LWEIGHT	线宽
MA	MATCHPROP	格式刷
OP	OPTIONS	选项设置
OS	OSNAP	对象捕捉设置
PRE	PREVIEW	打印预览
PRINT	PLOT	打印
RE	REGEN	重生成
ST	STYLE	文字样式
TO	TOOLBAR	工具栏
UN	UNITS	图形单位

4. 尺寸标注

快捷键	命令	含义
D	DIMSTYLE	标注样式
DAL	DIMALIGNED	对齐标注
DAN	DIMANGULAR	角度标注
DDI	DIMDIAMETER	直径标注
DED	DIMEDIT	编辑标注
DLI	DIMLINEAR	线性标注
DOR	DIMORDINATE	点标注
DOV	DIMOVERRIDE	替换标注
DRA	DIMRADIUS	半径标注
LE	QLEADER	快速引线标注
TOL	TOLERANCE	形位公差标注

5. Ctrl 快捷键

快捷键	命令	含义
Ctrl+1	PROPERTIES	修改特性
Ctrl+2	ADCENTER	设计中心
Ctrl+B	SNAP	栅格捕捉
Ctrl+C	COPYCLIP	复制
Ctrl+F	OSNAP	对象捕捉
Ctrl+G	GRID	栅格
Ctrl+L	ORTHO	正交
Ctrl+N	NEW	新建文件
Ctrl+O	OPEN	打开文件
Ctrl+P	PRINT	打印文件
Ctrl+S	SAVE	保存文件
Ctrl+U		极轴
Ctrl+V	PASTECLIP	粘贴
Ctrl+W		对象追踪
Ctrl+X	CUTCLIP	剪切
Ctrl+Z	UNDO	放弃

主要参考文献

郭朝勇. 2006. AutoCAD 2004 中文版应用基础. 北京:电子工业出版社.

王幼龙. 2005. 机械制图. 北京:高等教育出版社

星光科技. 2006. 无事自通——AutoCAD 2008 辅助绘图. 北京:人民邮电出版社